国家教材建设重点研究基地（高等学校人工智能教材研究）重点成果

高等学校人工智能通识教育系列教材

U0772001

人工智能与创新

赵 宏 主编

张 健 高裴裴 陈 娜 李兴娟 编著
路明晓 李 敏 王 刚 郭 蕴

中国教育出版传媒集团

高等教育出版社·北京

内容提要

本书是为天津市级 AI 通识必修课"人工智能与创新"的配套教材。

第 1 章和第 2 章是 AI 基础篇,为读者推开人工智能的大门,领略 AI 的世界。AI 基础篇的内容从 AI 概览到人工智能的涌现,每一步都让读者与人工智能的世界更近,引发读者对 AI 的思考,激发读者进一步探索 AI 的欲望。第 3 章到第 13 章是 AI 能力篇,基于"问题逻辑认知模式成果导向教育(POT-OBE)"及相应的"5E(Excitation、Exploration、Enhancement、Execution、Evaluation)"教学范式,从第一视角出发,使读者进入 11 个与 AI 同行的探索之旅。AI 能力篇的内容从如何让 AI 更好地理解你到 AI 如何协助你进行科学研究;从"短期租赁房屋受欢迎程度的影响因素分析"到"中国新能源汽车主要品牌销量分析";从"短视频对青少年的健康影响分析"到"心理咨询机器人的设计与制作";从"构建人物关系图谱"到"制作一个 AI 编程助手"等。读者每一次的探索和发现,都是与 AI 同行能力的积累,更是思维和创新能力的锻炼与升华。

本书的目标不是培养让机器具有智能的专业人才,而是培养能驾驭 AI 去创新的高手。因此,本书适合高等院校面向全体学生开设的人工智能通识必修课,也适合任何有兴趣驾驭 AI 去创新的读者。希望读者能够在这个飞速发展的时代,主动拥抱 AI,在未来与 AI 的同行中找准自己的位置。

图书在版编目(CIP)数据

人工智能与创新 / 赵宏主编;张健等编著 .

北京:高等教育出版社,2024. 12(2025.7 重印).

ISBN 978 - 7 - 04 - 063512 - 6

Ⅰ. TP18

中国国家版本馆 CIP 数据核字第 20249R0T37 号

Rengong Zhineng yu Chuangxin

策划编辑	武林晓	责任编辑	武林晓	特约编辑	李成都	封面设计	张　志
版式设计	马　云	责任绘图	邓　超	责任校对	刘娟娟	责任印制	赵　佳

出版发行	高等教育出版社		网　　址	http://www.hep.edu.cn
社　　址	北京市西城区德外大街 4 号			http://www.hep.com.cn
邮政编码	100120		网上订购	http://www.hepmall.com.cn
印　　刷	辽宁虎驰科技传媒有限公司			http://www.hepmall.com
开　　本	787mm×1092mm　1/16			http://www.hepmall.cn
印　　张	19			
字　　数	400 千字		版　　次	2024 年 12 月第 1 版
购书热线	010-58581118		印　　次	2025 年 7 月第 4 次印刷
咨询电话	400-810-0598		定　　价	40.00 元

本书如有缺页、倒页、脱页等质量问题,请到所购图书销售部门联系调换

版权所有　侵权必究

物 料 号　63512-A0

新形态教材网使用说明

人工智能与创新

赵　宏 主编

张　健 高裴裴 陈　娜

李兴娟 路明晓 李　敏

王　刚 郭　蕴 编著

1　计算机访问 http://abooks.hep.com.cn/18610309，或手机微信扫描下方二维码进入新形态教材网。

2　注册并登录后，计算机端进入"个人中心"，单击"绑定防伪码"，输入图书封底防伪码（20 位密码，刮开涂层可见），完成课程绑定；或手机端单击"扫码"按钮，使用"扫码绑图书"功能，完成课程绑定。

3　在"个人中心"→"我的学习"或"我的图书"中选择本书，开始学习。

人工智能与创新

赵　宏 主编

高等教育出版社

开始学习　收藏

　　绑定成功后，课程使用有效期为一年。受硬件限制，部分内容可能无法在手机端显示，请按照提示通过计算机访问学习。

　　如有使用问题，请直接在页面点击答疑图标进行咨询。

https://abooks.hep.com.cn/18610309

前　言

　　2022 年被誉为大模型元年，是人工智能发展具有里程碑意义的一年，也标志着人类已从信息时代加速进入智能时代的发展阶段。2022 年 11 月 30 日，美国人工智能公司 OpenAI 公司推出一款人工智能对话聊天机器人 ChatGPT 3.5，其出色的自然语言生成能力引起了全世界的广泛关注，两个月内就突破 1 亿用户。国内外随即掀起了一场大模型浪潮，Gemini、Copilot、LLaMA、SAM、SORA、混元大模型、盘古大模型、Kimi、讯飞星火、豆包、智谱清言、文心一言、通义千问等各种大模型及模型应用如雨后春笋般涌现。2024 年上半年有很多 AI 相关的新闻：OpenAI 更新 GPT-4o、谷歌 I/O 大会、微软的 AI PC、英伟达市值超过 3 万亿美元、苹果公布 Apple Intelligence，等等。人工智能迎来由生成式人工智能大模型引领的爆发式发展，预示着人工智能时代的来临必将带来划时代的变革。随着人工智能技术的不断突破，人工智能将逐渐深入到各行各业，正在改变着我们的社会、经济、政治及外交政策，其影响远远超过任何传统领域。

　　人工智能的爆发式发展，也成为各行各业发展和竞争的高地，正所谓 "ALL in AI" 和 "AI in ALL"。我国把新一代人工智能作为推动科技跨越发展、产业优化升级、生产力整体跃升的驱动力量，努力实现高质量发展。人工智能已经成为人类最新生产力的典型代表。面对扑面而来的人工智能，我们做好准备了吗？

　　教育已成为智能化时代背景下变革的核心。教育是传道的，各种学科都是讲道的，讲的都是自然演进的道，是社会发展的道，是工具理性的道，是文化传承的道。无论时代如何变迁、技术如何发展，人类的教育教学之道是横亘不变的。那么，它又是什么呢？

　　"钱学森之问" 尚未得到有效解答，我国大学生解决问题的能力和创新能力仍然有待加强，其症结在于基础教育阶段延续至大学教育中所形成的 "知识逻辑认知模式"。这种认知模式导致学生过分关注以成绩为表征的知识积累，而忽视了人类学习的实质是为了应对和解决问题。学生所掌握的大部分知识仅仅停留在书本和试卷上，局限于概念、公式、原理、案例或道理。在智能化时代，当数千年积累的知识已被大模型所记忆，人类最需要转变的是对"知识"的盲目追求和崇拜，更应致力于提升洞察世界的思维、智慧和能力。因此，在几乎每个人都能轻松获取知识的时代背景下，教育目标的侧重点自然向更高层次偏移，改变和提升认知以实现创新将成为智能化时代教育的核心追求。

创新是智能化时代教育的主题。然而，给学生养成的"知识逻辑认知模式"，由于直接告知结果，存在知识脱离生活、理论脱离实际的先天不足，很难培养学生应用知识的能力，更不用说创新思维。要培养能够探索未知、解决问题的创新性人才，从脑科学的视角出发，就必须在学生最深层的大脑中植入不同于传统的新模型，使之成为大学生认识世界、探索未知的认知模式，在此将其命名为"问题逻辑认知模式"。几十年的人生经历让笔者明白，道理若非自己领悟，别人说再多也无济于事。因此，一种认知模式的形成必须通过大量实践训练才能获得。为此，笔者提出了基于问题逻辑认知模式的成果导向教育（outcome based education of problem oriented thinking，POT-OBE），即通过一系列以解决问题和探索未知为目标的学习活动，让学生在反复的探索中，逐步在头脑中建立起问题逻辑认知模式，从而培养探索未知、解决问题和创新的意识与能力。

为了使 POT-OBE 落地，我们提出了 5E 教学范式。

① Excitation——提出感兴趣的话题。保持好奇心，对周围和学科内的事件保持敏感，并能提出引人入胜的话题，这是探索和发现的重要前提。

② Exploration——探索发现问题本质。运用第一性原理思维，深入挖掘并抽象出问题的核心。爱因斯坦曾说："提出一个问题往往比解决一个问题更为重要。"

③ Enhancement——学习已有知识。研究并确定解决问题所需的知识和方法，设计研究方案，并学习相关知识和技能。

④ Execution——实际动手解决问题。根据在 Enhancement 阶段设计的方案和学到的知识，实际动手解决所发现的问题。

⑤ Evaluation——评价与反思。分析问题是否得到有效解决。若成功，则进一步探索是否发现了新的规律或知识；若失败，则反思在前面阶段可能存在的问题或改进的空间。通过不断迭代，寻求问题的最佳解决方案或证明其在当前阶段的不可解性。

图 1 所示为我们提炼出的在 5E 各个步骤中人与 AI 同行解决问题和创新的主要能力。

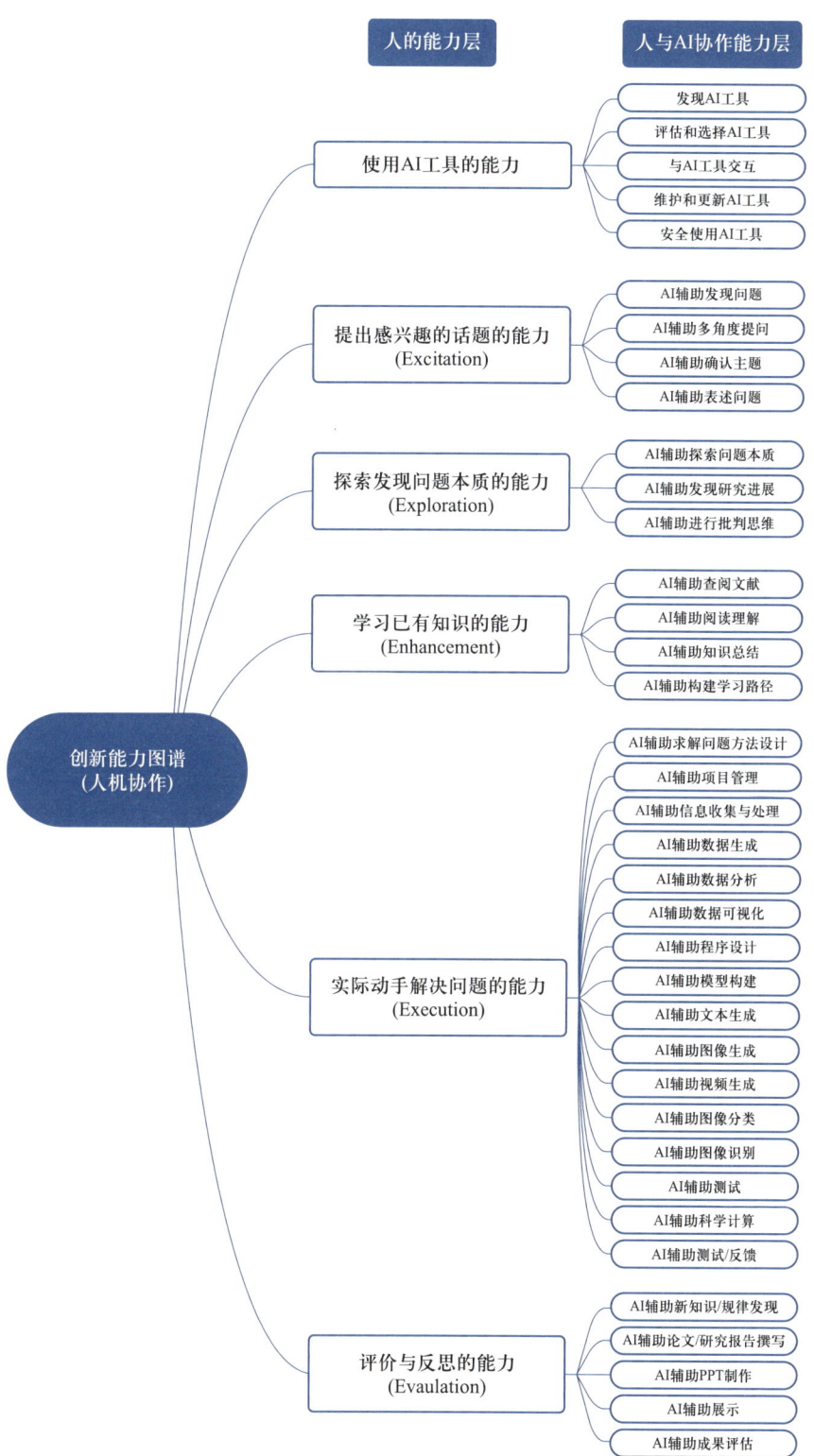

图 1 人机协同创新能力图谱

在本书的 AI 能力篇，作者扮演编剧，精心编写了一系列案例剧本，将关键能力点巧妙地融入 5E 各步骤的情节中。读者将扮演主演，通过创新性复现一系列探索案例，运用 5E 范式，不但逐步构建起"问题逻辑认知模式"，而且还能增强与 AI 协同解决问题和创新的意识与能力。

以第 4 章的案例为例。大学生要进行科学探索和研究，然而，对于基础教育阶段以提高高考成绩为唯一目标的大部分大一新生而言，他们对研究尚无概念。为了解决这一问题，特地编写了"'现场招生咨询'的必要性研究——AI 辅助确认研究主题和方案"这个帮助学生科研入门的剧本。从学生的视角，全程与 AI 同行探索，最终不仅学会了确定研究主题和研究方案的方法，还具体地对感兴趣的"现场招生咨询的必要性"话题确立了研究主题和方案。更为重要的是，通过这次探索，学生对什么是研究以及如何进行研究有了初步的理解，解决了大学新生这些"研究小白"群体面对老师布置研究任务时的迷茫。同时，它还培养了他们使用 AI 的习惯，充分利用 AI 擅长信息提取和挖掘问题背后潜在研究主题的智能（尽管人类目前尚不清楚大模型为何具备这种智能），帮助自己更深入地理解问题。这个案例剧本还阐述了在人与 AI 协作解决问题的过程中，人的主体作用和批判性使用 AI 的观点。

因此，本书的特色如下。

① 以提升认知和创新能力为目标。迎接 AI 挑战，聚焦智能化时代下解决问题、探索未知、创新思维的问题逻辑认知模式养成，提升与 AI 同行解决问题和创新的意识和能力。

② 非系统学科知识积累的逻辑。课程内容不是简单 AI 学科知识的堆砌，而是基于 POT-OBE 教育理念，聚焦探索的全过程（5E），通过从发现问题到求解问题的全程探索路径，不但完成问题的求解，还能掌握并运用知识和方法，实现提升认知和与 AI 同行创新能力的目标。

③ 注重通识、深入浅出。本书主要服务于人工智能的通识教育，努力做到 AI 相关概念、知识的易理解性和与 AI 同行解决问题的易上手性。

下面是给使用本书教师的四点建议。

① 调整角色，担任导演。调整已经形成的教学习惯，不再单纯灌输知识，不再直接给出答案，而是作为导演指导学生与 AI 同行，让他们成为主角，主动参与"演戏"（学习和创新）。

② 实施线上线下混合式教学。对于知识性的内容，已有大量的优质教学资源以及 AI 工具，可以让学生自主学习。本书也已同步开发了 MOOC 课程，可供参

考使用。教师应重点在线下与学生展开深入讨论，激发和调动他们的求知欲，提升他们的批判性思维能力。例如，在第 2 章的最后，有引导学生思考和讨论开放性话题：

在"算法"一节，曾请读者思考"一切的人工智能最后都以大语言模型的形式呈现"的话题。请读者继续思考，大语言模型只是一个概率自动机，还是大语言模型通过语言理解和构建世界模型，与维特根斯坦的"语言即世界"的观点相一致？大语言模型有没有上限？如果有，那么上限在哪里？

③ 根据需要裁剪内容。根据班级学生的学科背景和课时安排，可选择第 3 ~ 13 章中的 4 ~ 6 个探索案例进行教学。例如，可以定制两个案例，再让学生根据个人兴趣选择 2 ~ 4 个案例进行深入探索。

④ 同步开展学生自由探索项目。让学生组成项目小组，按照 5E 步骤，从提出一个感兴趣的话题到最后对问题的求解进行评估与反思，进一步巩固问题逻辑认知模式和与 AI 同行创新的意识与能力。

下面是给用书学生或读者的三点建议。

① 积极拥抱 AI，自主探索。遇到任何问题，不要再等老师投喂标准答案，要养成有问题先问 AI 的习惯，大量的知识、方法的获得都可以在与 AI 的协同探索中完成。

② 关注 AI 的未解之谜。AI 还处于"前牛顿时代"，人类很多问题还没有搞明白，而这正是一个提升洞察世界的思维、智慧和能力的好机会。因此在学习的时候，要时刻带有批判性思维，积极参与对这些未解之谜的思考和讨论。

③ 关注自己的创新能力培养，而不是知识的积累。将注意力从追求高分转移到解决实际问题上。对日常生活中的事物保持好奇心，发现真正感兴趣的问题，并与 AI 合作，创新性地解决这些问题。

本书是在天津市教委和南开大学的直接组织领导下完成的。赵宏负责第 1、2、4 和 11 章的撰写，对 AI 能力篇的第 3 ~ 13 章进行了 2 ~ 6 轮的审阅，提出了翔实的修改意见，并对全书进行了统稿；张健负责第 3 和第 6 章的撰写；高裴裴负责第 5 章的撰写；陈娜负责第 7 章的撰写；李兴娟负责第 8 章的撰写；路明晓负责第 9 章的撰写；李敏负责第 10 章的撰写；王刚负责第 12 章的撰写；郭蕴负责第 13 章的撰写。老师们还以数字人的方式共同完成了本书配套慕课教学视频的录制。本书的编写得到了南开大学计算机学院 AI 领域专家秦勇教授、刘晓光教授和卢冶副教授提供的宝贵修改意见和建议。本书的出版得到了高等教育出版社的鼓励、支持和大力协助。在此，对所有人的辛勤付出表示真诚的感谢。

　　编撰团队在撰写本书的过程中，积极面对人工智能给教育领域带来的挑战，努力探索并实践人工智能背景下教育改革的道路。然而，鉴于个人认知与能力的局限，书中难免存在不足与疏漏之处，我们真诚地邀请使用本书的教师、同学及广大读者，针对书中的观点、方法、内容，提出宝贵意见，尤其期待能够得到具体的修改建议，以助于我们不断优化和完善本书。让我们共同解答 AI 给教育带来的这一难题。

　　无论我们是否已做好准备，武汉的"萝卜快跑"无人驾驶网约出租车已经来到身边。特斯联首席技术官华先胜在 TED Huangpu 2022 年度大会上曾发表观点："智能时代，能够依然是万物之灵的，不是掌握了人工智能技术的专家，而是每一个利用人工智能技术提升自己能力和智慧的人"。这也是本书的核心宗旨所在。

赵　宏

2024 年 7 月

说　明

　　人工智能技术的发展日新日异，AI 应用的范围也越深越广。为了与 AI 的不断快速进步保持同步，本书配套了随时更新的拓展学习资源（见图 2），满足读者通过一个渠道即可获得完善学习资料的需求，以便不断提升自己与 AI 同行去解决问题和创新的能力。读者通过扫描下面的二维码，在 AI 基础篇可了解更多 AI 的技术进展；在 AI 能力篇，可以学习更多自己感兴趣领域的 AI 应用案例和通用案例；在 AI 创新篇，还可以看到学习者自己贡献的与 AI 同行创新性发现并求解问题的优秀案例。

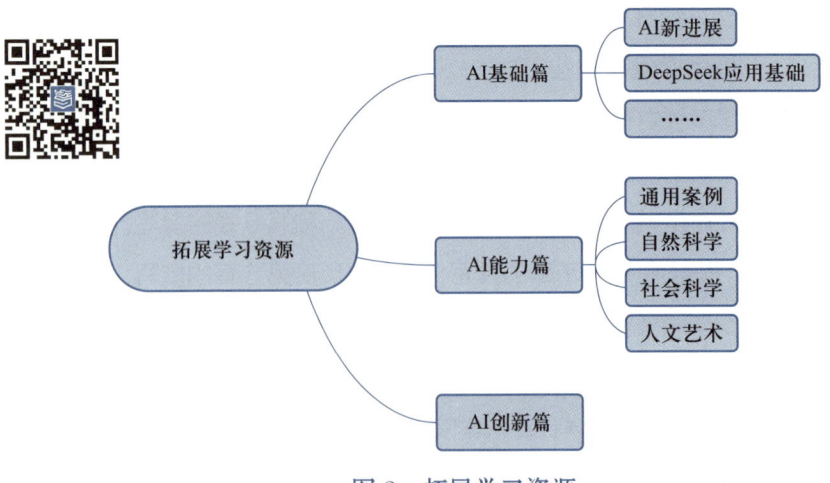

图 2　拓展学习资源

目 录

AI 基础篇

第 1 章　人工智能概览 　　　　　　　　　　　　　　　　　　　/ 3

AI 能力篇

第 6 章　撰写社会实践报告
——AI 辅助报告撰写与 PPT 制作　　　　　　/ 135

第 7 章　口述历史访谈提纲的编写
——AI 辅助访谈提纲编写　　　　　　　　/ 151

AI 基础篇

1

第1章

人工智能概览

📖 内容提要：

对 AI 画像，对人工智能有一个宏观的了解。

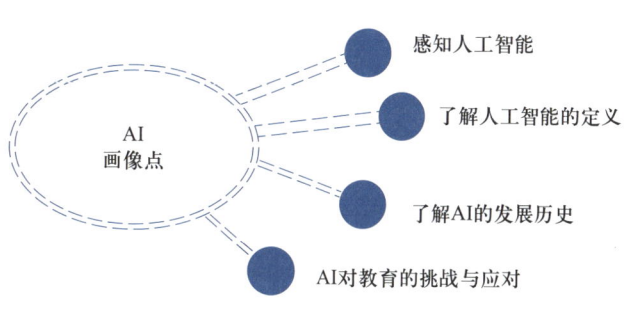

人工智能已不再是遥不可及的未来概念，它已经来了，而且几乎无处不在。

那么，什么是人工智能呢？是像科幻电影里拥有人类智慧、能与人平等交流的外貌与人相似的机器人吗？如果人工智能的智能超过了人类的智能，人类如何与人工智能和平相处又以何种方式展开协作呢？

1.1　无处不在的人工智能

人工智能的英文是 artificial intelligence，简称 AI。

通过手上的智能手机，我们就可以感受到无处不在的人工智能。淘宝、京东等 App 借助先进的人工智能算法，精准捕捉用户的偏好，为用户量身推荐心仪商品，让购物体验更加个性化与高效。出行之际，高德、百度等导航应用则凭借 AI 的智慧，实时分析路况，为用户绘制出最优行驶路线。当镜头对准生活，美图秀秀等图像处理软件运用 AI 技术，巧妙地对照片进行智能美化，让每一个瞬间都绽放光彩，记录美好无须滤镜。对于文档处理，扫描全能王等应用更是 AI 赋能的典范，它们不仅能高效完成文件扫描，还能精准提取图片中的文字，实现 PDF 编辑、分割、合并、转换至 Word 文档以及电子签名等多元化功能，让办公与学习更加便捷高效。面对疑问与挑战，AI 助手如小度、天猫精灵、小布、小爱语音以及文心一言、讯飞星火、Kimi 等，如同贴身智囊，随时待命，覆盖职场策略、生活琐事、出行规划、创意写作、休闲娱乐乃至情感交流等多维度场景，为用户提供全面而贴心的解决方案。图 1.1 是上面提到的一些 App 示例。

图 1.1　具有人工智能功能的 App 示例

下面，我们一起再感受两类已经兴起并逐渐在改变人类生产生活方式的人工智能的应用。一是智能体，如人形机器人、自动驾驶汽车；二是生成式人工智能，如 AI 绘画、AI 由文字和图片生成故事漫画、AI 由文字和图片生成视频等。

1.1.1　智能体

智能体（agent）是一个能够感知环境并根据感知到的信息自主做出决策和执行动作

的实体。它的核心功能包括感知、推理、学习和行动。智能体的设计和实现是人工智能研究中的一个重要领域。智能体可以应用于多种场景，包括但不限于以下场景。

① 个人助手：如智能手机上的语音助手。

② 推荐系统：根据用户行为推荐商品或内容。

③ 自动驾驶汽车：能够感知周围环境并做出驾驶决策。

④ 机器人：能够在工厂或家庭环境中执行任务。

（1）自动驾驶汽车

自动驾驶汽车是指通过计算机系统实现无人驾驶的智能汽车，能够依靠人工智能等技术自动安全地操作行驶的车辆。它有望在未来改变人们的出行方式，并提升道路交通智能化水平。自动驾驶汽车的基本原理是通过计算机视觉、传感器和机器学习等技术，实现感知环境信息、理解物体和障碍物、制定行驶策略以及实施具体行动，如制动、转向和加速。

以中国的华为和美国的特斯拉为例，两者在自动驾驶汽车领域都取得了显著成就。他们采用不同的技术路径，各有优势。华为通过多传感器融合和先进的决策算法，提高了系统的感知精度和可靠性，特别是在复杂和极端环境下表现优异。而特斯拉则凭借其纯视觉方案和深度学习技术，实现了对城市道路的高效感知和决策，且在成本控制和技术普及上具有优势。

① 传感器配置：华为 ADS（advanced driving system）系统主要采用激光雷达、摄像头、毫米波雷达等多种传感器（传感器是一种能够感知、测量和捕获特定物理量或环境参数的设备）进行环境感知。这种多传感器融合能够提高感知的准确性和稳定性，即使在光线昏暗或恶劣天气条件下也能表现优异。特斯拉 FSD（full self-driving）则主要依赖高精度摄像头进行感知，其纯视觉方案通过多个摄像头的图像数据进行 3D 空间还原，但可能在某些复杂环境下受到光线等因素的影响。

② 计算性能：华为 ADS 集成了自研的人工智能芯片和算法，具备较强的计算性能和判断准确性。特斯拉 FSD 依赖于车载计算机，虽然在城市道路的感知和决策能力较强，但在一些极端情况下可能不如华为的多传感器融合方案稳定。

③ 决策算法：华为 ADS 采用多传感器融合算法，通过 GOD 网络实现通用障碍物检测，提高动态和静态障碍物的识别率。特斯拉则采用 OCC 占用网络，将 2D 图像还原为 3D 空间，不断优化神经网络处理图像的能力。

④ 应用场景：华为 ADS 适用于各种复杂环境和道路场景，能够应对夜间行驶和雨雾天的挑战。特斯拉 FSD 则更注重城市驾驶场景，对于城市道路的感知和决策能力较强，但在复杂环境中的表现有待进一步验证。

图 1.2 所示是 2024 年初上市的华为联合合作伙伴打造的鸿蒙智行旗舰 SUV 问界 M9。

自动驾驶汽车的发展不仅仅是技术的进步，还对法律法规、城市规划和交通管理等方面产生深远影响。随着技术的不断成熟和社会的逐步接受，自动驾驶汽车将逐步走向商业化和普及化。例如，我国武汉市已经大规模提供全无人自动驾驶汽车服务——萝卜快跑。政府也积极出台政策和措施。然而，置疑无人驾驶"萝卜快跑"抢出租车司机饭碗的声音也越来越大。太多的人工正在被 AI 替代，AI 的真正落地也带来了技术更替的标志性问题。无论如何，武汉市的经验对于推动无人驾驶技术在全国乃至全球的普及都具有重要的示范意义。图 1.3 所示是第六代萝卜快跑无人驾驶出租车。

图 1.2　鸿蒙智行旗舰 SUV 问界 M9

图 1.3　萝卜快跑无人驾驶出租车

（2）机器人

一般人理解的机器人，是长得像人一样的机器。事实上，机器人如果按形态分类，可以分为人形机器人和非人形机器人；如果按功能分类，可以分为工业机器人、服务机器人、探索机器人和军事机器人等；如果按智能程度分类，可以分为非智能机器人和智能机器人；如果按应用领域分类，可以分为医疗机器人、农业机器人、军事机器人、教育机器人和养老机器人等。

图 1.4 所示是在我国很多酒店都可以看到的送餐机器人。我们经常可以看到的情景是，外卖小哥在一楼大厅将旅客点的外卖送给机器人并输入房间号。送餐机器人就会根据房间号自动乘坐电梯，还会避让行人，将外卖送到房间门口并提醒旅客取餐。

2024 年 1 月，由斯坦福大学三位华人主要研发团队成员（符梓鹏（Zipeng Fu）、赵子豪（Tony Zhao）以及史潇洋（Lucy Shi））推出的一款名叫"Mobile ALOHA"的家用机器人，因其具有极其出色的烹饪能力、家务技能和学习能力，迅速得到广泛关注。Mobile ALOHA 可以通过模仿学习，执行各种如清洗平底锅、炒虾仁、和人击掌、用笤帚扫地等复杂的任务。值得一提的是，Mobile ALOHA 的软件和硬件全部开源。2024 年 3 月，该团队发布一款名为"Yell At Your Robot"（简称 YAY Robot）的系统。这个系统通过"喊话"来训练机器人。利用该技术训练后，机器人完成每个阶段任务的成功率都有显著提高。目前，

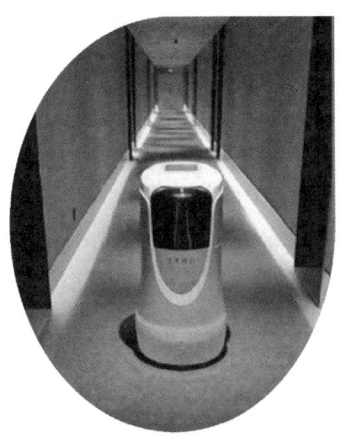

图 1.4　酒店送餐机器人

YAY Robot 系统也已经在社交平台上开源。这将有利于促进各国对人形机器人技术的研究与发展。图 1.5 所示是发布 Mobile ALOHA 时的视频截图。

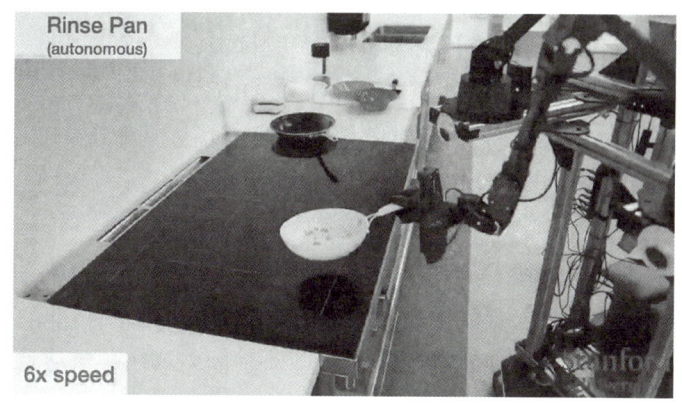

图 1.5　Mobile ALOHA 视频截图

随着科技的进步和消费者需求的增长，与人们日常生活最贴近的家用机器人在多个领域展现出其独特的价值和潜力。全球家用机器人市场价值在 2022 年达到了 216.1 亿元，并且预计到 2028 年将增长至 579.09 亿元。这一显著增长反映了家用机器人技术的快速发展及其日益广泛的市场接受度。

自 2020 年开始，人形机器人凭借其独有的吸引力和巨大的发展潜能，已成为全球科技革新的核心之一。NVIDIA 公司的 CEO 黄仁勋在近期的一次采访中明确指出，人形机器人将会在未来几年内达到与汽车相当的普及程度，并且他预见在接下来的 2 至 3 年里，机器人技术将实现显著的进步。特斯拉公司的创始人埃隆·马斯克对此发表了更为乐观的看法，他认为人形机器人的普及率将超过汽车 10 倍。马斯克认为随着相关技术的成熟和制造成本的降低，人形机器人有望成为如同智能手机一般的日常消费品。他对其公司开发的人形机器人 Optimus（擎天柱）寄予厚望，并预期其生产量能达到一个令人震惊的规模——100 亿至 300 亿台。这些前瞻性的观点不仅揭示了人形机器人领域的巨大发展潜力，也预示着一场深远的技术革新浪潮即将来临。

1.1.2　生成式人工智能

近年来迅猛发展的生成式人工智能 GAI（generative AI）是一种可以用于创建新的内容和想法（包括文章、对话、图片、视频和音乐等）的人工智能。生成式人工智能由机器学习模型提供支持，通过对大量数据的学习来理解并创建新内容。生成式人工智能是人工智能的一部分，人工智能指代能够完成智能任务的技术。人工智能的常见任务包括数据分析、人脸识别、自动驾驶、语音识别和合成等，现已涵盖各行各业的不同应用。生成式人工智能在此基础上，可以完成更加自然的对话、更加快速的内容创建，可以在已有的人工智能技术基础上完成更多任务、节省更多人力等。

人工智能生成内容 AIGC（artificial intelligence generated content）是利用人工智能技术生成各种形式的内容，如文本、图像、音频和视频等，它和生成式人工智能 GAI 密切相关，是 GAI 的一个具体应用和实现方式。目前，AIGC 被代指生成式人工智能，即包括 GAI 和 AIGC。图 1.6 所示是请 AI "写一首描写 AI 默默陪伴人类生活场景的七言绝句"，AI 所做的诗。当然这首诗还很幼稚。

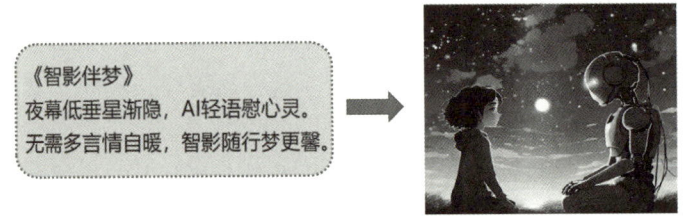

图 1.6　AI 作诗

（1）AI 绘画

近年来，人工智能绘画技术的飞速发展已成为艺术创作领域的革命性突破。这一技术不仅极大地提升了专业艺术家的工作效率，也为那些缺乏绘画技能的个人开辟了一条新的艺术创作途径。从技术演进的视角审视，AI 绘画的发展历程可概括为由最初的计算机辅助绘图，逐步进化至依托深度学习算法的复杂图像生成。图 1.7 所示是让 AI 根据图 1.6 中诗歌所描绘的意境做出的图。

图 1.7　AI 绘画

当前的 AI 绘画系统不仅能迅速产出高水准的艺术图像，还能依据文字描述精准地创作出契合特定主题的作品。诸如 Disco Diffusion、DALL·E 2 以及 Stable Diffusion 等模型，已在公众视野中树立了鲜明的形象，成为广为人知的 AI 绘画平台。这些工具在提升画面精细度的同时，也将创作速度推向了极致，将原先需要耗费数小时的绘制时间缩短至仅需数十秒。AI 绘画在解读和执行复杂指令的能力上亦取得了显著进展。例如，国内的某些 AI 文生图应用已能较为准确地应对日常创意构思、网络流行梗、个性化头像设计等多样的创作需求。尽管如此，这类工具在实际应用中仍不时面临挑战，偶尔会出现无法完全满足用户期望的情况。总体而言，AI 绘画技术的持续进步将进一步推动艺术与科技的融合，为艺术创作带来更为广阔的可能性。

⚒ 动手实践

内容： 右图是提示讯飞星火"请生成一张大学生学习 AI 的图片"后，讯飞星火生成的图片。请你使用讯飞星火或其他可进行 AI 绘图的工具，让 AI 给你绘制一张你想要的图片。

（2）StoryDiffusion——由文字和图片生成故事漫画

图 1.8 呈现了一幅由图灵奖（计算机领域的诺贝尔奖）获得者 Yann LeCun 所演绎的科幻漫画，其中他化身为宇航员，经历了一段从地球到月球的探险旅程。这幅漫画并非出自传统的手工绘制，而是运用了一种名为 StoryDiffusion 的创新技术。该技术由南开大学计算机学院程明明教授领导的团队与字节跳动公司等合作伙伴共同研发，它能够仅凭一张静态照片和一段文字描述，便自动化生成一幅内容连贯、情节丰富的故事漫画。

这项技术的核心在于其先进的算法，它能够理解和解析输入的文本信息，并将其转化为视觉元素，从而构建出一个完整的叙事框架。在这一过程中，StoryDiffusion 展现出了对细节的精确捕捉和对整体故事流畅性的把握，使得最终产出的漫画不仅具有高度的艺术价值，而且在叙事上也显得生动而引人入胜。

图 1.8　Yann LeCun 和他生成的"登上月球去探索"的漫画故事

Yann LeCun 对这一成果给予了高度评价，这不仅体现了该技术在学术界的影响力，也反映出其在实际应用中的巨大潜力。生成式人工智能（AIGC）作为一个蓬勃发展的领域，中国科研团队在这一前沿技术上的积极参与和显著贡献，彰显了中国在全球科技创新版图中的重要地位。

（3）Sora——由文字生成视频

2024 年 2 月 15 日，美国著名人工智能企业 OpenAI 推出的 Sora 视频生成工具，以其突破性的技术引发了轰动。Sora 是一款利用先进 AI 算法实现的文本转视频模型，它能够根据用户提供的文字描述，自动生成长达 60 秒且视觉效果连贯的视频片段。

图 1.9 展示了一段由 Sora 根据以下自然语言提示词生成的视频截图："一位时尚的女士漫步于东京繁华的街头，四周弥漫着温馨的霓虹灯光，城市标志栩栩如生。她身着一件黑色皮夹克，搭配红色长裙和黑色半高筒靴，手持一款精致的黑色皮包。墨镜下的双眸透露着神秘，鲜红的唇膏映衬着她的风采。她的步伐坚定而从容，仿佛整个都市的节奏都在她的掌控之中。街道因雨后而湿润，反射着斑斓的光影，行人络绎不绝，构成了这座大都市的生动画卷。"

图 1.9　Sora 生成的视频截图

这段视频的逼真度极高，如果不告知实情，大多数人会误以为这是一段真实的东京街景。Sora 的核心价值在于其强大的现实物理推理能力，它能够基于现有内容预测并生成后续的视频场景，这种能力使其不仅仅是一个工具，更被誉为"世界模拟器"。尽管 Sora 在技术上仍有待完善之处，但可以预见的是，随着技术的发展，即使是没有专业视频制作知识的普通用户，只要具备讲故事的才华和丰富的想象力，并能准确描述所需画面，就能借助 Sora 创作出高品质的电影作品。

Sora 的出现预示着影视内容创作和消费模式的潜在变革。它降低了视频制作的门槛，拓宽了创作者的边界，同时也可能催生出全新的叙事手法和观众体验。在人工智能技术的推动下，未来的影视产业或将迎来一场深刻的创新浪潮。

尽管 AIGC 带来了诸多便利，但在处理包含敏感信息的内容时，不得不面对数据安全和隐私保护的挑战。由于 AIGC 的工作原理往往涉及大规模数据的分析与学习，因此在使用过程中必须采取严格的安全措施，以防止个人隐私泄露或敏感数据被不当利用。此外，AIGC 生成的内容可能会触及版权法和知识产权法的相关规定，存在潜在的侵权风险。这就要求在使用 AIGC 时，必须对其输出内容进行严格的版权审核，确保不侵犯他人的合法权益。

AI 的快速发展和广泛应用，正逐渐重塑我们的工作方式、交流模式乃至思维习惯。从自动化文本创作、图像生成，到复杂的音视频内容制作，AI 展现出前所未有的创造力和效率，极大地拓展了人类的想象空间和实践能力。然而，这种技术进步必然伴随着一系列社会、伦理和法律层面的考量。

1.2 什么是人工智能

近年来人工智能的快速发展，已经对人类的生活生产方式带来了巨大的冲击和改变。本章"内容提要"部分中的图片是人工智能工具绘制的。作者仅仅是向人工智能工具发出提示词"请绘制一张什么是人工智能的图片"，它就用几秒的时间绘制出了这张图。这应该是很多动漫企业随着人工智能技术的进步而大量裁员的原因。

我们都知道，即便是最为聪慧的人类大脑，在纯粹的计算速度上也难以匹敌现代计算机。然而，这种计算能力是否就是人工智能呢？我们日常所接触的 WPS 办公软件、网络检索、电子邮件服务等，尽管都依赖于复杂的算法和高效的计算过程，却不被认为是人工智能。而自动驾驶汽车、智能机器人、计算机视觉系统以及机器翻译技术等，则被公认为人工智能的典范。这种差异背后的根本逻辑是什么？

那么，什么是人工智能呢？当下对人工智能有没有一个科学的定义呢？

相信多数读者已经在使用 AI 工具了。为了解决上述疑问，我们可以先问一问被认为是人工智能的对话工具——Kimi。

> **我的问题：**
> 请问，什么是人工智能？
> **Kimi 的回答：**
> 人工智能（artificial intelligence，AI）是计算机科学的一个分支，它试图理解智能的实质，并生产出一种新的能以人类智能相似方式做出反应的智能机器。这包括各种领域，如机器学习、自然语言处理、计算机视觉等。人工智能的目标是创建能够执行通常需要人类智能的任务的系统，例如，识别语音或图像、做出决策、解决问题等。
> 人工智能可以分为几种类型。
> 窄人工智能（narrow AI）：这种 AI 在特定领域内表现出色，比如 AlphaGo 在围棋领域的表现。

通用人工智能（AGI）：这种AI具有广泛的知识并能够执行任何智能任务，目前还未实现。

超人工智能（artificial super AI）：这种AI在所有领域都远远超越人类智能，这还是一个理论概念。

人工智能的发展正在深刻影响着我们生活的方方面面，从个人助理、医疗诊断到自动驾驶汽车等。

Kimi 的回答已经对人工智能进行了简单的画像。人工智能是试图理解智能的实质，并生产出一种新的能以人类智能相似方式做出反应的智能机器。AI还给出了人工智能的类型，有专门聚焦特定领域的窄人工智能 NAI（narrow AI）、有目前追求的具有广泛的知识并能够执行任何智能任务的通用人工智能 AGI（artificial general intelligence）和未来在所有领域都远远超越人类智能的 super AI。事实上，人们常用 ASI（artificial super intelligence）来描述那些在几乎所有智力任务上都远超人类智能水平的人工智能系统。

然而，当我们再追问"人工智能的定义"时，Kimi 所提供的答案似乎文不对题。这不仅揭示了当前 AI 工具在理解和表达上的局限性，也映射出人工智能研究领域尚未解决的诸多挑战。正如读者们在实际体验中所见证的那样，AI 工具有时会陷入一种看似合理实则谬误的逻辑陷阱，这种现象被戏称为"一本正经地胡说八道"。

1.2.1　人工智能的前世今生

AI 的发展历程是一个事实性的知识，关于这一类问题，最适合寻求学习了人类已有知识的大模型的帮助了。下面，我们还是问一下 Kimi。

我的问题：
请告诉我人工智能的发展历程。

Kimi 的回答：
人工智能（artificial intelligence，AI）的发展历程可以大致分为以下几个阶段。

1. 概念形成期（1950~1960）

① 1950 年，图灵提出了著名的图灵测试，为人工智能的发展奠定了基础。

② 1956 年，达特茅斯会议召开，人工智能作为一门学科正式诞生。

2. 早期发展期（1960~1970）

① 20 世纪 60 年代，人工智能研究开始取得一些初步成果，如通用问题求解器（general problem solver）和 LISP 语言。

② 20世纪70年代，专家系统开始出现，这是人工智能技术在特定领域应用的早期尝试。

3. 低谷期（1980）

由于早期的人工智能系统无法解决复杂问题，同时受硬件和软件的限制，人工智能研究遭遇了瓶颈，被称为"AI冬天"。

4. 复兴期（1990~2000）

① 随着计算机硬件性能的提升和算法的改进，人工智能开始复苏。

② 机器学习和数据挖掘技术开始兴起，为人工智能的进一步发展奠定了基础。

5. 深度学习与大数据时代（2010至今）

① 深度学习技术的出现，特别是卷积神经网络（CNN）在图像识别领域的成功应用，极大地推动了人工智能的发展。

② 大数据的兴起为训练更复杂的人工智能模型提供了可能。

6. 广泛应用与伦理问题（2010至今）

① 人工智能开始在医疗、金融、交通、教育等多个领域得到应用。

② 同时，随着技术的发展，人工智能的伦理和社会影响问题也逐渐受到关注。

7. 未来展望

① 人工智能技术仍在不断进步，未来可能会实现更加智能和自主的系统。

② 同时，对于人工智能的监管和伦理规范也在不断完善。

人工智能的发展是一个持续的过程，随着技术的不断进步，其应用领域和影响力也在不断扩大。

AI工具的回答使我们大致了解了AI自20世纪50年代提出，经历了发展、低谷、复兴，直到2010年后的深度学习和大数据时代以及AI得到广泛应用及由此产生的AI伦理问题等几个阶段。AI工具不但对各阶段AI的关键技术或问题进行了提炼，还对AI的未来进行了展望。当我们对某个发展阶段相应的技术感兴趣，或者未来需要深入学习的时候，例如，"机器学习和数据挖掘技术开始兴起，为人工智能的进一步发展奠定了基础"中的机器学习和数据挖掘技术，我们可以继续在AI助手的帮助下，了解或深入学习这些具体且已知的知识或技术。

图1.10是AI的发展史示意图，描述了AI的提出、低谷期、繁荣期、复苏期以及在各重要时间节点的标志性成果或大事。

在历史上，人工智能经历了几次繁荣和低谷，这一次的复苏在10年左右的时间就取得了前所未有的进展。除了人类的技术和应用日新月异，生活模式、商业模式、工作方式和科研范式也都随之产生了巨大影响和改变，而且这种改变还将继续和加速。人们甚至开始了"硅基人"（机器人）和"碳基人"（人类）两种生命形态的哲学思考。

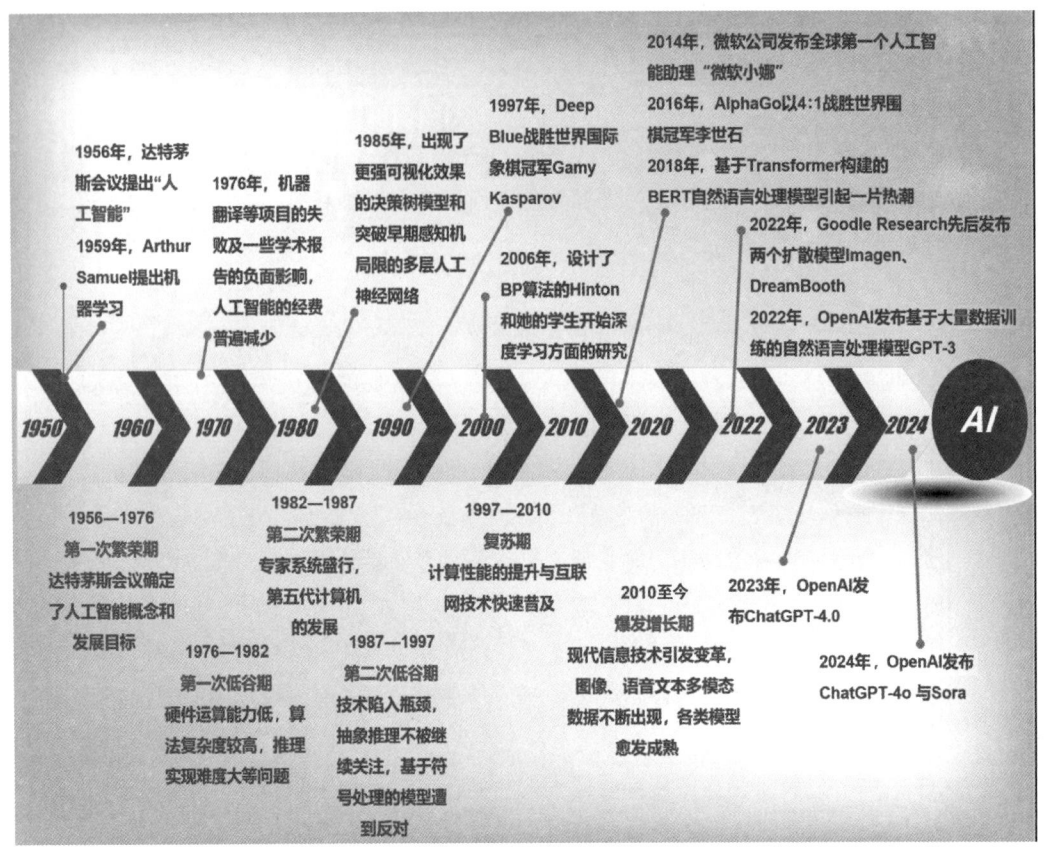

图 1.10　AI 的发展历程

1.2.2　AI 发展史上的三个主要分支

人工智能的发展实际上形成了三个主要智能学派，分别是符号学派、连接学派和行为学派。人工智能的研究和发展历经数十年，各分支沿着不同的路径探索智能的本质和实现方式。

① 符号学派，也称为逻辑学派、心理学派或计算机学派，是早期 AI 研究的主流。符号智能学派的核心观点是将智能看作对符号进行操作的过程，强调符号之间的逻辑关系和规则。这种方法在知识表示、自动推理和专家系统方面取得了显著成果。然而，符号主义在处理模糊性、不确定性和高复杂度问题上存在局限性，其应用受到了一定的限制。这一学派在 20 世纪 50 年代至 70 年代期间占据了人工智能研究的主流地位。

② 连接学派，亦称仿生学派或生理学派，强调通过模仿神经网络来实现人工智能。它的核心概念是神经元之间的连接和信息传递，适用于处理复杂的非线性关系和大规模数据。连接主义在模式识别、机器学习等领域取得了显著进展，特别是深度学习的成功应用，如卷积神经网络在图像识别中的巨大成就。但连接主义在模型的可解释性和透明度方面面临挑战，其模型往往被视为黑盒子。

③ 行为学派，侧重于通过观察和记录行为来研究智能，关注外部行为的模式和规律，而不考虑内部心理过程。它在机器学习和强化学习等领域具有重要意义，例如，AlphaGo 利用强化学习技术战胜了世界围棋冠军。然而，行为智能在理解和模拟复杂的认知过程方面有其局限性，且与符号智能和连接智能相比，其影响力相对较小。

图 1.11 是三种学派的示意图。

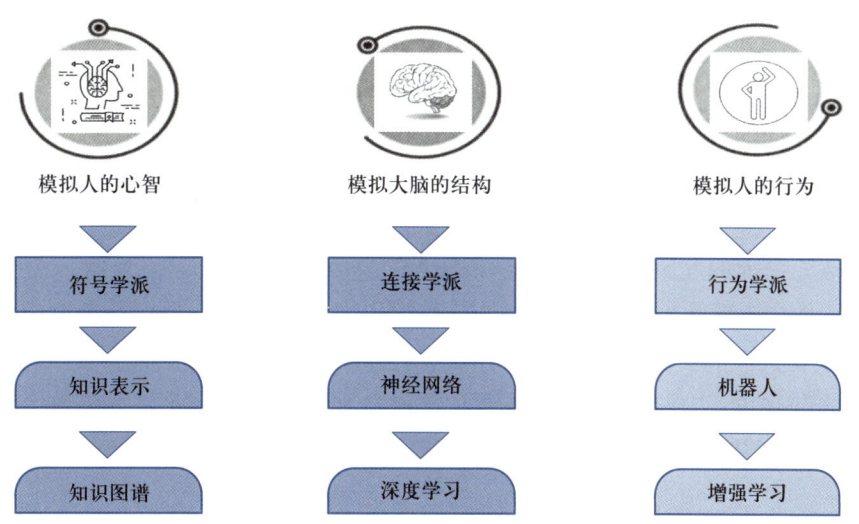

图 1.11　符号学派、连接学派和行为学派

三类智能学派的提出和发展不仅反映了人工智能领域内部的多样性和复杂性，也指示了该领域未来可能的融合和创新方向。例如，符号智能和连接智能的思想和方法已被广泛应用于 AIGC 技术的发展中。

1.2.3　关于人工智能的定义

虽然 AI 的智能在某些方面已经超过了人类，但迄今为止，对于人工智能还没有一个科学的定义。

下面是 3 位人工智能先驱视角下的 AI。

① 1950 年，艾伦·图灵提出了一个问题"机器能思考吗？"

② 约翰·麦卡锡在 1956 年举办的达特茅斯会议上提出了人工智能的定义，将人工智能界定为一门研究如何使计算机做事情的科学。

③ 马文·闵斯基是认知科学与人工智能领域的专家，被誉为"人工智能之父"和框架理论的创立者。他认为："人工智能是一门科学，是使机器做那些人需要通过智能来做的事情"。

关于 AI 定义的问题，李开复等在《人工智能》一书中说道："历史上，人工智能的定义经历多次转变。但直到今天，被广泛接受的定义仍有很多种。具体使用哪一种定义，通常取决于我们讨论问题的语境和关注的焦点"。该书罗列 5 种在历史上有影响的或目前仍流行的对 AI 的定义，并对这些定义进行了分析，认为下面这个关于 AI 的定义相对全面均衡，偏重实证，即强调了 AI 可以根据环境感知做出主动反应，又强调了 AI 所做出的反应必须到达目标。

人工智能的一个定义：AI 就是根据对环境的感知，做出合理的行动，并获得最大收益的计算机程序。

上面这个关于 AI 的定义不再强调 AI 是对人类思维方式或人类总结的思维法则（逻辑学规律）的模仿，全面均衡，却偏重实证。同时也明确了 AI 是一个计算机程序，而不是 Kimi 所谓的智能机器，这正如人的智慧和物理上的人是两回事。因此，在未来使用 AI 助手 / 工具时，我们要有一个批判性使用的思维和眼光，而不是简单的接受。

当下人工智能的发展得益于深度学习技术的进步。深度学习"三巨头"之一的 Yann LeCun 说，他最不喜欢人们把深度学习描述成像大脑一样工作，原因是深度学习虽然是从大脑的生物机理中获得灵感，但它与大脑的实际工作原理差别巨大。我国著名机器学习专家周志华也说："现在有很多媒体常说深度学习是'模拟人脑'。其实这个说法不太对。我们可以说从最早的神经网络受到一点点启发，但完全不能说是'模拟人脑'之类的。"

下面用一个例子，来说明这个定义最符合当下人们对人工智能的认识。

2017 年，Google 旗下的 DeepMind 公司开发的通用棋类人工智能程序标志着 AI 在棋类游戏中的一次重大突破。AlphaZero 在国际象棋中对当时世界冠军级的国际象棋程序 AI Stockfish 取得了压倒性胜利。图 1.12 是 AI 下国际象棋的示意图。之前的棋类程序，如 AlphaZero 的前身 AlphaGo，依赖人的经验、知识和战略，学习大量人类棋谱并结合复杂的搜索算法。他们对抗人类棋手的优势依赖于计算机更快的搜索能力，能在给定的时间内比人找到更优的棋路，但没有独创性。AlphaZero 则完全摒弃了人类棋谱，通过自我对弈从零开始学习，最终超越了人类顶尖水平的选手。AlphaZero 的走法并非源自人类的指导，很多情况下的走法是人类未曾考虑过的，是真正的独创。它出人意料的战术能最大限度地提高获胜概率，这些战术是在和自己对弈多局后训练出来的。AlphaZero 没有人类传统意义上的"战略"，它有自己的逻辑，能够在众多可能中发现那些人类心智无法完全理解或使用的走棋模式。"国际象棋巨人"加里·卡斯帕罗夫在观察和分析了 AlphaZero 的棋局后说："AlphaZero 彻底动摇了国际象棋的根基"。

上面这个案例中，开发人员开发了一个计算机程序，然后给它一个"赢棋"的

图 1.12 棋类游戏领域 AI 完胜人类

目标，并允许它接受一段时间的"学习和训练"，即从零开始进行自我对弈。学习结束后，该程序以不同于人类的方式掌握了大概率赢棋的方法。人类至今不能确定它是如何实现"赢棋"目标的。

AlphaZero 获得的智能应该就是人工智能，是不同于人类的智能。

今天，人类虽然还不能解释 GPT 的智能究竟是怎么来的，但是已经能够设计出模仿大脑工作方式的模型（计算机程序），通过模拟出足够多的脑细胞之间的连接（达到百亿、千亿甚至万亿），并用大量的人类知识和大量的计算去精心调整每一个连接的强度后，模型就可以突然出现智能（emergence，涌现），而且发现模型的规模越大越好用（Scaling Law，规模定律）。今天的人工智能，就像曾经的飞机，人类对鸟类的飞行能力进行了长期的观察和研究，一直在模仿鸟类的翅膀和飞行方式来实现飞行。但在发明飞机之时，人类并没有完全理解和掌握飞行的原理。

因此，至今人类对人工智能还没有一个科学的定义。《时代》"百大 AI 影响力人物"李飞飞教授说："我认为自艾伦·图灵以来，人类还没有真正理解智能背后的基本原理是什么。今天我们使用'AI'、使用'AGI'，但在一天结束以后，我仍然梦想着有一套简单方法或简单原理，能够定义智能的过程，不管是动物智能或是机器智能。这和物理学非常相似，我依然觉得我们处于前牛顿时代，如果我们以物理学做对比的话，在牛顿之前有很多伟大的科学家，有很多现象学的研究，都是关于天体在运动等等，但是是牛顿开始写出了非常简单的定律。我认为我们正在经历这个非常激动人心的、AI 作为一个基础学科的时代即将到来的过程。我们还处在'前牛顿时代'，我确信终有一天会发现这个定律。"

✕ 动手实践

> **内容：**请在任何一个 AI 助手的帮助下，自主学习和了解下面一节的内容——计算技术的发展概况。对自己感兴趣的历史、技术或方法可以继续深入探索。

1.3   计算技术的发展概况

既然 AI 是计算机程序，那么计算机程序就离不开计算。下面，我们先梳理一下人类计算技术的发展概况。

人类计算技术的发展历史大致可分为四个阶段，算盘的出现标志着人类进入第一代——机械计算时代，第二代——电子计算的标志是出现了电子器件与电子计算机，互联网的出现使我们进入第三代——网络计算，当前人类社会正在进入第四阶段——智能计算。智能计算时代意味着计算机程序已经能够根据对环境的感知，做出合理的行动并获得最大收益。

1.3.1　机械计算时代（1946 年以前）

早期的计算装置是手动辅助计算装置和半自动计算装置，人类计算工具的历史是从公元 1200 年的中国算盘开始，随后出现了纳皮尔筹（1612 年）和滚轮式加法器（1642 年），到 1672 年第一台自动完成四则运算的计算装置——步进计算器诞生了。

机械计算时期已经出现了现代计算机的一些基本概念。查尔斯·巴贝奇（Charles Babbage）提出了差分机（1822 年）与分析机（1834 年）的设计构想，支持自动机械计算。这一时期，编程与程序的概念基本形成。编程的概念起源于雅卡尔提花机，通过打孔卡片控制印花图案，最终演变为通过计算指令的形式来存储所有数学计算步骤；人类历史的第一个程序员是诗人拜伦之女艾达，她为巴贝奇差分机编写了一组求解伯努利数列的计算指令，这套指令也是人类历史上第一套计算机算法程序，它将硬件和软件分离，第一次出现了程序的概念。图 1.13 示意了人类机械计算工具的发展历程。

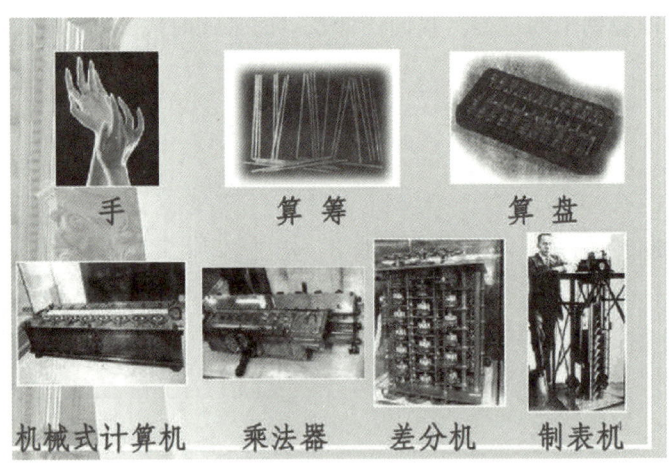

图 1.13　人类机械计算工具的发展历程

1.3.2　电子计算时代（1950—1980 年）

20 世纪上半叶出现了布尔代数、图灵机、冯·诺依曼体系结构、晶体管这四个现代计算技术的科学基础。其中，布尔代数用来描述程序和硬件，如 CPU 的底层逻辑；图灵机是一种通用的计算模型，将复杂任务转化为自动计算、无须人工干预的自动化过程；冯·诺依曼体系结构提出了构造计算机的三个基本原则：采用二进制逻辑、程序存储执行，以及计算机由运算器、控制器、存储器、输入设备、输出设备这五个基本单元组成；晶体管是构成基本的逻辑电路和存储电路的半导体器件，是建造现代计算机之塔的"砖块"。基于以上科学基础，计算技术得以高速发展，形成规模庞大的产业。图 1.14 是"计算机科学之父"和"人工智能之父"艾伦·麦席森·图灵（Alan Mathison Turing）和他的图灵机以及"现代计算机之父"冯·诺依曼（John von Neumann）和采用了"冯·诺依曼体系结构"的 1946 年诞生的世界上第一台电子计算机 ENIAC。

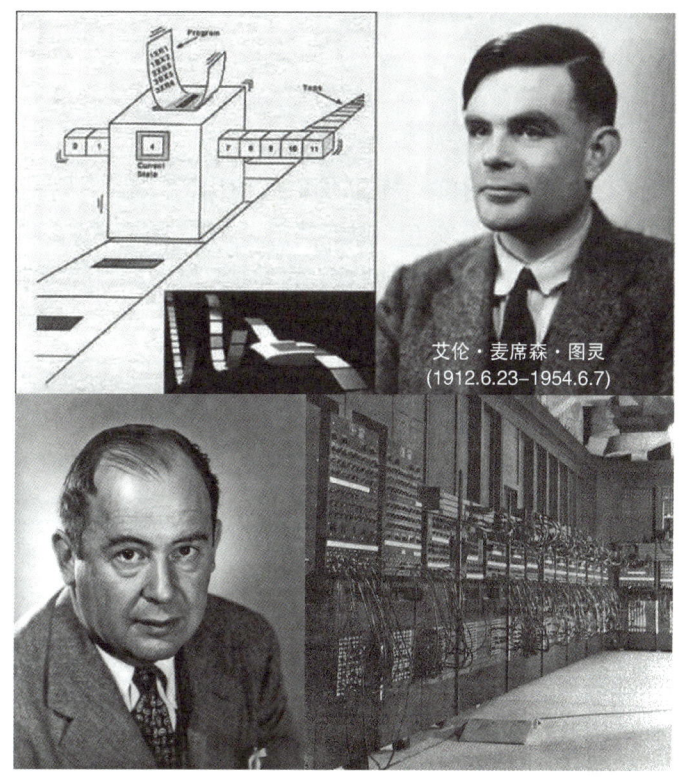

艾伦·麦席森·图灵
(1912.6.23–1954.6.7)

图 1.14 图灵机和艾伦·麦席森·图灵、冯·诺依曼和 ENIAC

自 ENIAC 诞生到今天，形成了五类成功的平台型计算系统。这五类装置几乎覆盖了信息社会的方方面面，当前各领域各种类型的应用都是由这五类平台型计算装置支撑。

第一类是高性能计算平台，主要解决大规模数据处理和复杂计算问题，提供实时或接近实时的解决方案。例如，它解决了国家核心部门的科学与工程计算问题。

第二类是企业计算平台，又称服务器，用于企业级的数据管理、事务处理，当前像百度、阿里和腾讯这些互联网公司的计算平台都属于这一类。

第三类是个人计算机平台，以桌面应用的形式出现，人们通过桌面应用与个人计算机交互，满足个人使用计算机的需求。

第四类是智能手机，主要特点是移动便携，手机通过网络连接数据中心，以互联网应用为主，它们部署在数据中心和手机终端。智能手机已经深入人们的日常生活，并解决了多种问题，例如，通信联络、信息获取、娱乐休闲、导航定位、日常管理、电子商务、教育学习、摄影创作、紧急救援等。

第五类是嵌入式系统，嵌入到工业装备和军事设备，通过实时的控制，保障在确定时间内完成特定任务。

电子计算时代的基本特征是以"机"为中心，形成了计算技术的基本架构，随着集成电路工艺的进步，基本计算单元的尺度快速微缩，晶体管密度增加；计算性能和可靠性不断提升，计算机在科学工程计算、企业数据处理中得到了广泛应用。

1.3.3　网络计算时代（1980—2020 年）

网络计算时代是以"人"为中心。互联网将人使用的终端与后台的数据中心连接，互联网应用通过智能终端与人进行交互。以亚马逊公司等为代表的互联网公司提出了云计算（cloud computing）的思想，将后台的算力封装成一个公共服务租借给第三方用户，形成了云计算与大数据产业。

云计算是通过网络"云"将巨大的数据计算处理程序分解成无数个小程序，然后通过多部服务器组成的系统处理和分析这些小程序，得到结果并返回给用户。云计算是分布式计算、并行计算、效用计算、网络存储、虚拟化、负载均衡等传统计算机和网络技术发展融合的产物。图 1.15 是始于 2007 的"云计算"示意图。

云计算的特点主要包括超大规模、虚拟化、高可靠性、通用性、高可扩展性、按需服务和廉价性。总之，云计算是一种网络应用概念，其核心是以互联网为基础设施，在网站上提供快速且安全的云计算服务与数据存储，让每一个使用互联网的人都可以使用网络上的庞大计算资源与数据中心。

图 1.15　"云计算"示意图

1.3.4　智能计算时代（2020 年至今）

智能计算时代比网络计算增加了"物"的概念，即物理世界的各种端侧设备被数字化、网络化和智能化，实现"人 – 机 – 物"三元融合。智能计算时代，除了互联网以外，还有数据基础设施，支撑各类终端通过端边云实现万物互联，终端、物端、边缘、云都嵌入 AI，提供与 ChatGPT 类似的大模型智能服务，最终实现有计算的地方就有 AI。智能计算带来了对巨量的数据、AI 算法的突破和算力的爆发性需求。

图 1.16 是讯飞星火的绘画大师根据描述绘制的智能计算的图片。

我的问题：

请绘制一个描述智能计算场景的图。图中要有人类使用人工智能、机器人、自动驾驶、航空航天、卫星等元素，有科技感。

讯飞星火（绘画大师）：

图 1.16　绘画大师根据描述绘制的智能计算图片

智能计算包括人工智能技术与它的计算载体。它不仅是对传统通用计算的延续与升华，更是应对 AI 趋势的新计算形态。从通用计算到智能计算，大致历经了四个阶段，分别为通用自动计算装置、逻辑推理专家系统、深度学习计算系统、大模型计算系统。

1. 通用自动计算装置

智能计算的起点是通用自动计算装置（1946 年）。艾伦·图灵和冯·诺依曼等科学家一开始都希望能够模拟人脑处理知识的过程，发明像人脑一样思考的机器，虽未能实现，但却解决了计算的自动化问题。通用自动计算装置的出现推动了 1956 年人工智能（AI）概念的诞生。

2. 逻辑推理专家系统

智能计算发展的第二阶段是逻辑推理专家系统（1990 年）。E.A. 费根鲍姆（Edward Albert Feigenbaum）等符号智能学派的科学家以逻辑和推理能力自动化为主要目标，提出了能够将知识符号进行逻辑推理的专家系统。人的先验知识以知识符号的形式进入计算机，使计算机能够在特定领域辅助人类进行一定的逻辑判断和决策。专家系统严重依赖于手工生成的知识库或规则库。专家系统的典型代表是日本的五代机和我国 863 计划支持的 306 智能计算机主题。日本在逻辑专家系统中采取专用计算平台和 Prolog 这样的知识推理语言完成应用级推理任务；我国采取了与日本不同的技术路线，以通用计算平台为基础，将智能任务变成人工智能算法，将硬件和系统软件都接入通用计算平台，并催生了曙光、汉王、科大讯飞等一批骨干企业。

符号计算系统的局限性在于其巨大的计算时空复杂度，即符号计算系统只能解决线性增长问题，对于高维复杂空间问题是无法求解的，从而限制了能够处理问题的规模。同时因为符号计算系统是基于知识规则建立的，人类无法对所有的常识用穷举法来进行枚举，因此，它的应用范围也受到了很大的限制。随着第二次 AI 寒冬的到来，第一代智能计算机逐渐退出了历史舞台。

3. 深度学习计算系统

智能计算发展的第三阶段——深度学习计算系统（2014 年左右）。以杰弗里·辛顿（Geoffrey Hinton）等为代表的连接智能学派，以学习能力自动化为目标，发明了能够进行深度学习的新 AI 算法。通过深度神经网络的自动学习，大幅提升了模型统计归纳的能力，在模式识别（从数据中识别出有意义的模式或规律的过程）等应用效果上取得了巨大突破，某些场景的识别精度超越了人类。以人脸识别为例，整个神经网络的训练过程就是一个网络参数调整的过程，将大量的人脸图片数据输入神经网络，然后进行网络间参数调整，将知识、规则和规律等记录到网络参数中，让神经网络对人脸识别的结果逼近真实结果。神经网络的参数越多，输出正确结果的概率就越大。只要数据足够多，就可以对各种大量的常识进行学习，神经网络的通用性就可以得到极大的提升。深度学习计算系统属于连接智能派，它的应用更加广泛，包括语音识别、人脸识别、自动驾驶等。

4. 大模型计算系统

智能计算发展的第四阶段就是大模型计算系统（2020 年至今）。在人工智能大模型技术的推动下，智能计算迈向了新的高度。2020 年，AI 从"小模型 + 判别式"转向"大模型 + 生成式"，应用也从传统的人脸识别、目标检测、文本分类，到如今的文本生成、3D 数字人生成、图像生成、语音生成、视频生成等。

例如，大语言模型 LLM（large language model）在对话系统领域的一个典型应用是 OpenAI 公司的 ChatGPT。它的基本原理是，通过给它一个输入，让它预测下一个单词来训练模型；通过大量训练提升预测精确度，最终达到向它询问一个问题，大模型产生一个答案，实现与人即时对话。在基座大模型（在大规模数据集上预训练的、具有广泛适用性的深度学习模型）的基础上，再给它一些提示词，逐渐让模型学会如何与人进行多轮对话；最后，通过人为设计和自动生成的奖励函数来进行强化学习迭代，逐步实现大模型与人类价值观的对齐。

大模型中的"大"，主要体现在以下几个方面。

① 参数数量大。例如，GPT-4.0 总共包含了 1.8 万亿个参数，相比 GPT-3 的 1 750 亿参数，规模扩大了超过 10 倍。

② 训练数据大。例如，GPT-4.0 训练中使用的单词量为 13 万亿个 token（通过分词算法将文本分割成的最小语义单元。如英语的"I like NLP"的分词结果就是［'I'， 'like'，'NLP'］）。

③ 算力需求大。例如，训练 GPT-4.0 大概需要 30 000 颗 A100 显卡（GPU），所消耗的算力超过 3 000 petaFLOPS（3 000 petaFLOPS 相当于每秒进行 3 000 千万亿次浮点运算）。

④ 能源消耗大。据估计，训练一次 GPT-4.0 的可能耗费与丹麦一个国家一年的碳排放量相当，一次的训练成本为 6 300 万美元。

虽然大模型仅仅出现几年，但却带来了明显变革。

首先是规模定律（scaling law）。很多 AI 模型的精度在参数规模超过某个阈值后模型能力快速提升，其原因科学界还不是非常清楚。AI 模型的性能与模型参数规模、数据集大小、算力总量三个变量成"对数线性关系"，因此可以通过增大模型的规模来不断提高模型的性能。

其次是由规模定律带来了产业上算力需求爆炸式增长。千亿参数规模大模型通常需要在数千乃至数万张 GPU 卡上训练 2 ~ 3 个月时间，急剧增加的算力需求带动相关算力企业超高速发展。英伟达（NVIDIA）的市值在 2024 年一度超过 3 万亿美元，这对于芯片企业从来没有发生过。

同时，大模型也带来了冲击劳动力市场的变化。北京大学国家发展研究院与智联招聘联合发布的《AI 大模型对我国劳动力市场潜在影响研究》报告指出，受影响最大的20 个职业中，财会、销售、文书位于前列，需要与人打交道并提供服务的体力劳动型工作，如人力资源、行政、后勤等反而相对更安全。

1.4　人工智能的技术领域、应用领域和发展方向

1.4.1　人工智能的主要技术领域

AI 是一个涵盖多个子领域的广泛研究领域，其主要技术领域如下。

① 机器学习：使计算机能够从数据中学习并改进性能的算法和技术。

② 深度学习：一种特殊类型的机器学习，涉及神经网络的构造和训练，用于处理大规模数据集。

③ 自然语言处理（NLP）：涉及计算机理解、解释和生成人类语言的技术。

④ 计算机视觉：使计算机能够解释和理解视觉信息的技术。

⑤ 强化学习：一种通过试错学习机制让计算机从环境中获取反馈并做出最优决策的方法。

⑥ 智能机器人：集成了感知、决策和动作执行能力的自主系统。

⑦ 数据挖掘：从大量数据中提取有用信息和洞察力的过程。

⑧ 专家系统：模拟人类专家决策的计算机程序。

⑨ 机器感知：赋予机器类似人类感官的能力，如听觉、视觉等。

⑩ 认知计算：模拟人类思考过程的计算模型。

不同研究领域和方法之间有相互影响和促进的作用。例如，计算机视觉技术的发展可能会促进图像处理领域的进步；而深度学习技术的发展可能会推动神经网络模型的创新和应用；此外，随着大数据时代的来临，数据驱动的研究方法将变得更加重要，推动整个 AI 领域的创新和发展。目前 AI 通用技术方向主要是计算机视觉和自然语言理解。

这些技术领域相互交叉，共同推动人工智能技术的发展。图 1.17 是我国人工智能企业应用 AI 技术的大致分布情况。

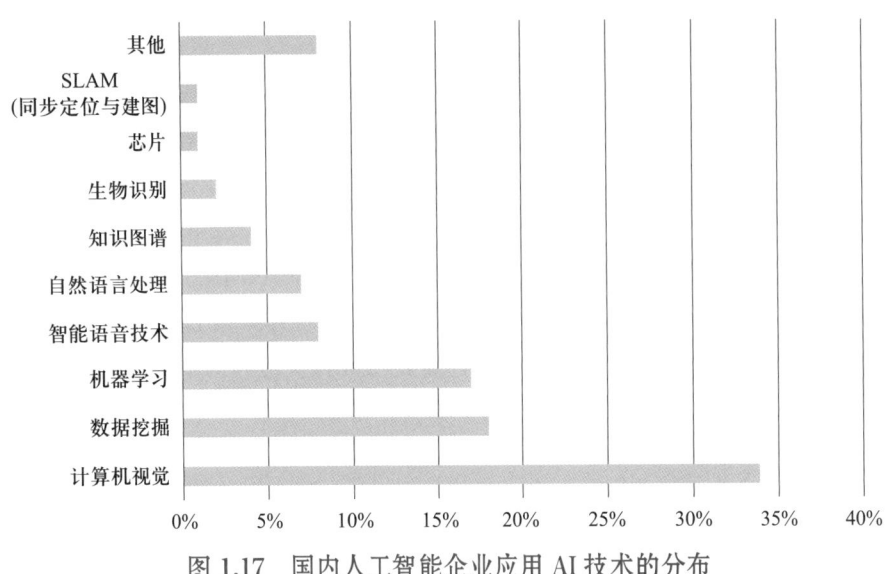

图 1.17　国内人工智能企业应用 AI 技术的分布

1.4.2　人工智能的主要应用领域

人工智能技术已经广泛应用于多个领域，以下是一些关键的应用领域。

① 医疗保健：人工智能辅助疾病诊断、药物研发、医疗影像分析等，提高医疗服务的质量和效率。

② 金融服务：风险评估、投资决策、欺诈检测、客户服务等，帮助金融机构提高效率、降低风险和改善用户体验。

③ 交通：自动驾驶技术、智能交通管理系统，优化交通流量和提高道路通行效率。

④ 工业制造：智能生产、机器人自动化、质量控制等，提高生产效率和产品质量。

⑤ 教育：个性化学习、智能辅导、自动化评估等，促进教育的公平和普及。

⑥ 零售和电子商务：个性化推荐、需求预测、库存管理等，提供更智能、便捷和个性化的购物体验。

⑦ 智能家居：智能音箱、智能家电、智能安防等，实现智能化的居家生活。

⑧ 游戏：游戏开发、智能对手、游戏体验优化等，创造更具挑战性和趣味性的游戏环境。

⑨ 自动驾驶：包括自动驾驶汽车、无人机和船舶等，实现智能导航、环境感知、决策和控制等功能。

⑩ 电影制作：从预制作到后期制作的多个阶段都有 AI 应用。例如，角色设计与生成、视觉特效与动画、场景生成、故事创作与情感表达、特效创作与后期制作等。

⑪ 农业：人工智能技术如无人机监测、自动化灌溉系统等应用于提高农作物产量和管理农田。

⑫ 服务业：人工智能在餐饮、酒店和旅游等服务业中提供个性化服务和优化运营效率。

这些应用领域展示了人工智能正在深刻地影响着现代社会的方方面面。随着 AI 技术的进步，人工智能的应用范围必将进一步扩大。

1.4.3　人工智能前沿技术的发展方向

1. 人工智能前沿技术聚焦的方向

人工智能的前沿技术目前主要集中在以下四个方向。

（1）多模态大模型（multimodal large model）

人类智能是天然多模态的，人拥有眼、耳、鼻、舌、身、嘴（语言）。多模态大模型从人类视角出发，能够处理和理解多种不同类型的数据，如文本、图像、视频和声音等，以实现更加自然和全面的人机交互。OpenAI 于 2024 年 5 月 14 日发布的 GPT-4o 多模态大模型，不仅能够处理文本，还能理解语音和视频，这标志着人工智能在模拟人类多感官交互方面的重要突破。

（2）视频生成大模型（video generation large model）

OpenAI 于 2024 年 2 月 15 日发布文生视频模型 Sora。Sora 的最大意义是它具备了世界模型的基本特征，即人类观察世界并进一步预测世界的能力。世界模型建立在理解世界的基本物理常识（例如，水往低处流等）之上，然后观察并预测下一秒将要发生什么事件。随着技术的进步，视频生成模型能够创建更高分辨率、更长时长、更精细的视频内容，这在医疗、教育、影视等领域有着广泛的应用前景。

（3）具身智能（embodied intelligence）

具身智能专注于创建能够通过感知和交互与环境进行实时互动的智能系统或机器，即有身体并能与物理世界互动的智能体，如机器人和无人车等。这些智能体通过多模态大模型处理传感数据，并生成运动指令，实现虚拟和现实的深度融合。例如，华为云发布的盘古具身智能大模型是一个能够赋予人形机器人智能化和泛化能力的系统。盘古大模型允许机器人完成复杂任务规划，并能够生成训练视频以加速学习过程。此外，盘古大模型还具备多模态能力和逻辑推理能力，使得机器人能够在现实环境中执行任务，如识别物品、问答互动、递水等。具有具身智能的机器人，可以聚集人工智能的三大智能流派同时作用在一个智能体，这预期会带来新的技术突破。

（4）AI 科学研究（AI for research，AI4R）

当前科学发现主要依赖于实验和人脑智慧，由人类进行大胆猜想、小心求证，信息技术无论是计算和数据，都只是起到一些辅助和验证的作用。相较于人类，AI 在记忆力、高维复杂、全视野、推理深度、猜想等方面具有较大优势，是否能以 AI 为主进行一些科学发现和技术发明，大幅提升人类科学发现的效率？比如，主动发现物理学规律、预测蛋白质结构、设计高性能芯片、高效合成新药等。例如，Google DeepMind 团队的 AlphaFold 2 利用深度学习技术预测蛋白质的三维结构。AlphaFold 2 的预测精度极高，几乎覆盖了地球上所有已知的蛋白质，这一进展极大地推进了生物医学和药物设计等领域的研究。这不仅在结构生物学领域产生了颠覆性的影响，而且展示了 AI 在科学研究中的强大潜力。2024 年 5 月 14 日，该团队研发人员宣布，将在 6 个月内发布 AlphaFold 3（包括权重）模型，以供学术界使用。预计 AI4R 将成为科学发现与技术发明的主要范式。

这些方向代表了人工智能领域内的最新研究趋势和技术突破，也预示着人工智能未来的发展方向和潜在应用。

2. 人工智能的发展方向——AGI

人工智能的目标是拥有与人类相当甚至超过人类智能的通用人工智能 AGI。AGI 不仅能具有像人类一样进行感知、理解、学习和推理等的基础思维能力，还能在不同领域灵活应用、快速学习和创造性思考。AGI 的研究目标是寻求统一的理论框架来解释各种智能现象，即真正进入"AI 的牛顿时代"。

AGI 是一个极具挑战性且充满争议的领域。曾有一位哲学家与一位神经科学家打赌：在 25 年后（即 2023 年），科研人员是否能够揭示大脑如何实现意识。当时，关于意识的理论主要分为两大流派：集成信息理论（integrated information theory，IIT）和全局工作空间理论（global workspace theory，GWT）。IIT 认为意识是由大脑中特定类型神经元连接形成的"结构"，而 GWT 则指出意识是当信息通过互联网络传播到大脑区域时产生的。到了 2023 年，6 个独立实验室进行了对抗性实验，结果显示与这两种理论均不完全匹配。因此，哲学家赢得了这场赌约。通过这一场赌约，可以看出人类对人工智能能够理解人类认知和大脑奥秘的深切渴望，同时也能感受到揭开这个奥秘充满的挑战。

从物理学的视角来看，物理学首先对宏观世界有了透彻理解，随后从量子物理起步，开启了微观世界的探索。同样，智能世界也是一个具有巨大复杂性的研究对象。目前，AI 大模型主要是通过数据驱动等方法来提高机器的智能水平，但对智能宏观世界的理解仍然有限。直接深入到神经系统的微观世界寻找答案是极具挑战性的。

自人工智能诞生以来，它一直承载着人类关于智能与意识的种种梦想与幻想，激励着人们不断探索。尽管目前的 AI 大模型在某些特定任务上取得了令人瞩目的进展，但实现真正意义上的 AGI 仍需克服许多科学和技术上的难题。

✖ 动手实践

> **内容：** 请在任何一个 AI 助手的帮助下，自主学习和探索下面一节的内容——人工智能的安全风险与挑战。

1.5 人工智能的风险、伦理与立法

1.5.1 人工智能的风险

自 1997 年首个战胜人类棋王的计算机系统 Deep Blue 问世以来，AI 技术经历了飞速发展。从 2016 年的 AlphaGo 到 2017 年的 AlphaZero，再到 2020 年的元宇宙和 2022 年的 ChatGPT 系列、2024 年的 GPT-4o，AI 技术的迭代速度成倍提升。ChatGPT 之父 Sam Altman 甚至提出，宇宙中的智能数量每 18 个月就会翻一番。

然而，随着全球 AI 技术的快速更迭，尤其是以 ChatGPT 为代表的生成式人工智能技术，在推动新场景、新业态、新模式和新市场发展的同时，也带来了安全隐患和风险挑战。这使得关于 AI 的争论变得更加激烈。

专家学者对 AI 前景持有不同观点，形成了悲观派和乐观派。

悲观派学者，如霍金和马斯克，对 AI 持有谨慎态度。霍金认为，由于人类受限于缓慢的生物进化，难以与机器竞争，最终可能被取代，甚至人工智能的发展可能导致人类的终结。马斯克甚至认为，人工智能的潜力可能比核弹更为危险，因此必须对其保持高度警惕。他们担忧 AI 在诸多具体工作上超越人类，从而引发对人类存在意义和价值的深刻质疑。

乐观派学者，如谷歌公司原董事长施密特，坚信对机器将夺走人类工作、统治世界的恐惧是毫无根据的。他认为，机器人将成为人类的朋友，而非威胁。超人工智能的时代尚未到来，AI 与人类协作将是未来的主旋律。施密特主张，AI 对人生意义的挑战主要源自人类自身的心理感受，历史上我们曾在农耕时代接纳了骡马作为合作伙伴，在现代社会接受了机械、车船与人类共同协作，因此在人工智能时代，我们同样可以接受 AI 作为得力助手。

AI 技术的发展无疑为人类社会带来了巨大的机遇和挑战。我们需要在充分认识到

AI 潜力的同时，也要警惕可能带来的风险，并通过合理的监管和伦理框架，确保 AI 技术的健康、可持续发展，使其成为人类社会进步的重要推动力。

1. AI 的发展陷阱

人工智能会毁灭人类，在不少人看来是危言耸听。但专家们认为，AI 的三种发展方向中存在陷阱，人类要特别提高警惕。

（1）图灵陷阱

"图灵陷阱"是指 AI 会放大少数拥有和控制这些技术的人的力量，给相对少数人带来繁荣，同时造成他人权力的丧失。

斯坦福大学人工智能研究员 Erik Brynjolfsson 在"图灵陷阱"一文中认为，应加强 AI 与人类的合作研究，避免"图灵陷阱"，为每个人带来经济利益。因为人类理性和能力的局限，人类设计的 AI 很难做到人性化。在 AI 的部署中会迫使人被动地适应智能化和自动化，智能系统的运作预设可能不是使机器人性化，而是让人越来越机械化。通过深度学习的 AI 智能算法会接连不断地"吞掉"人的自主时间，进而逐渐剥夺人的自主性。

比如，宣称"送啥都快"的美团外卖，其智能配送系统被称为"超脑"，它极大地提高了配送效率。然而对身受技术驱使的外卖员来说，送外卖某种程度上成了"与死神赛跑，和交警较劲，和红灯做朋友"的危险活动。超时一旦发生，便意味着差评、收入降低，甚至被淘汰。

（2）人工智能式马尔萨斯陷阱

马尔萨斯陷阱是指人口按照几何级数增长，而生存资源仅仅按算术级数增长，多增加的人口总是要以某种方式被消灭掉。随着 AI 的普及，危机可能会集中在人类生存所需的能源之上。

根据摩尔定律，计算机的性能每 18 个月翻一番，在性能增加的同时耗电量也在大幅攀升。我国学者谭安辉指出，一台千万亿次级超级计算机每年大约要消耗一个中型核电站的发电量。比如，美国的超级计算机"美洲豹"功耗约为 7 MW，我国"神威蓝光"功耗极低，但也有 1 MW，按照时下电价，大概需要每天 6 万元电费。根据最新的研究结果，训练一个普通的 AI 模型消耗的能源相当于 5 辆汽车一生排放的碳总量。

过度依赖 AI 会不会引发能源危机，对于人类来说仍是一个未知数。除了能源耗尽的危险，地球还承载着相应的环境压力，能源的使用会大量消耗环境的承载力，因此能不能守住"碳"指标也是对全人类重要的考验。

（3）黑箱效应

黑箱效应是指通过将复杂系统视为不可知的"黑箱"，仅从输入与输出的关系来研究和控制该系统，从而获得对系统行为的认识和效益。对 AI 的恐惧大多来自神经网络运行机理产生的黑箱效应。人工智能学者斯图尔特·罗素明确指出，我们不清楚 ChatGPT 的工作原理和机制。

① 程序黑箱——以 ChatGPT 为代表的生成式人工智能的神经网络的作用机理，对

于绝大多数人来说就像一个黑箱。绝大多数普通人并不知道它的运作原理。只有专业技术人员清楚它遵从的基本价值原则和价值序列的内部原理。那么是否存在欺骗、压迫等技术霸权的进化路径，仍需审慎对待。

② 漏洞黑箱——通俗地讲，算法都是会出现漏洞的，我们不知道这样的漏洞会被谁发现和利用。随着 AI 的广泛应用，一些漏洞对人类来说可能是致命的。如果这些至关重要的技术漏洞被具有反社会人格的黑客掌握，那么就可能造成无法估量的后果。

③ 进化黑箱——AI 的进化方向同样是一个黑箱。比如，ChatGPT 的学习能力和进化速度是空前的。随着生成式人工智能的发展和广泛应用，我们不知道进化过程中会发生怎样的偶然性以及可能产生的连锁反应。比如，发生在美国的全球首例无人车致死事故，就是因其系统对物体的分类发生了混乱。

2. AI 的伦理问题

随着 AI 技术的广泛应用，其伦理问题也愈发显现，引发了社会各界对于智能时代人类价值观和道德规范的深刻反思。AI 的伦理问题主要体现在以下几个方面。

（1）数据隐私和安全

AI 系统需要大量的数据来训练和优化，但这也增加了数据泄露和滥用的风险。保护用户数据的隐私和安全成了一个重要的伦理问题。例如，2018 年，Facebook 因剑桥分析公司未经授权获取数百万用户数据的事件，引发了全球对社交媒体隐私和数据安全的担忧。

（2）偏见和歧视

由于 AI 系统是由人类设计和训练的，它们可能会继承和放大人类的偏见和歧视。这可能导致不公平的决策和歧视性行为，对某些人群造成不利影响。例如，美国一些法院使用的犯罪风险评估工具 COMPAS 被发现对非裔美国人存在偏见，导致他们在假释和量刑中受到不公正对待。

（3）自主性和责任

随着 AI 系统的自主性越来越高，确定谁应该对 AI 的行为负责变得越来越困难。这引发了关于 AI 系统自主性和责任的伦理问题。例如，2018 年，优步的自动驾驶汽车在美国亚利桑那州撞死一名行人，这是全球首例自动驾驶汽车致死事故。事故发生后，关于谁应对此负责的问题引起了广泛讨论。

（4）透明度和可解释性

AI 系统的决策过程往往缺乏透明度和可解释性，这使得人们难以理解 AI 如何做出决策。这种缺乏透明度可能导致信任缺失，并引发伦理问题。例如，Google 的 AI 在图像识别中错误地将黑色人种识别为大猩猩，这一事件凸显了 AI 决策的不透明性及其潜在危害。

（5）长期影响和失控风险

随着 AI 技术的快速发展，其长期影响和潜在的失控风险也越来越引起人们的关注。这包括 AI 可能对就业、社会稳定和人类价值观产生的影响，以及 AI 技术可能被用于恶意目的的风险。例如，自动武器系统（AWS），是能够在较少或没有人类干预的情况下自主选择、探测和攻击目标的武器系统，它的开发引发了它可能被滥用和误用的担忧，尤其是在国际冲突中的应用。

AI 伦理是一个复杂而深刻的议题，它关系到技术的进步，更关系到人类社会的未来。面对 AI 带来的伦理挑战，我们需要保持警惕，不断探索，勇于创新。只有这样，我们才能在智能时代中，找到一条既能发挥 AI 潜能，又能维护人类尊严和社会正义的道路。

1.5.2　保障人工智能安全的立法

伴随着 AI 技术的迅猛发展，出现了很多没有解决的问题。例如：

① 谁来给 AI/机器人赋权？

② 赋予 AI/机器人哪些权利？

③ AI 创作受版权法保护吗？

因此，发展 AI 的同时，必须要进行 AI 安全保障相关的立法。

我国高度重视人工智能发展的安全性，并已提出相关倡议并制定了一系列规定、规范和办法。早在 2018 年，习近平总书记在主持十九届中央政治局第九次集体学习时便强调，需未雨绸缪，加强战略研判，以确保人工智能的安全、可靠与可控。此后，习主席在国际场合多次倡议提升人工智能技术的安全性、可靠性、可控性和公平性，引领全球人工智能的健康发展。2020 年 11 月，中国在二十国集团领导人第十五次峰会上提出了《全球数据安全倡议》。2021 年 9 月，科技部发布了《新一代人工智能伦理规范》。同年 12 月，我国发布了《中国关于规范人工智能军事应用的立场文件》。2022 年 8 月，全国信息安全标准化技术委员会发布了《信息安全技术机器学习算法安全评估规范》。2022 年至 2023 年期间，中央网信办先后发布了《互联网信息服务算法推荐管理规定》《互联网信息服务深度合成管理规定》以及《生成式人工智能服务管理办法》。2023 年 10 月，中国在第三届"一带一路"国际合作高峰论坛上提出了《全球人工智能治理倡议》。我国还应加快推进《人工智能法》出台，构建人工智能治理体系，确保人工智能的发展和应用遵循人类共同价值观，促进人机和谐友好；创造有利于人工智能技术研究、开发、应用的政策环境；建立合理披露机制和审计评估机制，理解人工智能机制原理和决策过程；明确人工智能系统的安全责任和问责机制，可追溯责任主体并补救；推动形成公平合理、开放包容的国际人工智能治理规则。

欧美国家也先后出台相关法规。2018 年 5 月 25 日，欧盟出台《通用数据保护条例》，2022 年 10 月 4 日，美国发布《人工智能权利法案蓝图》，2024 年 3 月 13 日，欧洲议会通过了欧盟《人工智能法案》。

AI 的发展与人类发展息息相关。2024 年 6 月 12 日，习近平主席在联合国贸易和发展会议成立 60 周年庆祝活动开幕式发表视频致辞时提出，坚持以人为本、智能向善，在联合国框架内加强人工智能规则治理。坚持"以人为本"，意在警示技术发展不能偏离人类文明进步的方向。这一理念，倡议各方以增进人类共同福祉为目标，以保障社会安全、尊重人类权益为前提，确保人工智能始终朝着有利于人类文明进步的方向发展。"智能向善"，则意在规范人工智能在法律、伦理和人道主义层面的价值取向，确保人工智能发展安全可控。

1.6 我国 AI 发展的困境与道路选择

人工智能技术与智能计算产业已成为中美科技博弈的焦点。尽管我国近年来在这一领域取得了显著进步，但仍面临诸多发展挑战，尤其是美国科技打压政策所带来的困境。

1.6.1 发展困境

1. AI 领域的人才数量不足的困境

人才是任何技术创新的核心。我国 AI 领域存在人才数量不足的困境。

以顶级人才为例，根据 2023 年发布的《全球最具影响力人工智能学者》报告指出，全球顶级的 AI 学者中，美国占据了 54% 的比例，高达 1 079 人，而中国则只有 280 人，占比仅为 14%。这意味着在 AI 领域的创新能力和研究深度上，美国拥有更为丰富的人才储备。这种人才差距不仅体现在数量上，更体现在质量上。美国的 AI 学者在算法研究、模型开发、数据分析等方面具有更高的专业素养和创新能力，这也是他们在 AI 技术上能够领先一步的重要原因。图 1.18 是 2023 年全球顶级的 AI 学者在各国的分布情况。

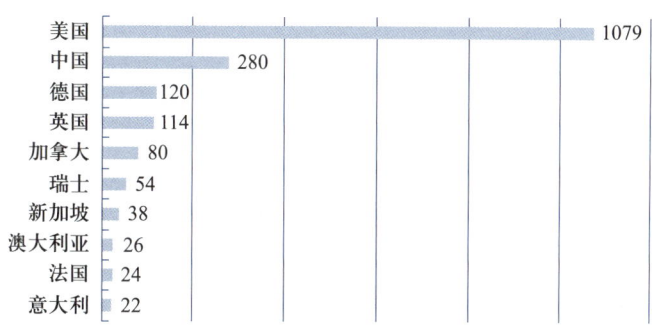

图 1.18　2023 年全球顶级 AI 学者在各国的分布情况

然而，中国是全球最大的顶级 AI 人才输出国，在中国接受本科教育的顶级（前 20%）AI 人才占全球 47%，在美国接受本科教育的只占 18%。可以这么说，中国 AI 人才的涌入成就了美国在 AI 领域的快速发展和创新。美国在吸引和培养 AI 顶级人才方面处于有利地位，这主要得益于斯坦福大学、麻省理工学院、加州大学伯克利分校等世界一流学府，加上谷歌公司、OpenAI 公司等科技巨头和活跃的创业生态。

2. AI 核心能力的困境

美国在 AI 核心能力上长期处于领先地位，中国则一直处于跟随模式。中国在 AI 基础算法创新、AI 底座大模型能力（大语言模型、文生图模型、文生视频模型）、底座大模型训练数据、底座大模型训练算力等，都与美国存在一定的差距，并且这种差距还将持续很长一段时间。

下面，我们以一道 2024 年高考数学题的求解为例，了解我国最高水平的几个大语言模型和美国 OpenAI 的 ChatGPT-4.0 之间还存在比较明显的差距。

图 1.19 是 2024 年高考数学新课标 1 卷的第一道选择题。

一、选择题
1. 已知集合 $A = \{x| -5 < x^3 < 5\}$，$B = \{-3, -1, 0, 2, 3\}$，则 $A \cap B =$ （　　　）
A.{-1,0}　　　　　　B.{2,3}　　　　　　C.{-3,-1,0}　　　　　　D.{-1,0,2}

图 1.19　测试用的数学题图片

我们将这个图片分别给文心一言、讯飞星火、Kimi 和 ChatGPT-4.0，观察这些 AI 工具对这道数学题的解答情况。

【对"文心一言"的测试】

将图 1.19 上传给文心一言，文心一言并没有直接给出求解，而是进行了看似相关但又无关的回答。再次提问"请给出这道题的答案"，文心一言对该题目进行了错误的分析，并给出了错误答案，如图 1.20 所示。

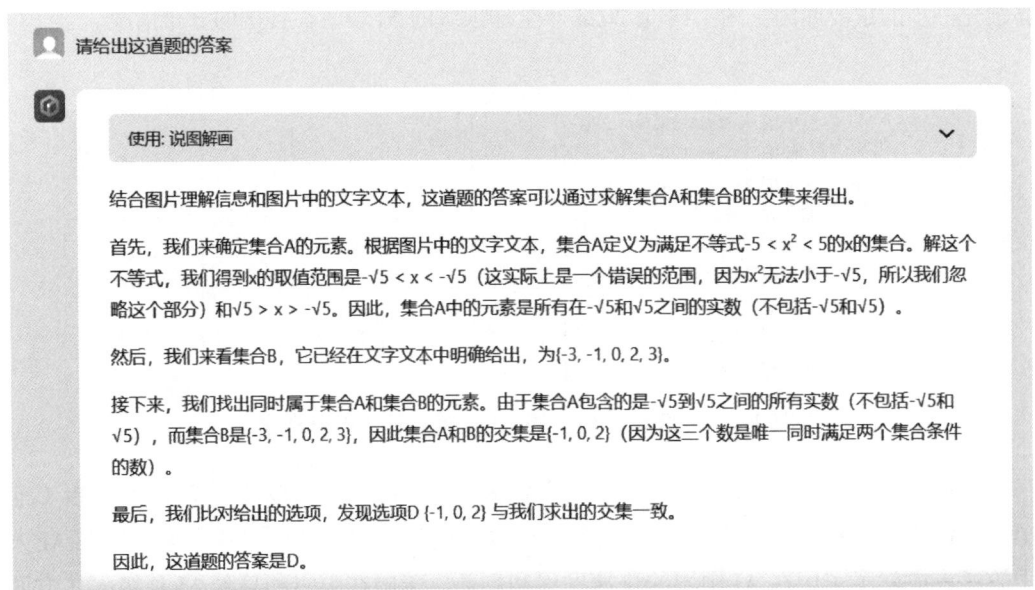

图 1.20　文心一言给出的回答（版本 3.5，时间 2024 年 6 月 15 日）

【对讯飞星火的测试】

将图 1.19 上传给讯飞星火，讯飞星火直接对该图面上的题目进行了求解。虽然给出了正确答案，但缺少分析过程。讯飞星火的回答如图 1.21 所示。

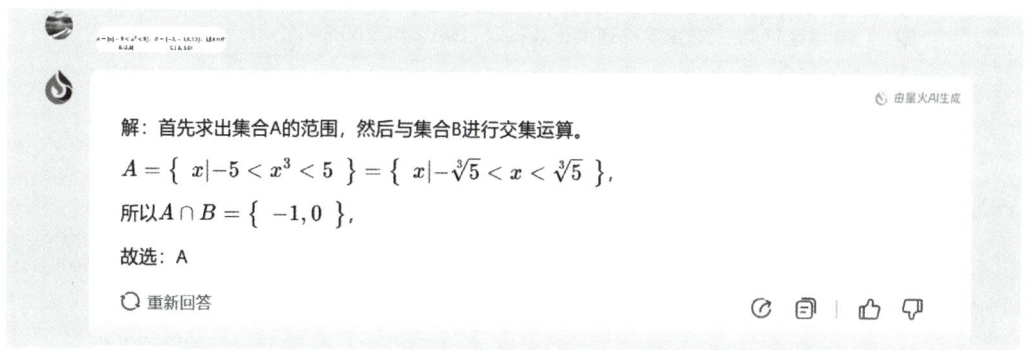

解：首先求出集合A的范围，然后与集合B进行交集运算。

$$A = \left\{ \ x \mid -5 < x^3 < 5 \ \right\} = \left\{ \ x \mid -\sqrt[3]{5} < x < \sqrt[3]{5} \ \right\},$$

所以$A \cap B = \left\{ \ -1, 0 \ \right\}$，

故选：A

图 1.21　讯飞星火给出的回答（版本 3.5，时间 2024 年 6 月 15 日）

【对 Kimi 的测试】

将图 1.19 传给 Kimi，Kimi 对该图片中的题目给出了详细的解题步骤。遗憾的是最后求交集时发生了错误。Kimi 的回答如图 1.22 所示。

文件包含了一道高考数学选择题，题目内容如下：

题目：已知集合A = {x | -5 < x^3 < 5}，B = {-3, -1, 0, 2, 3}，求A∩B的结果。

选项：
A. (-1, 0)
B. [2, 3]
C. [-3, -1, 0]
D. (-1, 0, 2]

解题思路：

1. 首先，需要理解集合A的定义，即所有满足-5 < x^3 < 5的x值的集合。
2. 然后，需要找出满足这个条件的x值范围。由于x^3是一个单调递增函数，我们可以通过对不等式两边取立方根来找到x的范围。
3. 计算-5和5的立方根，得到x的范围大约是(-1.71, 1.71)。
4. 然后，需要找出这个范围内的整数，因为B集合只包含整数。
5. 最后，将A集合中的整数与B集合进行交集运算，找出共同的元素。

根据上述思路，我们可以得出A集合中的整数为-1, 0, 1, 2。将这些与B集合进行交集运算，得到A∩B = {-1, 0, 2}。

因此，正确答案是D. (-1, 0, 2]。

图 1.22　Kimi 给出的回答（版本 3.5，时间 2024 年 6 月 15 日）

【对 ChatGPT-4.0 的测试】

将图 1.19 传给 ChatGPT，ChatGPT 对该图片中的题目给出了直接详细的解析，并给出了正确答案，如图 1.23 所示。

要解答这个问题，我们需要先分析集合 A 和 B，然后找出它们的交集。

集合 A 定义为 $\{x| -5 < x^3 < 5\}$：

首先求解不等式 $-5 < x^3 < 5$：

1. $x^3 > -5$ 的解为 $x > -\sqrt[3]{5}$。

2. $x^3 < 5$ 的解为 $x < \sqrt[3]{5}$。

所以集合 A 可以表示为 $A = (-\sqrt[3]{5}, \sqrt[3]{5})$。

接下来考虑集合 B：
$B = \{-3, -1, 0, 2, 3\}$

我们需要找出在 A 和 B 中的公共元素。由于 $\sqrt[3]{5}$ 大约为 1.71，因此 $A = (-1.71, 1.71)$。

集合 A 中的元素：
$x \in (-1.71, 1.71)$

在集合 B 中的元素：
$-3, -1, 0, 2, 3$

我们找出这些元素中哪些在区间 $(-1.71, 1.71)$ 内：
$-1, 0$

所以 $A \cap B = \{-1, 0\}$。

因此，正确答案是：
$A.\{-1, 0\}$

图 1.23　ChatGPT 给出的回答（版本 4.0，时间 2024 年 6 月 15 日）

在解这道简单的数学题的问题上，可以看出，ChatGPT-4.0 较我国的几个大模型有明显优势，它更像是人在解题，体现出了更高的智能。

3. 高端算力产品和芯片工业的困境

芯片是 AI 技术的核心硬件支撑。任何先进的 AI 算法和模型都需要强大的芯片算力来支持。在当前的国际形势下，我国在高端算力产品领域面临着严峻的挑战。首先是高端芯片工艺的长期受制于人，这一点在我国的科技发展中尤为突出。以英伟达的 A100、H100、B200 等为代表的高端智能计算芯片已被纳入对我国禁售的名单之中，这对于我国在高性能计算领域的发展造成了极大的限制。

中国的芯片制造领域，特别是在高端光刻机技术方面，与世界先进水平相比仍有较大差距。包括华为、龙芯、寒武纪、曙光、海光等在内的我国多家知名企业，纷纷被列入美国的实体清单，这使得他们在芯片制造的先进工艺上受到严重限制。国内可满足规模量产的工艺节点落后国际先进水平 2～3 代，核心算力芯片的性能落后国际先进水平 2～3 代。

4. 智能计算生态和 AI 开发框架的困境

我国智能计算生态孱弱，AI 开发框架渗透率不足。英伟达 CUDA（compute unified device architecture）生态完备，与英伟达 GPU（graphics processing unit，图形处理器）搭配使用非常高效。以 Netflix 为例，他们的 NRE（Netflix 推荐的引擎）模型的训练，一开始需要花费 20 多个小时，然而，通过利用 CUDA 内核的优化，这个时间缩短到 47 分钟。这也正是使用 GPU 的大公司选择 CUDA 来增强其应用程序的原因。然而，2024 年，英伟达在 CUDA 11.6 的用户许可中明确表示，禁止其他硬件平台通过翻译层运行 CUDA。这就意味着其他硬件禁止使用 CUDA！

AI 开发框架是构建、训练和部署 AI 模型的基础结构，包括一系列机器学习算法的库、工具和接口。这些框架使得开发者能够更轻松地实现各种 AI 模型的开发。图 1.24 是常见的 AI 开发框架。它们的出现，大大降低了研究人员开发深度学习算法的难度，让研究人员可以更加专注于算法的结构设计而不是算法的实现过程。

图 1.24　常见的 AI 开发框架

国内生态孱弱，具体表现：一是研发人员不足，英伟达 CUDA 生态有近 2 万人开发，是国内所有智能芯片公司人员总和的 20 倍；二是开发工具不足，CUDA 有 550 个 SDK（software development kit，软件开发工具包），是国内相关企业的上百倍；三是资金投入不足，英伟达每年投入 50 亿美元，是国内相关公司的几十倍；四是 AI 开发框架 TensorFlow 占据工业类市场，PyTorch 占据研究类市场，百度飞桨等国产 AI 开发框架的开发人员只有国外框架的 1/10。更为严重的是，国内企业无法形成合力，虽然在智能应用、开发框架、系统软件、智能芯片等各层都有相关产品，但各层之间没有深度适配，无法形成一个有竞争力的技术体系。

5. AI 应用于行业的高成本的困境

当前我国 AI 应用主要集中在互联网行业和一些国防领域。AI 技术推广应用于各行各业时，特别是从互联网行业迁移到非互联网行业，需要进行大量的定制工作，迁移难度大，单次使用成本高。造成 AI 应用于行业高成本的主要因素包括研发成本、人才缺口与人力成本、数据获取与处理成本以及技术落地与整合成本。

（1）研发成本

人工智能技术的研发需要大量的资金和资源投入，包括算法研究、软件开发、硬件设备等多个方面的支出。这些研发成本在初期往往较高，且回收周期较长。技术创新过程中的不确定性也带来了较高的风险成本。研发过程中可能会遇到技术瓶颈、研究方向的错误选择等问题，这些都会增加额外的成本。

（2）人才缺口与人力成本

我国在人工智能领域的专业人才相对不足，这导致了人才市场的竞争加剧，从而推高了人才的薪酬和福利成本。为了获取顶尖的 AI 技术人才，企业往往需要提供高额的薪资和福利待遇，这也增加了企业的人力成本。

（3）数据获取与处理成本

人工智能训练需要大量准确的数据，而数据的采集、清洗和标注过程往往耗时耗力，且成本较高。随着数据隐私保护意识的提升，企业在数据处理过程中需要遵守更严格的数据保护法规，这也会增加相应的合规成本。

（4）技术落地与整合成本

将人工智能技术应用到实际行业中，往往需要进行技术适配和定制化开发，以满足特定行业的需求。这一过程涉及的成本较高。企业在引入 AI 技术时，需要考虑与现有系统的整合问题，确保不同系统之间的兼容性。这可能需要进行系统升级或改造，增加了额外的成本。

1.6.2 中国发展 AI 的道路选择

选择适合的 AI 发展道路对于实现可持续性和塑造国际竞争格局至关重要。当前，AI 的应用成本居高不下：微软的 Copilot 套件每月需支付 10 美元，ChatGPT 每天耗电达 50 万千瓦时，而英伟达的 B200 芯片价格则超过 3 万美元。因此，我国应致力于发展用得起且安全可靠的人工智能技术，消除我国信息贫困人口，造福"一带一路"国家；降低行业准入门槛，从而增强优势产业的竞争力，并助力相对落后的产业迅速缩小与国际先进水平的差距。

（1）技术体系走闭源封闭，还是开源开放的道路？

智能计算产业的核心在于一个复杂而高度集成的技术体系，该体系涉及材料、器件、工艺、芯片、整机、系统软件以及应用软件等众多环节的紧密结合。我国发展智能计算技术体系存在三条道路。

一是追赶兼容美国主导的 A 体系。由于在算力方面美国对我国工艺和芯片带宽的限制，在算法方面国内生态林立很难形成统一，生态成熟度严重受限，在数据方面中文高质量数据匮乏，这些因素会使得追赶者与领先者的差距很难缩小，一些时候还会进一步拉大。我国大多数互联网企业走的是 GPGPU/CUDA 兼容道路，很多芯片领域的创业企业在生态构建上也是尽量与 CUDA 兼容，这条道路在 CUDA 11.6 之前较为现实。然而，随着其他硬件禁止使用 CUDA 11.6，这也同时宣告这条道路已经封闭。

二是构建专用封闭的 B 体系。在军事、气象、司法等专用领域构建企业封闭生态，基于国产成熟工艺生产芯片，更加关注特定领域垂直类大模型，训练大模型更多采用领域专有高质量数据等。这条道路易于形成完整可控的技术体系与生态，我国一些大型骨干企业走的是这条道路，它的缺点是封闭，无法凝聚国内大多数力量，也很难实现全球化。

三是全球共建开源开放的 C 体系。用开源打破生态垄断，降低企业拥有核心技术的门槛，让每个企业都能低成本地做自己的芯片，形成智能芯片的汪洋大海，满足无处不在的智能需求。用开放形成统一的技术体系，我国企业与全球化力量联合起来共建基于国际标准的统一智能计算软件栈。形成企业竞争前共享机制，共享高质量数据库，共享开源通用底座大模型。对于全球开源生态，在智能时代我国企业在开源技术体系上应更多地成为主力贡献者，成为全球化开放共享的主导力量。

中国脊梁企业华为一直走在解决"卡脖子"问题的路上，2019 年 8 月，华为成为国家新一代人工智能开放创新平台的承建单位。华为在 AI 产业坚持"硬件开放、软件开源、使能伙伴、发展人才"的战略模式，以推动其 AI 生态的蓬勃发展。这种模式不仅促进了技术的快速迭代和创新，还为全球开发者提供了丰富的资源和平台，共同推动 AI 技术的应用和发展。华为努力打造并已形成了性能领先、自主可控的全 AI 计算生态 AI 芯片、异构计算框架及 AI 框架，这些是决定人工智能未来发展的根基，表 1.1 是在这 3 个层次和行业应用上，华为 AI 生态对比美国 AI 生态的情况。

表 1.1 华为昇腾 AI 计算生态对标美国 AI 生态

层	用户类型	美 国	华 为
行业应用（部分）	使用 AI 产品的普通用户	OpenAI IBM facebook Google Microsoft amazon	Bai度 百度 JD京东 阿里云 科大讯飞 字节跳动 中国平安 PING AN
AI 框架	依赖这些强大的工具实现 AI 解决方案的人，包括技术开发者、科学研究人员、企业和学习者	PyTorch Keras Caffe TensorFlow	昇思MindSpore框架 昇思MindSpore
并行计算框架	需要进行大量并行计算的人工智能、机器学习、科学计算和高性能计算领域的专业人员	英伟达 NVIDIA CUDA Intel oneAPI AMD ROCm	昇腾异构计算架构 CANN

层	用户类型	美　国		华　为
AI 芯片	任何机构或个人，利用 AI 芯片强大的计算能力，支撑实现各种 AI 应用、服务或研究	英伟达	NVIDIA	昇腾AI处理器　Ascend
		Intel	intel	
		AMD	AMD	

华为的全 AI 生态包括以下各层。

① AI 芯片层——算力基础。基于昇腾 AI 处理器芯片的 Atlas 系列计算产品，支持各类 AI 计算。

② 异构计算框架层——充分利用昇腾 AI 处理器强大的并行计算能力，加速处理各种计算密集型任务。昇腾异构计算架构 CANN 对下适配不同形态的硬件，提供统一的编程接口，并将多样化的计算模式分配到不同特性的处理器上，充分发挥硬件的计算性能；CANN 向上适配不同的主流 AI 框架，满足多样的算法和应用需求，发挥着承上启下的关键作用。

③ AI 框架层——助力 AI 创新。昇思 MindSpore 框架注重开发易用性、提升原生支持大模型和 AI+ 科学计算的体验。向上助力 AI 模型创新，向下兼容多样性算力（NPU、GPU、CPU）。该框架还支持 TensorFlow、PyTorch 等第三方框架。

④ 行业应用层——助力 AI 应用落地。昇腾提供了助力各行各业 AI 应用的开发工具。例如，面向智能制造、工业质检等场景的 Mind X SDK，优选的训练和推理模型库 Model Zoo 和 AI 云服务 ModelArts 等。昇腾还为 AI 开发者提供了一个全流程开发的 MindStudio，通过丰富的工具链和强大的功能架构，全方位辅助开发者提升 AI 应用的开发效率和性能。

（2）拼算法模型，还是拼新型基础设施？

人工智能技术要赋能各行各业，具有典型的长尾效应。我国 80% 的中小微企业需要的是低门槛、低价格的智能服务。因此，我国智能计算产业必须建立在新的数据空间基础设施之上，其中关键是我国应率先实现智能要素即数据、算力、算法的全面基础设施化。这项工作可比肩 20 世纪初美国信息高速公路计划（即信息基础设施建设）对互联网产业的历史作用。

信息社会最核心的生产力是网络空间（cyberspace）。网络空间的演进过程：从机器一元连接构成的计算空间，演进到人机信息二元连接构成的信息空间，再演进到人机物数据三元连接构成的数据空间。从数据空间看，人工智能的本质是数据的百炼成钢，大模型就是对互联网全量数据进行深度加工后的产物。在数字化时代，在互联网上传输的是信息流，是算力对数据进行粗加工后的结构化抽象；在智能时代，在互联网上传输的是智能流，是算力对数据进行深度加工与精练后的模型化抽象。智能计算的一个核心特征就是用数值计算、数据分析、人工智能等算法，在算力池中加工海量数据件，得到智能模型，再嵌入到信息世界、物理世界的各个过程中。

我国政府已经前瞻性地提前布局了新型基础设施，在世界各国竞争中抢占了先机。首先，数据已成为国家战略信息资源。数据具有资源要素与价值加工两重属性，数据的资源要素属性包括生产、获取、传输、汇聚、流通、交易、权属、资产、安全等各个环节，我国应继续加大力度建设国家数据枢纽与数据流通基础设施。

其次，AI 大模型就是数据空间的一类算法基础设施。以通用大模型为基座，构建大模型研发与应用的基础设施，支撑广大企业研发领域专用大模型，服务于机器人、无人驾驶、可穿戴设备、智能家居、智能安防等行业，覆盖长尾应用。

最后，全国一体化算力网建设在推动算力的基础设施化上发挥了先导作用。算力基础设施化的中国方案，应在大幅度降低算力使用成本和使用门槛的同时，为最广范围覆盖人群提供高通量、高品质的智能服务。算力基础设施的中国方案需要具备"两低一高"，即在供给侧，大幅度降低算力器件、算力设备、网络连接、数据获取、算法模型调用、电力消耗、运营维护、开发部署的总成本，让广大中小企业都消费得起高品质的算力服务，有积极性开发算力网应用；在消费侧，大幅度降低广大用户的算力使用门槛，面向大众的公共服务必须做到易获取、易使用，像水电一样即开即用，像编写网页一样轻松定制算力服务，开发算力网应用。在服务效率侧，中国的算力服务要实现低熵高通量，其中高通量是指在实现高并发度服务的同时，端到端服务的响应时间可满足率高；低熵是指在高并发负载中出现资源无序竞争的情况下，保障系统通量不急剧下降。保障"算得多"对中国尤其重要。

（3）AI+ 着重赋能虚拟经济，还是发力实体经济？

"AI+"的成效是检验人工智能价值的重要标准。次贷危机后，美国的经济结构发生了显著变化。制造业增加值占 GDP 的比重从 1950 年的 28% 降低至 2021 年的 11%，制造业在全行业就业人数中的占比也从 1979 年的 35% 降低至 2022 年的 8%。这表明美国越来越倾向于回报率更高的虚拟经济，而轻视了投资成本高且经济回报率低的实体经济。在这种背景下，美国的人工智能技术主要应用于虚拟经济和 IT 基础工具，呈现出"脱实向虚"的趋势。自 2007 年以来，硅谷不断涌现出虚拟现实（VR）、元宇宙、区块链、Web 3.0、深度学习、AI 大模型等高科技概念，这些都是这一趋势的反映。

相比之下，中国则选择了实体经济与虚拟经济同步发展的道路，特别重视装备制造、新能源汽车、光伏发电、锂电池、高铁、5G 等实体经济领域的发展。这种策略使中国在全球制造业中占据了重要地位，其制造业产业门类之齐全、体系之完整，堪称全球之最。中国的优势在于其庞大的实体经济基础。制造业的全球产业门类最齐全，体系最完整，这为人工智能技术提供了丰富的应用场景和私有数据。为了进一步发挥这一优势，中国应选择若干关键行业进行重点投入，形成可低门槛全行业推广的范式。例如，可以选择装备制造业作为延续优势的代表性行业，利用 AI 技术提高生产效率、降低成本；同时选择医药业作为快速缩短差距的代表性行业，通过 AI 技术加速新药研发、提高医疗水平。

人工智能技术成功的关键在于其是否能大幅降低行业或产品的成本，从而将用户数与产业规模扩大数倍，产生类似于蒸汽机对于纺织业、智能手机对于互联网业的变革效果。这不仅需要 AI 算法的高度发展，更需要实现 AI 算法与物理机理的深度融合，以真正赋能实体经济。

因此，我国应走出一条适合自己的人工智能赋能实体经济的高质量发展道路。这意味着我们需要结合自身的产业特点和优势，加强 AI 技术在实体经济中的应用研究，推动 AI 算法与物理机理的融合创新，从而实现实体经济的转型升级和高质量发展。

1.7　对未来社会的预测

AI 的发展速度已经远远超出了人类的预期。面对这一飞速发展，人类既对 AI 带来的巨大潜力感到兴奋，又对其可能带来的挑战和风险感到担忧，对未来社会的样子充满了期待和疑虑。

1.7.1　利奥波德·阿申布雷纳的预测

利奥波德·阿申布雷纳（Leopold Aschenbrenner）曾在 OpenAI 的超级对齐（super alignment）部门工作。这个部门成立于 2023 年 7 月，专注于解决人工智能对齐问题，即确保 AI 系统按照人类的意图行事。这里的"对齐"是指 AI 不能伤害人类的信息，当 AI 的智能超过人类的时候，它必须和创造它的人类把信息对齐。工作期间，利奥波德·阿申布雷纳就已经意识到"AI 已经很危险了"。2024 年 5 月，OpenAI 解散了超级对齐部门，利奥波德·阿申布雷纳也被解雇。一个月之后，他自称是基于公开信息、自己的想法、一般领域知识或科幻八卦写出了一篇名为 "SITUATIONAL AWARENESS: The Decade Ahead"（态势感知：未来的十年）的论文。文章预测，AI 的发展将推动技术的指数级增长，可能在接下来的几年内实现质的飞跃，这将对社会结构和人类生存带来深远影响。该篇论文虽然长达 165 页，但值得在 AI 的迷雾中茫然探索的我们去阅读，去思考未来社会可能的样子。也许正如作者所言"如果他们所看到的未来哪怕接近正确，我们都将经历一段疯狂的旅程"。

下面分享利奥波德·阿申布雷纳的 4 点预测。

（1）2027 年实现通用人工智能 AGI

2019 年，GPT-2 仅能勉强组合出半可信的句子，而到了 2023 年，GPT-4 已经能够编写代码和文章、进行复杂数学问题的推理，甚至在大学考试中取得优异成绩。从 GPT-2 到 GPT-4，人类仅用了 4 年时间，就让 AI 的能力从学龄前儿童的水平提升到了聪明高中生的水平。这种戏剧性的进步不仅仅是由于持续扩大深度学习的规模，更是遵循了特定的发展趋势。图 1.25 展示了论文中提出的有效计算的基础规模扩展图。这三个趋势分别如下。

① 计算能力：以每年约 0.5 个数量级在增长。

② 算法效率：以每年约 0.5 个数量级在提升。

③ 解除束缚的增长趋势：通过消除对 AI 限制或障碍，使得从简单的聊天机器人向更复杂、更自主的代理（如智能助手或代理软件）转变过程中所获得的能力提升和发展。

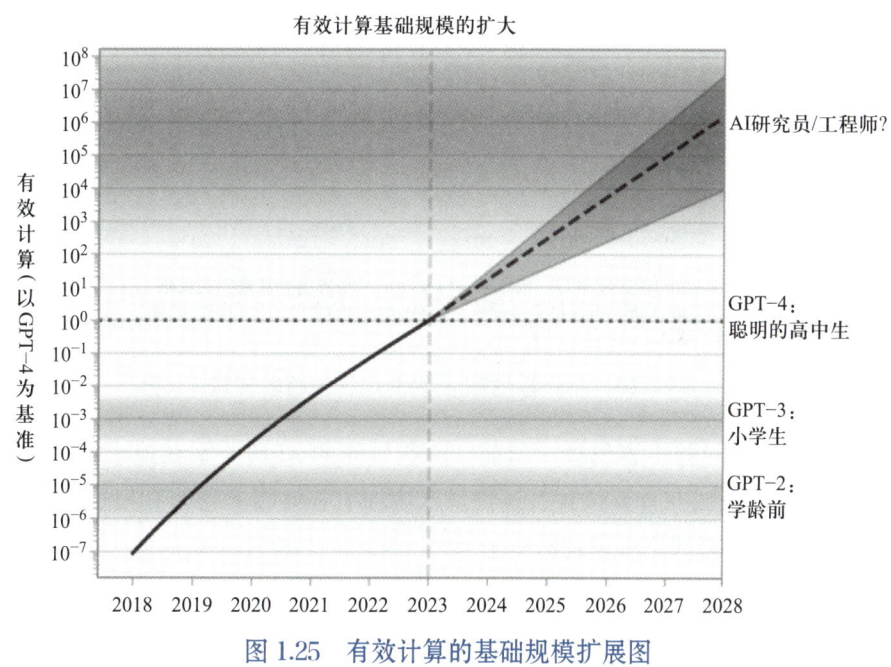

图 1.25　有效计算的基础规模扩展图

遵循这三个趋势可以预测，到 2027 年，AI 将实现质的飞跃，即实现通用人工智能 AGI。

（2）智能爆炸，从 AGI 到超级智能

AI 的发展不会止步于人类水平。一旦 AGI 出现，不会只有一个 AGI，而是数以亿计的 AGI 可能会自动进行 AI 的研究，将每年 5 个数量级增长、需要 10 年完成的算法压缩到一年内完成。这意味着人工智能将迅速从人类水平的 AI 跃升至远远超越人类的超级智能系统，即 ASI。这种超级智能的力量以及随之而来的危险，将是戏剧性的（dramatic）。图 1.26 是论文中示意的智能爆炸的情况。

（3）挑战

论文讨论了实现 AGI 后面临的 4 个方面的挑战。

① 万亿级计算集群的争夺战将愈演愈烈。随着 AI 技术的飞速发展和应用领域的不断拓展，对计算资源的需求也将呈现出爆炸性增长。这势必引发对 GPU、数据中心和电力设施等关键资源的激烈竞争。

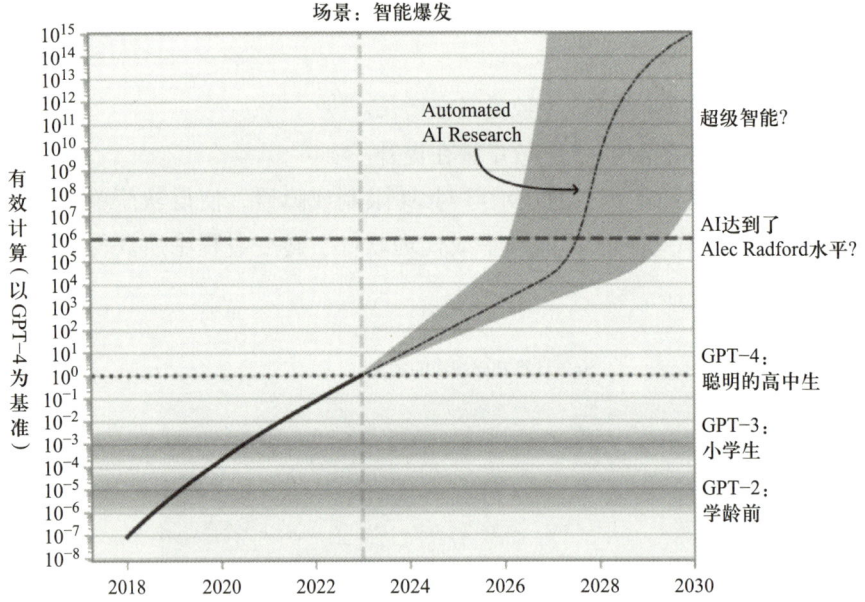

（注：Alec Radford在深度学习、机器学习以及AI的其他方面有着重要的贡献，特别是在自然语言处理和强化学习领域。他对OpenAI的多个项目和研究的成功起了关键作用）

图 1.26　AGI 以后的智能爆炸产生超级智能

② 实验室安全问题不容忽视。目前，一些领先的 AI 实验室在追求技术突破的同时，并没有将安全性放在首要位置。这种情况增加了 AGI 相关秘密和权重泄露的风险，进而可能对整个社会造成不可预知的后果。

③ 超级对齐问题依然棘手。如何可靠地控制比我们更智能的 AI 系统，仍然是一个亟待解决的问题。在智力爆炸的背景下，这一挑战将变得更加紧迫。如果处理不当，可能会引发灾难性的后果，甚至威胁到人类的生存。

④ 自由世界必须在超级智能竞赛中占据主导地位。超级智能将为经济发展和国家安全提供强有力的支持。中国并没有放弃在这场竞赛中的角逐，自由世界的生存将受到威胁。（郑重提醒读者，我们在阅读论文时，一定要有自己的政治立场，有自己的独立思考批判性思维能力。科学无国界，但科学家有国界和不同的政治立场。）

（4）美国政府将启动 AGI 项目

随着 AGI 竞赛的加剧，没有任何一家初创公司能够处理超级智能。因此，美国政府在 2027 年或 2028 年之前，将会启动某种形式的政府 AGI 项目。

利奥波德·阿申布雷纳在论文中预测了在未来的 10 年内，人类有望实现超级智能的构建以及在 21 世纪 30 年代，世界将发生翻天覆地的变化，可能变得面目全非。

1.7.2　尼克·博斯特罗姆的预测

尼克·博斯特罗姆（Nick Bostrom）是一位瑞典裔的哲学家，以其在人工智能伦理、人类未来研究以及宇宙学的工作而闻名。他是牛津大学人类未来研究所的创始人和主任，该研究所专注于全球性的长远问题和人类的未来。尼克在 2014 年出版的著作《超级智能：路径、危险与策略》中预测了人工智能的潜在发展路径及其对人类社会可能产生的影响，被后来 10 年 AI 的发展一一验证。

尼克于 2024 年 3 月出版了新书《深度乌托邦：生活与意义在解决问题之后》。该书探讨了在所有问题都被 AI 解决之后，人类生活的意义和目的。他假设如果我们安全地发展超级智能，并良好地管理它，这种超智能的发展可能导致一个"后稀缺"的乌托邦。在这个世界中，物质资源的竞争和人类冲突将大幅减少，从而开辟了新的可能性，让人类能够有更多的时间投入在有成就感的活动上。

在《深度乌托邦：生活与意义在解决问题之后》中，尼克提出了一个"后工具性"的条件，即人类的努力不再为了任何实际目的。这意味着在技术高度发达的未来，许多我们现在认为需要解决的问题，如育儿、疾病、贫困、资源匮乏等，都可能已经得到解决。在这种情况下，人类不再需要为了基本的生存和福祉而工作或奋斗。在一个所有问题都已解决的世界里，人类存在的意义何在？是什么赋予了生活意义？我们整天都在做什么？这本书是对未来可能性的深入探讨，同时也是对人类在技术高度发达社会中角色的哲学思考。

这些观点的现实意义在于，它们挑战了传统关于人工智能发展后果的悲观看法，并提供了一个积极的未来图景。博斯特罗姆的分析为公众和政策制定者，在确保技术进步能够造福整个社会方面，提供了关于如何塑造未来技术发展方向的新思路。

1.7.3　在 ASI 人将两极分化的预测

人们普遍认为，在所有领域 AI 都远超人类智能水平的 ASI 时代，社会上的人可能面临"废人"和"创新的人"的两极分化。

"废人"就是那些由于技术进步和人工智能的普及而失去工作或无法适应新环境的人。这部分人普遍缺乏必要的技能和资源，难以在新的社会秩序中找到合适的位置，只能等待 ASI 分配资源。由于这些人完全依赖 AI 系统"发工资"，长期依赖可能导致自尊心下降，缺乏自我实现感，并逐渐被社会边缘化。

"创新的人"就是那些能够利用 ASI 技术，追求自己的兴趣、体验新事物，走上创造性的道路，不断进行创新和创造新价值的人。他们通常具备高水平的科技素养和创新能力，能够在新兴领域找到位置。创新者群体将在经济和社会中占据重要地位，他们可能获得丰厚的回报和较高的社会认可度，进一步拉大与"废人"群体的差距。

关于未来社会是什么样子的探索就到这里。虽然我们还不知道未来社会确切的样子，但可以感知的是，人类已经进入一个随时都在发生着翻天覆地变化的动荡时代，随时面临各种挑战、机遇和选择。我们能做的就是积极拥抱 AI，不断提升自己的创新能力，在未来找准自己的位置。

1.8　AI 对教育的挑战与应对

1.8.1　AI 对教育的挑战

2022 年底，ChatGPT 的出现无疑是一个里程碑，它以其卓越的自然语言处理能力预示了人工智能在交流和知识生成方面的新纪元。紧随其后的是 2023 年发布的 GPT-4.0 和 2024 年发布的 Sora 和 GPT-4o，标志着人类社会正步入一个全新的智能化时代。这一时代的特征在于，人工智能不仅在技术层面取得了显著进展，更在社会、经济、文化等多个维度引发了深远的影响。

在这种背景下，教育的角色和形态正经历着前所未有的挑战和重塑。智能化技术的迅速发展迫使我们重新思考教育的本质、目的和方法。首先，教育的话语权正在发生转移，从传统的知识传授者转向更加注重培养学生的自主学习和批判性思维能力。这意味着，教育不再仅仅是知识的传递，而是如何引导学生掌握和发展自然语言的能力，包括其控制、引导、变通和赋权。其次，传统的学科界限正在被打破，取而代之的是跨学科、交叉学科和复杂学科的融合。这种变化要求我们构建一个更加动态、自适应和自组织的知识体系，以适应不断变化的世界和日益复杂的问题解决需求。同时，教育中的师生角色也在发生转变。在 AI 的辅助下，学生成为知识的主动探索者，而教师则更多地扮演着引导者和陪伴者的角色，支持学生在个人成长和学术探索的道路上不断前行。此外，教学模式的变化也是不可忽视的趋势。随着技术的进步，教育不再受限于时间和空间，传统的分科分级分班教学模式正在被更加个性化和灵活的学习方式所取代。AI 推荐和伴随式个性化学习成为主导，使得教育更加贴近学生的个体需求和发展潜力。在应对这些挑战的过程中，教育数字化转型成了一个重要的方向。通过利用先进的信息技术和数据分析工具，我们可以更有效地优化教学资源分配、提升教学效果、促进教育公平和提高教育管理的效率。同时，这也为教育研究提供了新的视角和方法论支持。

《道德经》中蕴含的哲学思想为我们探索教育教学之道提供了宝贵的启示。老子提出的"道生万物"与"道法自然"的主张强调了尊重自然规律和事物发展本质的重要性。在教育领域，这意味着我们应该更加关注教学的本质、真理和规律，即育人之"道"，而不是仅仅停留在表面的教学技巧和方法上。只有这样，我们才能真正实现教育的价值和意义，培养出能够适应未来社会需求的人才。

1.8.2　回归教育本质

前教育部部长陈宝生在《ChatGPT：教育的未来和未来的教育》一文中指出，未来教育将因强大的智能化而面临巨大冲击，因此必须坚定对人类本质规律的认识，并解答智能化给人类带来的时代之问。教育的核心在于传道，即传授自然演进、社会发展、工具理性和文化传承的道。不论时代和技术如何变迁，人类的教育教学之道始终如一。

正如《道德经·第四十八章》所言，"为学日益，为道日损。损之又损，以至于无为。无为而无不为。"老子强调学习是积累知识和提升自我的过程，而修道则是净化心灵、回归本真的过程。通过不断的学习和修道，人们可以达到"无为而无不为"的境界，在智能化时代，人们应顺应自然、洞察先机，展现出高度的智慧和效能。

"钱学森之问"至今未得到有效回答，我国大学生普遍缺乏解决问题的能力和创新能力，根本原因是学生在普通教育阶段甚至大学阶段形成的"知识逻辑认知模式"。这种模式使学生过于关注以成绩为表征的知识积累，忽略了学习的本质是解决问题。他们掌握的知识大多停留在书本和试卷上，局限于概念、公式、原理、案例或道理。知识并不一定能带来认知能力，而认知能力必然包含有效的知识，这部分知识能帮助我们判断、选择、行动、改变和解决世界问题。

在智能化时代，当几千年积累的知识已被大模型记住时，人类最需要改变的是对"知识"的渴望与崇拜，转向提升洞察世界的思维、智慧和能力。

1.8.3　智能化时代教育目标的迁移

（1）布卢姆教育目标

布卢姆教育目标是美国教育的核心支柱之一，被认为解决了教育方面一个核心问题：到底要教育孩子什么方面的知识和能力？自 1956 年以来，布卢姆教育目标分类学（Bloom's taxonomy of educational objectives）产生了巨大的影响，至少被译成 22 种文字。2001 年修订的布卢姆认知目标分类的二维框架包括了从具体到抽象的 4 种知识（事实、概念、程序和元认知）和从低级到高级的 6 个认知过程（记忆、理解、应用、分析、评价和创造），总计 30 个具体类别。

（2）知识、能力和认知三维教育目标

我国大学的课程目标一般聚焦知识目标和能力目标。参考布卢姆认知目标分类的二维框架，我们将人类的教育目标划分为 3 个由低到高的递进层次，即知识、能力和认知。知识是人类的认识成果，包括事实、信息的描述或在教育和实践中获得的技能，对应布卢姆的事实、概念和程序性知识。能力是是否能够运用所学的知识去解决问题，对应布卢姆的记忆、理解、应用、分析和评价等认知过程；认知是对世界的理解方式，是个体对客观世界的认识和解释，对应布卢姆的元认知、分析、评价和创造。表 1.2 所示的是本书所提出的知识、能力和认知三维教育目标与布卢姆认知目标分类的二维框架的映射关系。

表 1.2　三维教育目标与布卢姆认知目标分类的二维框架的映射关系

教育目标	布卢姆认知目标分类的二维框架									
	知识				认知过程					
	事实	概念	程序	元认知	记忆	理解	应用	分析	评价	创造
知识	●	●	●							
能力					●	●	●	●	●	
认知				●				●	●	●

（3）智能化时代教育重心的偏移

教育面向大众，传统教育的重心是让更多的人能够获得知识、有能力去解决日常问题，只有少数人能够参与创新与创造，即传统教育目标的重心是"知识 + 能力"。然而，大数据、元宇宙、AI 等新技术的发展，特别是 GPT 系列模型、讯飞星火、通义千问、文心一言等大语言模型的问世，使人类进入了知识贬值、创新升值的时代。人类对于事实性、概念性和程序性知识的获取变得越来越容易，对于已有问题也能快速得到求解方法。面对新技术和 AI 的发展对教育带来巨大的挑战，教育目标必须要发生改变，才能不落后于时代的发展。很明显，当几乎所有人都可以很容易获得知识的时候，教育目标的重心就自然向更高层偏移，即向"能力 + 认知"偏移，提升认知实现创新将成为教育的主要目标。

1.8.4　POT-OBE 与 5E

1. "知识逻辑认知模式"与"问题逻辑认知模式"

人类的学习过程涉及信息的获取、加工，进而形成新的理解、知识、技能等。在这个过程中，认知模式起着关键作用，它决定了我们如何处理和应用所学的知识。

在中国，从幼儿园到大学，传统的教学方式一直占据主导地位。这种方式以书本知识为中心，强调知识的系统性和完整性，通过教师的单向传授和学生的反复记忆来实现知识的传递。这样为学生构建起一种认知模式，我们称之为"知识逻辑认知模式"。学生学会了如何通过类比和推理来解决问题，但这种方式在面对全新或复杂的问题时往往显得力不从心。

随着人工智能的快速发展，我们迫切需要培养学生的创新能力和解决问题的能力。这就要求我们重构学生的认知模式，从传统的"知识逻辑认知模式"转向"问题逻辑认知模式"。问题逻辑认知模式强调以问题为导向，通过探索和实践来获取知识、解决问题。它鼓励学生主动发现问题、提出假设、验证假设，并通过实践来加深对知识的理解和应用。

为了实现从知识逻辑认知模式向问题逻辑认知模式的转变，我们需要加强实践性教学环节，让学生在实践中积累经验和感性认识。同时，我们还应该鼓励学生运用第一性原理进行思考和推理，培养他们的创新思维和解决问题的能力。只有这样，我们才能真正培养出具备创新能力和实践能力的人才，以应对未来社会的挑战。

2. 基于问题逻辑认知模式的成果导向教育（POT-OBE）

"知识逻辑认知模式"是以记住知识为目标的一系列学习行为的认知模式，其核心是让学生更好地掌握已有知识。该模式已长久构建在学生大脑中。"问题逻辑认知模式"是以解决问题为目标的一系列学习行为的认知模式，其核心是对学生解决问题和探索未知的综合能力的培养，这是需要在学生大脑中重新构建的模式。

为了回答著名的"钱学森之问"以及应对 AI 对教育带来的挑战，从本质上提高学生与 AI 同行解决问题和创新的能力，我们提出了基于问题逻辑认知模式的成果导向教育（outcome based education of problem oriented thinking，POT-OBE）。POT-OBE 是以构建学生新的认知模式——"问题逻辑认知模式"为根本目标，为解决问题和探索未知而进行的一系列学习活动的教育方法。

3. 教学路径 5E

在进行 POT-OBE 时，选择合适的路径对于构建"问题逻辑认知模式"至关重要。为了有效实施 POT-OBE，我们提出了 5E 学习路径。

① 1E（Excitation）激发兴趣，提出感兴趣的话题。保持好奇心，对周围和学科内的事件保持敏感，并能提出引人入胜的话题，这是探索和发现的重要前提。

② 2E（Exploration）探索发现问题本质。运用第一性原理思维，深入挖掘并抽象出问题的核心。爱因斯坦曾说："提出一个问题往往比解决一个问题更重要。"

③ 3E（Enhancement）拓展学习求解问题必备的知识和能力。研究并确定解决问题所需的知识和方法，设计研究方案，并学习相关知识和技能。

④ 4E（Execution）实际动手解决问题。根据在 Enhancement 阶段设计的方案和学到的知识，实际动手解决所发现的问题。

⑤ 5E（Evaluation）评价与反思。分析问题是否得到有效解决。若成功，则进一步探索是否发现了新的规律或知识；若失败，则反思在 Exploration、Enhancement 和 Execution 阶段可能存在的问题或改进的空间。通过不断迭代，寻求问题的最佳解决方案或证明其在当前阶段的不可解性。

在本书的 AI 能力篇将以读者为主角，通过一系列探索案例，运用 5E，构建"问题逻辑认知模式"，提升与 AI 同行解决问题和创新的意识和能力，主动应对 AI 对当下教育的挑战，以适应教育的新形态。

第2章

如何让机器具有智能

📖 **内容提要：**

了解人类是如何让机器具有智能的。

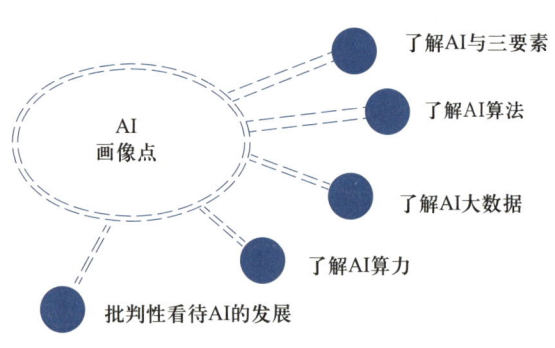

了解AI与三要素

了解AI算法

了解AI大数据

了解AI算力

批判性看待AI的发展

AI
画像点

李开复认为，与前两次 AI 热潮相比，第三次 AI 兴起的最大特点就是 AI 在多个相关领域表现出可以被普通人认可的性能或效率，并因此被成熟的商业模式接受，开始在产业界发挥出真正的价值。当下，AI 产品随处可见，就是因为 AI 真的可以解决实际问题了。

此次 AI 的兴起主要归功于深度学习这一核心技术。深度学习在今天能够得到迅猛发展，离不开算法、大数据和计算能力（简称算力）这三个要素。可以把人类与人工智能的关系看成是人类伴随 AI 从婴儿成长为专家的过程。图 2.1 示意了 AI 的成长过程与算法、大数据和算力的关系。

刚诞生的 AI 婴儿，其大脑如同一张白纸，等待着我们去提升它的智力。首先，

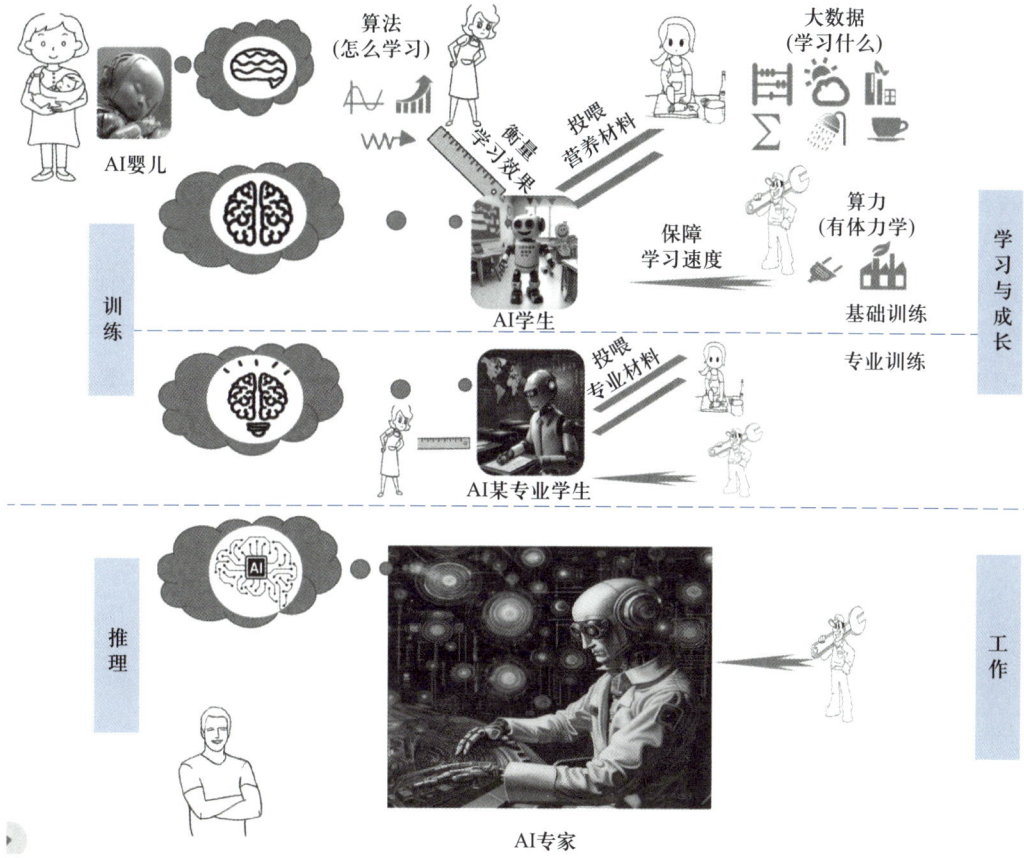

图 2.1　人类通过算法、大数据和算力让 AI 长大

我们需要对其进行基础训练。在这个过程中，人类通过精心设计的算法，引导 AI 如何去学习；同时，利用海量的数据（即人类已有的智慧结晶）作为喂养 AI 的知识粮食；而强大的算力则保证了 AI 能够在短时间内快速吸收并消化这些知识，不断丰富和拓展自己的认知边界。

完成了基础训练后，AI 便进入了专业训练阶段。在这一阶段，人类会提供更为专业的算法、数据集和算力支持，帮助 AI 深入学习特定领域的知识，逐渐形成自己独特的 AI 大脑。最终，这些经过专业训练的 AI 将成为各领域的专家，用自己的智慧和能力为人类提供服务，解决各种复杂问题。

近年来，AI 之所以能够取得突破性进展，很大程度上得益于算力的巨大提升。这种提升让机器的智能水平不断攀升，正应了那句"大力出奇迹"。接下来，我们将了解 AI 的三要素——算法、大数据和算力，它们共同构成了 AI 技术的基石。然而，我们也应该清醒地认识到，AI 目前仍处于发展的初级阶段，尚未形成完整的理论体系。因此，构建和发展 AI 理论框架，将是推动 AI 技术持续发展的关键所在。

2.1　AI　算　法

AI 算法，作为人工智能领域的核心，是一系列计算方法和技术的集合。这些算法赋予计算机系统模拟人类智能的能力，使其能够胜任诸如视觉识别、语言理解、决策制定、创作活动以及问题解决等复杂任务。我们可能经常听到"AI 算法""机器学习""深度学习"这些术语，近年来，"大语言模型"这一术语也在各类媒体中频频出现。那么，人工智能、机器学习、深度学习以及大模型之间究竟是什么关系呢？图 2.2 示意了人工智能、机器学习、深度学习三者之间的关系以及发展的时间线。

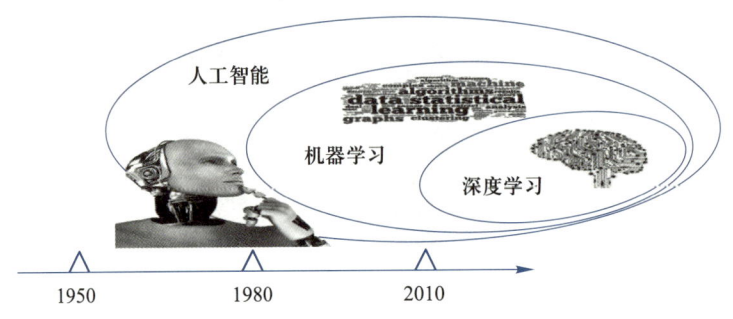

图 2.2　人工智能、机器学习和深度学习的关系

① 人工智能是所有旨在使机器具备模仿或展现人类智能特征的技术和方法，以实现计算机能够在没有人的明确指导下做出决策和解决问题。它涵盖了多个领域，包括机器学习、自然语言处理、计算机视觉等。人工智能开始于 20 世纪 50 年代。

② 机器学习，英文是 machine learning，简称 ML，是人工智能的一个子集，它专注于开发算法和技术，使计算机能够从数据中学习并做出决策或预测，其核心是通过训练数据自动发现模式和规律。机器学习开始于 20 世纪 80 年代。

③ 深度学习，英文是 deep learning，简称 DL，是机器学习的一个分支，它主要依赖于多层神经网络结构来模拟人脑处理信息的方式。通过构建更深层次的网络模型，深度学习能够捕捉到数据中更加抽象和高级的特征表示。深度学习开始于 2010 年左右。

④ 大语言模型，英文是 large language model，简称 LLM，是一种特殊类型的深度学习模型，专门用于理解和生成人类语言。大语言模型通常包含百亿、千亿甚至万亿个参数，并在大规模文本数据上进行训练，以便能够理解和生成连贯、相关的文本。大语言模型是实现高级自然语言处理任务的关键技术。

2.1.1 机器学习

1. 一个机器学习的例子

一名医生会根据人的症状来判断是否有病，他想让计算机也能根据人的症状看病。于是他找来一些包括年龄、体温、是否咳嗽以及是否患病等病例资料的数据，如表 2.1 所示。

表 2.1　历史病例的数据

年龄	体温 /℃	是否咳嗽	是否患病
30	37.4	否	健康
40	37.5	否	健康
50	38.5	是	患病
25	36.5	否	健康
43	37.0	是	患病
60	39.0	是	患病
35	36.0	否	健康

注：表中的数据是虚拟数据，仅为示意什么是机器学习。

医生用一种方法让计算机学习病例数据，去发现由体温、是否咳嗽和年龄等因素与一个人是否生病的规律。计算机按照医生给出的方法不断地学习表 2.1 中的每一条病例数据，最终发现了如图 2.3 所示的规律。

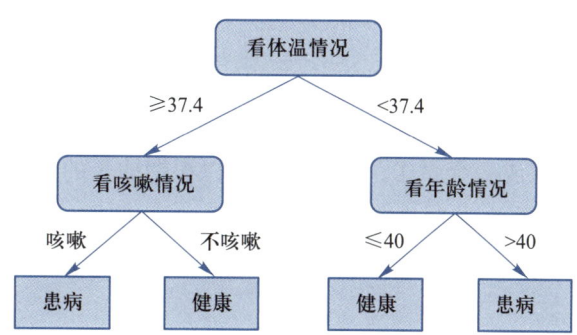

图 2.3　计算机学习到的规律

现在，来了一个年龄为 45 岁，体温为 37.3℃，咳嗽的人，计算机会根据学习到的规律去看病。由于这个人的体温小于 37.4℃，再看他的年龄情况，由于年龄大于 40 岁，计算机就判断这个人患病了。

图 2.4（a）示意的是人类学习的过程，图 2.4（b）描述了机器学习的过程。人类学

习的过程是对已有经验的归纳和规律发现。当我们面对新的类似问题时，可以直接应用这些归纳出的规律来解决问题。机器学习是使计算机能够像人类一样从经验中学习，但它的学习是算法和数据驱动的。例如，医生告诉计算机如何去学习的方法就是算法，医生还给了用于学习的数据。

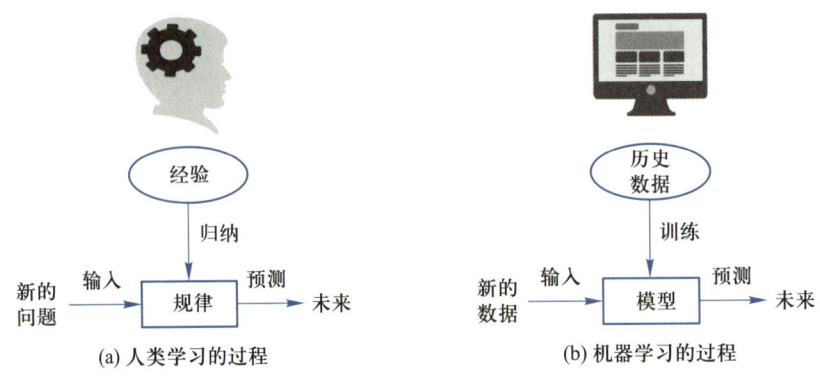

图 2.4　人类发现规律的过程和机器学习发现规律的过程示意图

机器学习的算法有很多种，上面这个例子使用的是一种称为决策树的机器学习算法。计算机使用决策树算法，不断从病例数据中学习，最后构建出一棵树。这棵树就是机器学习到的模型，称为决策树模型。当有新的人来看病，计算机就使用决策树模型，通过判断前来看病的人的一些数据，最后做出这个人是健康还是患病的决策。

读者一定已经开始质疑了，仅学习医生给的 7 个病人的数据，计算机就去看病，肯定不准。没错，名医一定经验非常丰富，他的经验来自他见到过无数病人。同样，如果想让计算机看病水平高，它也需要从非常多的病例数据中学习规律。因此，机器学习，不但要有算法，还要有足够的数据去"喂"它。

2. 几个机器学习的常用术语

通过计算机看病的例子，对于机器学习中的常用术语，我们就好理解了。

（1）模型及模型参数

① 可以把模型想象成一个盒子，这个盒子可以根据输入的东西，给出相应的输出。在机器学习中，这个盒子就称为"模型"。模型是根据所使用的算法和数据构建的，它能够从数据中学习规律，并用这些规律来做预测或决策。上面这个例子就是一个决策树模型。

② 模型参数就是对模型的具体设置，这些设置决定了模型如何理解和处理数据。上面决策树中各个分支的设置（如是否大于 37.4）就是一个模型参数。

机器学习有很多种算法，不同的算法对应不同的参数。

（2）数据集、样本、特征和目标

① 计算机学习的所有数据放在一起，就称为一个"数据集"。数据集中包含了所有用来让机器学习构建模型的信息。如表 2.1 就是一个数据集。

② 样本是从总体中随机选择的一组数据，这些数据点代表了总体的某些特征。例如，表 2.1 这个数据集中的数据就是样本，是所有病例中的一部分。样本的选择应该是随机的，以确保它能够代表总体，从而使得从样本中得出的规律可以推广到总体。

③ 一个样本通常由多个特征和一个目标组成。特征描述了样本的属性，而目标是我们要预测或分类的结果。例如，表 2.1 中的"年龄""体温"和"是否咳嗽"三项数据就是特征，最后一例"是否患病"就是目标。

在机器学习和数据科学中，样本的特征和目标是构建和理解模型的关键组成部分。

（3）训练和推理

① 训练是指使用数据集来调整模型的参数，使模型从数据中学到规律的过程。例如，图 2.3 中的各种分支参数就是通过不断学习最后确定下来的。

② 推理就是指使用训练好的模型来对新的数据进行预测或决策。例如，前面计算机使用图 2.3 这个模型给"年龄为 45 岁，体温为 37.3℃，咳嗽"的人看病就是推理。

（4）泛化能力

泛化是指模型不仅能够在训练数据上表现得很好，而且在新的数据上也能够做出准确的预测，即有"举一反三"的能力。例如，你用不同颜色的衣服让计算机学习识别各种颜色，如果它也能很好地识别出彩旗或帽子的颜色，那就说明已经有了很好的泛化能力。很显然，前面这个例子是靠很小的数据集训练出来的模型，泛化能力肯定不强。泛化能力不强的模型不能用于实际工作。

（5）训练集、验证集和测试集

为了提高模型的泛化能力，训练模型时，往往会将数据集划分成训练集、验证集和测试集。

① 训练集是数据集中的一部分，用于训练模型，让模型从中学习到规律。

② 例如，如果你有一个包含 1000 张猫和狗图片的数据集，你可能用其中的 800 张图片作为训练集，让模型学会如何区分猫和狗。

③ 验证集也是数据集中的一部分，用于调整模型的参数，以优化模型的性能。例如，在上面的数据集中，剩下的 200 张图片可以分成两部分，其中 100 张作为验证集。通过在验证集上的表现，你可以微调模型的参数，以确保模型具有较好的泛化能力。

④ 测试集是数据集中的另一部分，用于评估最终训练好的模型的性能。测试集是在模型训练和验证过程中都没有用过的数据，只有在模型完全训练好后才使用，以确保评估结果客观真实。例如，在上面的数据集中最后的 100 张图片作为测试集。通过测试集的表现，你可以知道模型在实际应用中的表现如何，是否真正具备了泛化能力。

3. 第二个机器学习的例子

一个女排运动队教练想让计算机快速判断出队员的身高属于高个、中等身高还是矮个子，以便安排合适的位置。这个运动队历史上所有队员的身高数据（单位为 cm）如下。

数据集：184、190、172、174、180、176

① 训练：计算机首先按照教练设定的学习方法，学习到了"高、中、低"各类身高的平均值。

高：187 cm

中：178 cm

低：173 cm

② 推理：对于一位身高 177 cm 的新队员，计算机看到这个身高与上面各类身高的平均值差分别是 10 cm、1 cm 和 4 cm。与中等身高的平均值的差距最小，于是它告诉教练这位新队员属于"中等身高"。

读者一定又开始质疑了。这么简单的问题，教练直接告诉它各类身高的平均值，让计算机直接判断不就可以了？你提了一个非常关键的好问题。这正是一般计算机程序和机器学习的区别。按照读者的方法，如果人已经知道身高的规律，直接告诉计算机如何处理，这就是一般的计算机程序。然而，我们需要解决的问题往往非常复杂，数据量大且特征也是多维度的，不像这个例子只有身高这一个维度的特征。人也不知道数据内在的规律。此时，我们只能告诉计算机如何去学习的算法，让计算机自己去发现数据中的规律，构建模型。然后就能用所构建的模型进行推理了。这就是机器学习。

这个例子中，教练让计算机学习建模的机器学习算法叫 K-means 聚类算法。

4. 机器学习的主要学习方式

在机器学习的世界里，有两种主要的"学习"方式：有监督学习（supervised learning）和无监督学习（unsupervised learning）。

（1）有监督学习

有监督学习就像人类在老师和父母的教导下学习知识，这些知识都是经过筛选和分好门类的健康知识。如第一个机器学习的例子，每一个病例都被打上了"患病"或"健康"的标签，有监督学习就是学习这些打有标签的病例的特性，建好一个能自动区分是否患病的模型。

（2）无监督学习

无监督学习就像人类自学，脱离老师和父母指导的自主学习。如第二个机器学习的例子，这些身高数据并没有标明属于哪一类，无监督学习算法自己发现这些数据的规律，找到各类身高的平均值，构建一个能自动根据身高判断属于"高、中、低"哪类身高的模型。

5. 第三个和第四个机器学习的例子

二手房经理让计算机学习表 2.2 中房屋面积和销售价格的历史数据，创建一个房价预测模型。将来，他就可以根据房屋面积预测出价格。

表 2.2　房屋面积和销售价格历史数据

房屋面积（m²）	价格（万元）	房屋面积（m²）	价格（万元）
60	125	80	165
70	145	90	185

他让计算机用线性回归的算法学习这些数据的规律，即构建如下模型：

$$y=mx+b$$

其中：

① x 叫自变量，也叫预测变量或解释变量，表示房屋面积。

② y 叫因变量，也称为响应变量或依赖变量，是通过自变量来预测的结果，表示房屋价格。

③ m 和 b 是模型参数，m 是直线的斜率，b 是直线的截距。

计算机学习了这些数据后，构建的模型如下：

$$y=2x+5$$

经理让计算机预测一个 100 m² 的房屋的面积，它使用模型，将 100 作为自变量，最后给出的预测价格是 205 万元。

下面再举一个例子。

假设一个蔬菜种植农场主用了很多年收集了各种蔬菜的生长数据，每种蔬菜有几十甚至上百个诸如土壤类型、阳光照射、水分含量、肥料使用量、经纬度、降雨量、库房面积、稻草人数量等因素。我们知道这些因素在机器学习领域被称为特征。现在他希望使用机器学习模型来预测不同蔬菜的产量。

然而，由于特征数量过多，模型的训练和预测速度都会变得非常慢，而且很多特征还包含很少或无关的信息，反而干扰了模型的学习过程。

因此，他让计算机先从这些特征中提取出最重要的特征，最后保留了土壤类型、阳光照射、水分含量、肥料使用量 4 个特征。

6. 机器学习解决的问题类型

机器学习可以解决的问题主要有四大类：分类问题、聚类问题、回归问题和降维问题。

（1）分类问题

前面的第 1 个例子就是机器学习解决的分类问题。分类就像是给东西贴标签。比如，有很多人看病，给这些人贴上是病人、或不是病人的标签。

分类算法就是要造一个"分类器"，它就像一个聪明的小助手，能够帮你把看病的人分成两类：健康的人和患病的人。分类器通过学习大量的样本，学会如何区分不同的人。

分类可以用在很多地方，比如，判断一篇文章是新闻还是广告，评估一个人会不会违约，或者检测信用卡交易是不是欺诈，判断一个动物是猫还是狗。

（2）聚类问题

聚类就是把相似的东西放在一起。第 2 个例子就是把身高相似的人聚集在一起。再如，你有一大堆客户数据，你想根据这些客户的购买行为把他们分成几个小组，这样你就可以更有针对性地做营销，这也是聚类问题。聚类可以用在市场细分、文档自动归类、客户特征画像等很多方面。

（3）回归问题

前面的第 3 个例子就是机器学习解决的回归问题。回归问题就是做预测。比如，你想知道明年房子的价格会是多少。回归算法就是要造一个"回归器"，也就是一个方程（$y=f(x)$），x 是影响价格的特征（比如，房子的面积、楼层、位置等），而 y 是预测的价格。这就像有一个超级厉害的算命先生，他可以根据你现在的情况，告诉你未来的房价大概是多少。回归可以用在各种预测场景，比如，天气预报、股票价格预测等。

（4）降维问题

前面的第 4 个例子就是机器学习解决的降维问题。有时候，我们手头的数据有很多特征，这可能会让分析变得很复杂。降维问题就是要找到一种方法，把数据的特征数量减少，但同时还要尽量保留那些重要的信息。这就像把一本厚厚的书浓缩成几页纸，但这几页纸还能让你大致了解整本书的内容。降维可以帮助我们更容易地理解复杂的数据，也可以防止机器学习模型因为特征太多而出错。

无论是上述哪一类问题，都有很多机器学习算法。

温馨提示

此时，读者一定非常好奇，机器学习到底有什么算法，能够实现分类、聚类、预测和降维。现在，各种 AI 工具和教学视频都可以解答你的问题，你可以带着好奇心去探索。

但也请时刻提醒自己，AI 不是我的专业。我当下的目标是成为能驾驭 AI 去解决问题的高手而不是让机器具有智能的达人。因此，我们可以不必深究这些"知识"。未来的某一天，如果真正感兴趣再去探索吧。

7. 主要的机器学习算法和基本学习过程

机器学习在解决各类问题时有很多不同的算法。图2.5是按照有监督学习和无监督学习对主要的机器学习算法进行分类，同时也给出了算法适合解决的问题类型，仅供读者了解。其中，SVM是支持向量机（support vector machines）、GBDT是梯度提升决策树（gradient boosting decision tree）、KNN是K最近邻（K-Nearest Neighbors）、K-means是K-均值聚类、PCA是主成分分析（principal component analysis）、GMM是高斯混合模型（Gaussian mixture model）。从图2.5中可以发现前面例子中解决分类问题的决策树算法、解决聚类问题的K-means算法和解决回归问题的线性回归算法。

在此，我们不深入讨论各个算法的具体细节。

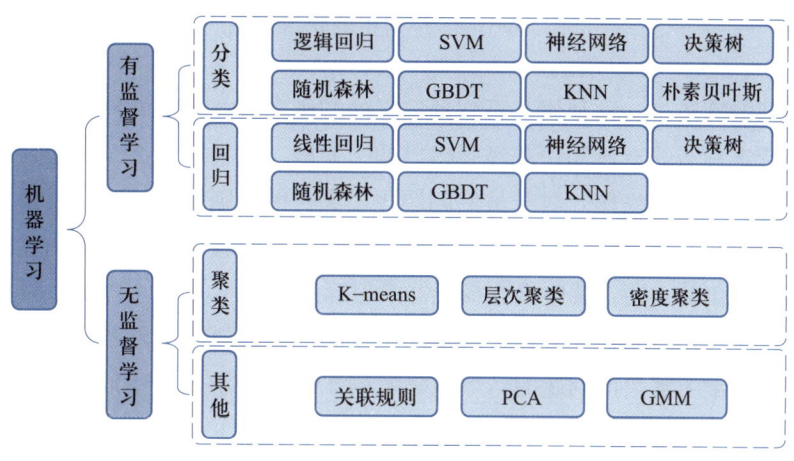

图2.5　主要的机器学习算法

通过前面的几个例子，我们已经对机器学习的基本过程有了一个初步的了解。图2.6示意了机器学习算法的训练和推理过程。无论是哪一种机器学习算法，都需要经过确定任务类型、数据准备（包括数据清洗、特征提取、特征选择等）、训练模型（模型选择、模型训练、模型评估、模型部署）等阶段完成模型的构建。然后就可以使用训练好的模型去完成推理、分类、预测等任务。

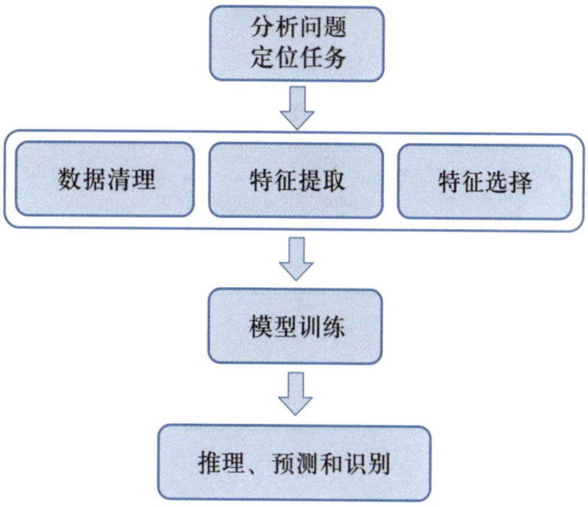

图2.6　机器学习的学习和应用的基本过程

8. 什么时候使用机器学习

是不是所有的问题都需要使用机器学习算法去解决呢？何时使用机器学习与要解决的问题的规模和问题的规则的复杂程度有关。图2.7示意了何时需要使用机器学习。

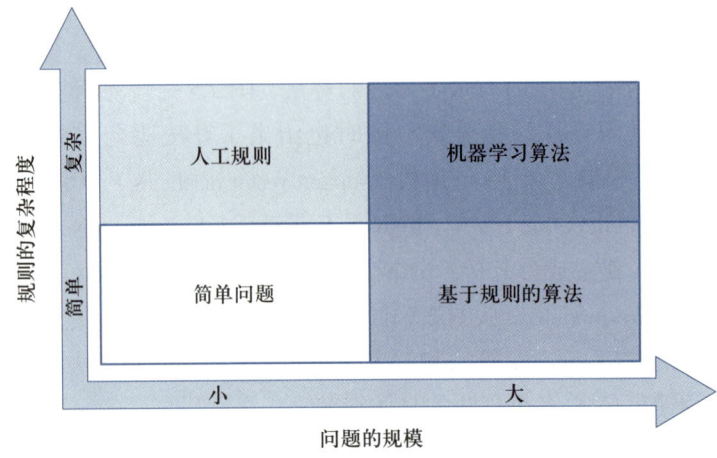

图 2.7　何时使用机器学习算法

基于规则的算法是一种利用一系列预定义的规则来进行决策的计算方法。这些规则通常是基于特定领域的专业知识或经验得出的，并以"如果 – 那么"的形式表达在什么条件下执行什么相应的操作。对于虽然问题规模大，但规则简单的问题，设计基于规则的算法，直接编写程序就可以解决。对于问题规模大，而且无法用规则描述的问题，或规则会随时间变化的问题，就应该选择机器学习算法。

图 2.8 示意了选择机器学习算法的路径。在此，我们同样不再展开。感兴趣的读者在遇到需要机器学习解决的问题时，可以参考图 2.8。按照图 2.8 中的路径，结合自己的问题，一步一步确定问题类别及选择适合的算法。

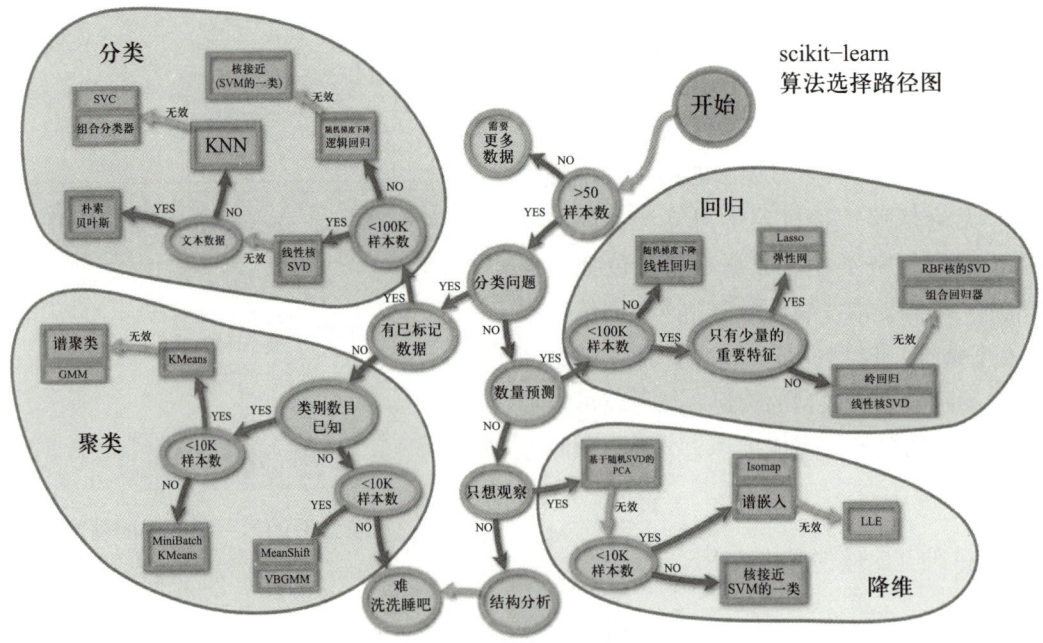

图 2.8　机器学习算法的选择路径

2.1.2 深度学习

还是上面让计算机看病的例子。你想教计算机如何识别"患病"和"健康"，传统的方法是用一系列特征数据（年龄、体温、是否咳嗽）和这些特征对应的结果数据（患病或健康），告诉它一种学习方法，如决策树，计算机在你手把手的指导下完成学习。如果你只给计算机展示大量病例数据，让计算机自己学习"健康"或"患病"者在年龄、体温、是否咳嗽等方面的共同特征，无须人为告诉它具体的学习规则。通过这种方式，对于一个新人，计算机也能准确地预测出来。能够实现计算机这样的学习，就是深度学习。

深度学习是机器学习的一个子领域，它是基于人工神经网络的学习算法，那些具有多层结构的网络被称为深度神经网络（deep neural networks，DNNs）。深度学习尝试通过建立更大规模、结构更加复杂的神经网络来取得更好的分析效果。深度学习模型能够学习数据中蕴含的复杂模式，这使得它们在许多任务上表现出色，包括图像和语音识别、自然语言处理、医学图像分析和游戏等。要了解深度学习，就要先了解人工神经网络。

1. 人工神经网络的发展历程

人工神经网络（以下简称神经网络）是模拟人脑的神经组织和认知方式来处理问题的。神经网络不但模拟人类大脑中神经元的网络处理信号方式，还能够模拟人的认知过程，即形成稀疏粗大的神经元之间的连接。

（1）人工神经元

首先我们先简单地了解一下什么是人工神经元。

一个人脑神经元是由细胞体、树突和轴突三部分构成的，基本结构如图 2.9 左侧所示。其中，细胞体是神经元的主体，负责大脑中信息的加工。树突是由细胞体伸出的较短而分支多的神经纤维。树突负责接收其他神经元传入的信息，具体接收部位是突触。轴突是由细胞体伸出的一条神经纤维，负责将信息传出神经元，轴突可以向多个神经元传出信号。人脑大约有 100 亿个神经元，每个神经元通过几百到几千个突触与其他神经元连接，这些连接构成了庞大而复杂的神经网络。

1943 年，W.S.McCulloch 和 W.Pits 根据人脑神经元的工作原理提出了人工神经元模型（MP 神经元模型），用来模拟人脑的神经元。1949 年，D.Olding Hebb 在此基础上提出了神经元的抽象数学模型。

人工神经元包括输入（相当于树突）、输出（相当于轴突）与计算（相当于细胞核）三部分，如图 2.9 右侧所示。每个神经元有 n 个输入 x_i，神经元得到的输入是每个输入值 x_i 与各自的权重值 w_i 相乘之后的和，与神经元预设的阈值 θ 进行比较，产生最终的输出量 y。y 的取值是 0 或 1，取决于加权总和是否超过阈值 θ，见式（2.1）。

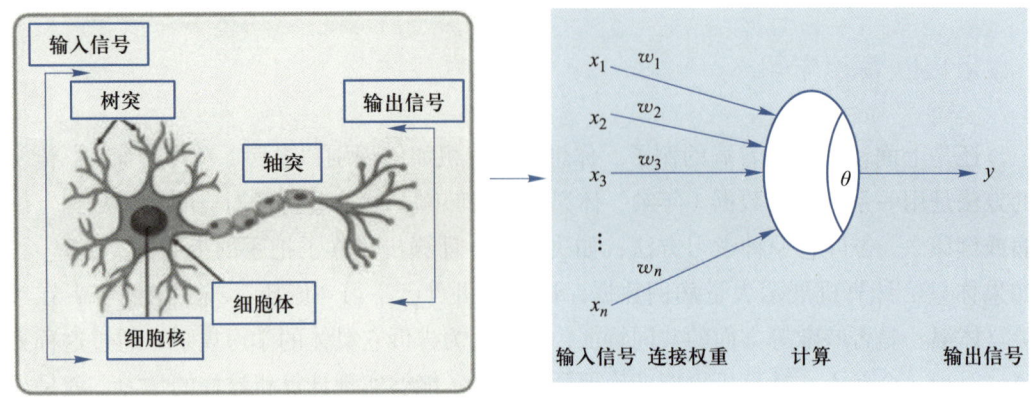

图 2.9　从大脑神经元到人工神经元

$$y=f\Big(\sum_{i=1}^{n} w_i x_i - \theta\Big) \tag{2.1}$$

（2）人工神经网络结构的发展历程

人工神经网络结构的发展历程是从人工神经元、到感知机（单层神经网络）、到人工神经网络（多层感知机）、再到深度神经网络的过程，其发展经历了起源、复苏、快速发展和突破等阶段。

① 起源阶段。1943—1969 年是起源阶段。1969 年，Marvin Minsky 和 Seymour Papert 指出感知器只能进行简单的线性分类任务，无法解决异或操作（XOR）等复杂问题，这导致人工神经网络的研究陷入低谷。

② 复苏阶段。1980—1989 年是复苏阶段，反向传播算法（BP）和多层感知机可以解决异或操作这样的线性不可分问题，为深度学习的发展带来了新的希望。

③ 快速发展阶段（1990—2006 年）。

1995 年，Corinna Cortes 和 Vladimir Vapnik 提出了支持向量机（SVM），尽管 SVM 在某些方面超越了人工神经网络，但人工神经网络的研究并未因此停滞。

1997 年，Jurgen Schmidhuber 和 Sepp Hochreiter 提出了长短期记忆网络（LSTM），极大地提高了循环神经网络的效率和实用性。

1998 年，Yann LeCun 提出了 LeNet-5 卷积神经网络，首次将人工神经网络应用于图像识别任务。

④ 突破阶段（2006 年至今）。

2006 年，Geoffrey Hinton 和他的同事们提出了一种称作深度信念网络（DBN）的多层网络，并进行了有效的训练，这标志着深度学习概念的正式提出。

2012 年，Alex Krizhevsky 在 CNN 中引入 ReLU 激活函数，在图像识别基准测试中获得显著优势，深度学习开始在业界引起巨大反响。

随后几年，出现了如 VGGNet、GoogleNet、ResNet、SENet 等经典的卷积神经网络，图像识别错误率持续下降。

2014 年起，R-CNN、Fast R-CNN、Faster R-CNN 等一系列目标检测模型的提出，

极大地提升了目标检测的精度。

2016 年，YOLO 目标检测模型被提出，大大提高了模型训练与推理效率。

2017 年，SENet 的图像识别错误率已经下降到了 2.25%，标志着图像识别技术的巨大进步。

2017 年，Google 团队提出 Transformer，该模型的最大特点是抛弃了传统的卷积神经网络（CNN）和循环神经网络（RNN），整个网络结构完全由注意力机制（attention mechanism）组成。

2022 年以来，ChatGPT、GPT-4.0 等大型通用语言模型的相继问世，使得深度学习在自然语言处理领域取得了前所未有的突破。

人工神经网络的发展历程如图 2.10 所示。

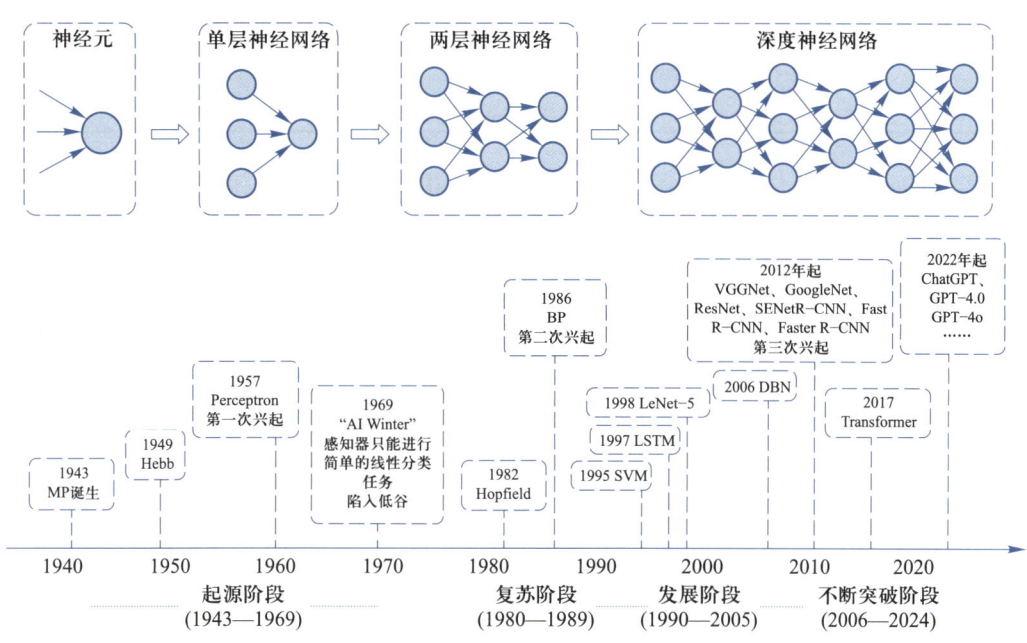

图 2.10　人工神经网络结构演化的发展历程

2. 了解传统机器学习与深度学习的特点

表 2.3 对比了传统机器学习和深度学习的特点。

表 2.3　传统机器学习与深度学习的特点对比表

特　点	类　别	
	传统机器学习	深度学习
对计算能力的要求	计算量级别有限，一般不需要配备显卡（GPU）做并行计算	大量数据需进行大量的矩阵运算，需配备显卡（GPU）做并行计算
对学习数据规模的要求	通常可以在小到中等规模的数据集上进行有效训练	在大规模数据集上表现更好，因为它们能够捕捉数据中的细微模式和趋势

续表

特　点	类　别	
	传统机器学习	深度学习
分解问题	将问题分解为多个阶段或层次，每个阶段完成特定的任务	端到端学习（end-to-end learning）。在端到端学习中，整个系统被当作一个单一的模型来进行训练，输入数据直接进入模型，通过一系列学习，最终产生期望的输出
特征选择	人工进行特征选择	自动从原始数据中学习特征
可解释性	强。体现在它们能够提供明确的规则或权重，这些可以直接告诉人们哪些特征对模型的预测有较大影响	弱。深度神经网络能够在多个层次进行抽象推断，处理非常复杂的关系，但这种复杂性也使模型成为黑箱，人们无法获知所有产生模型预测结果的特征之间的关系

　　传统的机器学习比深度学习的可解释性强，可以通过权重直接告诉人们哪些特征对模型的预测有较大影响。另外，传统机器学习的流程往往由多个独立的模块组成，比如，在一个典型的自然语言处理问题中，包括分词、词性标注、句法分析、语义分析等多个独立步骤，每个步骤都是一个独立的任务，其结果的好坏会影响到下一步骤，从而影响整个训练的结果，这是非端到端的。而深度学习则是端到端学习，整个系统被当作一个单一的模型来进行训练，输入数据直接进入模型，通过一系列学习，最终产生期望的输出。

　　深度学习的主要特征还体现在以下方面。

　　① 层次结构：深度学习模型通常包含多个层次，每一层都对输入数据进行转换和抽象。

　　② 自动特征提取：深度学习模型能够自动从原始数据中学习特征，减少了手动特征工程的需求。图 2.11 示意了传统机器学习需要人工提取特征，深度学习会自动提取特征的特点。

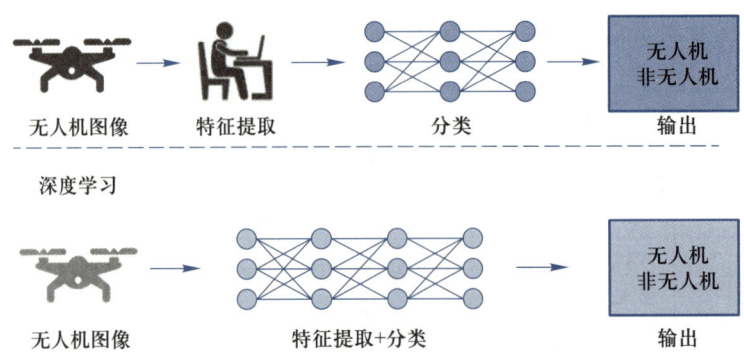

图 2.11　机器学习和深度学习的特征提取

深度学习之所以能够自动提取特征，主要归功于它的多层网络结构。每一层都通过学习数据的特定方面来提取信息，并逐步建立越来越高级的数据表示。例如，在图像处理中，网络的第一层通常学习识别简单的边缘和纹理，而更深层的网络层则可能识别更复杂的视觉形状或对象部件。这种层次性的特征提取使得深度学习模型能够捕获数据中复杂且抽象的规律，这是传统机器学习方法难以做到的。

③ 强大的计算能力：由于模型的复杂性和训练模型需要大规模数据集，因此，深度学习模型需要强大的计算能力。

深度学习网络有很多种，例如，卷积神经网络（CNN）、循环神经网络（RNN）、RNN 的变种门控循环单元网络（GRU）和长短期记忆网络（LSTM）、生成对抗网络（GAN）、图神经网络（GNN）等以及推动了大模型和计算资源发展的 Transformer 深度学习网络。关于深度学习网络的知识过于专业，在此不再展开。感兴趣的读者可以寻求 AI 工具的帮助，自主去探索。

3. 了解深度学习的重要人物

虽然人工神经网络在 20 世纪中期就已被提出，但是一直发展很缓慢。到 21 世纪初，仅剩 Geoffrey Hinton、Yann LeCun、Yoshua Bengio 为代表的少数学者仍在坚持研究神经网络。近 10 年，他们在深度神经网络的多项重大的成果，重新激发了学术界和工业界对神经网络的关注，极大地推动了人工智能的发展。因此，Geoffrey Hinton、Yann LeCun、Yoshua Bengio 三人被誉为"深度学习三巨头"，他们共同获得了 2018 年的图灵奖。深度学习领域的重要人物关系如图 2.12 所示。

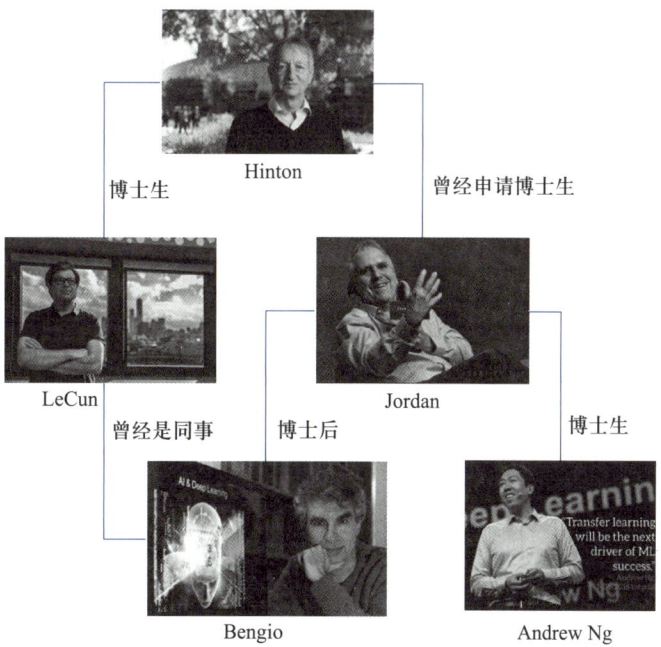

图 2.12　深度学习领域重要人物间的关系

① 杰弗里·辛顿（Geoffrey Hinton）是著名的计算机科学家和心理学家。因其在神经网络方面的卓越贡献而被称为"神经网络之父"和"人工智能教父"。Hinton 是 BP 算法（反向传播算法）的发明人之一，也是深度学习的积极推动者。

② Yann LeCun 是著名计算机科学家，我们之前就见过他的漫画。因其创立的卷积网络模型被广泛地应用于计算机视觉和语音识别应用中，他也被称为卷积网络之父。1988 年，Yann LeCun 到多伦多大学跟随 Hinton 做博士后。同年，Yann LeCun 加入贝尔实验室，研发了卷积神经网络，广泛用于手写数字识别。

③ Michael I.Jordan 是人工智能领域的世界级泰斗、机器学习之父、加州大学伯克利分校的电子电机和计算机系以及统计系教授，美国国家科学院、美国国家工程院、美国文理科学院院士，曾经申请过 Hinton 的博士生。Jordan 教授在机器学习领域里一个重要的贡献就是关于参数化模型和非参数模型的研究。

④ Yoshua Bengio 曾在 MIT 和贝尔实验室做博士后研究员，现在任教于蒙特利尔大学。他发表的 "*Learning Deep Architectures for AI*" "*A Neural Probabilistic Language Model*" 等 300 多篇论文，推动了深度学习的快速发展。

⑤ Andrew Ng 是华裔美国人，中文名字是吴恩达，是人工智能和机器学习领域的国际知名学者。吴恩达是 Michael I.Jordan 的博士生，他不仅在学术界留下了深刻的印记，还通过他的教学和创业活动，对公众的认知和 AI 的普及产生了重要影响。

除了上面提到的吴恩达，深度学习领域还有很多杰出的华人科学家和工程师，他们在理论研究、技术创新和产业应用方面作出了显著贡献。例如，李飞飞，被誉为"AI 教母"，是全球 AI 领域研究的标志性人物。她长期主导着斯坦福大学的人工智能学科研究，并培养了大量优秀的 AI 人才。李飞飞团队开发了多个具有影响力的项目，如 ImageNet 数据集和机器人训练框架 SURREAL。她的研究对推动计算机视觉和机器学习领域的发展起到了重要作用。

我们在享受人工智能产品带给我们便捷的同时，也不要忘了这些在背后做基础研究的科学家。

2.1.3　LM、Transformer、LLM 和 GPT

语言模型 LM（language model）是自然语言处理领域 NLP（natural language processing）用于理解人类自然语言的模型。现在满天飞的 LLM(large language model) 是大语言模型。那么什么是语言模型，什么又是大语言模型呢？

1. 语言模型

（1）什么是语言模型

语言模型就像一位精通语言的大师，它能够根据已有的语言知识来预测和生成新的句子。下面是我们非常熟悉的场景，我们可能根本没有意识到，这些都是语言模型在发挥作用。

① 你在手机上输入汉字，当你输入"我喜欢吃"时，手机的输入法会自动推荐下一个词。此时，输入法的自动补全功能就使用了语言模型。它根据你已经输入的内容，预测下一个最可能的词。例如，它可能会推荐"苹果""香蕉"或"冰淇淋"，因为这些词在之前的文本中经常出现在"我喜欢"之后。

② 当你对着智能音箱说"小度，今天天气怎么样？"时，语音识别系统会使用语言模型把你的语音转换成文字，还会根据已知的语音片段和上下文信息，选择最合适的文字输出。例如，如果它听到"今天"，语言模型会提示后面可能是询问天气或其他相关信息的词语。

③ 当你使用在线翻译工具时，也会用到语言模型。例如，如果你输入"你好吗？"，翻译工具会输出"How are you?"。在这个过程中，语言模型帮助翻译工具理解中文句子的结构和含义，然后生成对应的英文翻译。

语言模型是通过训练大量的文本数据，学会了语言的结构和用法，从而能够理解和生成连贯的文本。具体的做法是把句子拆解成一个个的片段，一个片段被称为一个token，它可以是单词、词组，甚至可以是一个字符，具体取决于所使用的分词方法。语言模型会根据上下文，逐渐计算出每一个单词的概率，然后把这些概率相乘，得到一个句子的最终概率。

例如，有一个句子：

The animal didn't cross the street because it was too tired

每一个单词被划分为一个 token：

The | animal | didn't | cross | the | street | because | it | was | too | tired

P（The）表示下一个单词是 The 的概率。

P（animal|The）表示 The 后面是 animal 的概率。

P（didn't |The animal）表示 The animal 后面出现 didn't 的概率。

以此类推，则出现整个句子的概率为

P（The animal didn't cross the street because it was too tired）

=P（The）*P（animal|The）*P（didn't |The animal）

*P（cross|The animal didn't）*P（the|The animal didn't cross）

*P（street|The animal didn't cross the）

*P（because|The animal didn't cross the street）

*P（it|The animal didn't cross the street because）

*P（was|The animal didn't cross the street because it）

*P（too|The animal didn't cross the street because it was）

*P（tired|The animal didn't cross the street because it was too）

（2）语言模型能干什么

① 语言模型可以用来评估句子的概率，从而决定这个句子是否合理。

例如，语句"我去教室上课。"，语言模型会判断出这个句子的概率很高，所以这个句子应该是一个正常的语句。

例如，语句"教室我课上去。"，语言模型会判断这个句子的概率很低，属于一个不正常的句子。

② 语言模型还可以用来让机器生成新的句子。

让计算机不断使用语言模型计算下一个单词出现的概率，人们可以根据概率选择下一个单词，重复这个过程，直到生成一个表示一句话结束的句号（英文是"."或中文是"。"）。最后就生成了一个新句子。这就是自然语言生成技术。

有了训练好的语言模型，人们就可以利用它在各种自然语言处理任务中实现自动化和智能化。下面是语言模型主要应用场景。

语言翻译	聊天机器人与虚拟助手
问答系统	信息检索与提取
文本生成与创作	文本纠错与校对
情感分析	数据标注与注释
文本分类	法律和医学文本分析
语音识别与合成	……
推荐系统	

语言模型的应用，不仅可以提高工作效率，还能提供个性化、智能化的服务，推动各行各业的数字化转型。

2. 大语言模型 LLM

大型语言模型 LLM（large language model）是指那些参数数量巨大，通过对大量文本数据进行训练，学习到丰富的语言知识和模式，能够更好地理解和生成人类语言的深度学习模型。Transformer 并不是一个具体的模型，而是一种模型架构的统称，因其能够并行高效处理序列数据并能够捕捉长距离依赖关系，为自然语言处理领域带来了革命性的变革，成为构建大语言模型的基石，使得语言模型的规模不可思议地扩大到万亿参数的规模。

例如，美国 OpenAI 公司开发的 GPT（generative pre-trained transformer）系列模型，即生成式预训练模型，采用的就是 Transformer 架构。GPT-4.0 的参数量约有 1.8 万亿。GPT 系列模型得以实现高效的文本处理和生成能力，极大地推动了自然语言处理技术的发展。2024 年 5 月，OpenAI 最新发布的 GPT-4o 是一个多模态的 LLM，代表了交互技术的一个重要发展方向。GPT-4o 仍然采用 Transformer 网络，不仅在文本生成方面有所提升，还新增了处理音频、视觉和视频的能力，能够提供更加自然和高效的人机交互体验。

中国目前也有很多大语言模型，据统计，截至 2024 年第一季度，中国的人工智能大模型数量占全球的比例超过 30%。例如，华为公司的盘古大模型、智谱 AI 公司的 GLM-4、百度公司的文心大模型、阿里巴巴公司的"通义"大模型系列、腾讯公司的混元大模型等，也都是基于 Transformer 架构。

⚒ 请思考

1. Google 是第一个提出 Transformer 网络的公司，但 OpenAI 却看到了 Transformer 在构建大规模语言模型方面的潜力，并成功地训练出了 GPT。对此，你有什么思考？

2. 各种深度学习网络还只是一个一个的算法，要使这些算法能够用于解决实际问题，还需要做什么？

3. 基座大模型与垂直领域大模型

基座大模型（foundation large model）是指那些在大量且内容广泛的数据集上进行预训练的大型模型，这些模型具有强大的泛化能力，可以适用于各种不同的任务和领域。OpenAI 的 GPT 生成式预训练系列模型就是基座大模型。基座大模型就像在小学、中学甚至大学学习了基础知识和通识知识的人，能够解决一般人都会遇到的普遍问题。

例如，一个训练好的通用大语言模型就是一个基座大模型，可以被用作生成医疗咨询系统的基础。它能够理解基本的医疗问题，并提供一些通用的医疗建议。

垂直领域大模型（vertical domain large model）是在基座模型的基础上，被进一步训练以理解特定领域的术语、风格和规则，适应特定领域的需求，以解决特定领域的问题。ChatGPT-3.5/4.0 等就是在 GPT 基座模型基础上，再训练专门负责聊天的机器人。

微调（fine-tuning）是机器学习和深度学习领域中的一个重要概念。微调就是在一个已经预训练好的模型基础上，针对特定任务进行进一步训练的过程。微调就像本科生进入研究生阶段深入学习专业知识，而垂直领域模型就像经过硕士生和博士生阶段的专业训练的人，能够更好地解决专业问题。

例如，在基座大模型的基础上，一个专门的医疗大语言模型会被训练以识别特定的症状，并提供相应的诊断和治疗建议。

我们现在就知道了，经常使用的如文心一言、Kimi、智谱清言、讯飞星火、天工等 AI 工具，都是对预训练好的基座大语言模型进行微调后，适合聊天和回答问题的垂直领域大模型。例如，我问智谱清言这个聊天工具的基座大模型是哪一个，它告诉我是智谱 AI 公司训练的 GLM-4，如图 2.13 所示。

用户_FplKKd

你的基座模型是哪个?

ChatGLM

我使用的基座模型是智谱 AI 公司训练的 GLM-4,一种基于 Transformer 的通用预训练语言模型。Transformer模型是一种基于自注意力机制的深度神经网络模型,经常用于处理序列数据。

我具体使用的模型规模视应用场景可能会有所变化。

图 2.13 询问智谱清言基座大模型的对话

4. 关于人工智能突然涌现的讨论

涌现,简单地说,就是大量低维度的东西通过某种关系聚集在一起,产生了之前没有的高维度的东西。例如,人类的大脑有 100 多亿个神经元,它们就是低维度的细胞。婴儿时期的神经元是独立的,后天通过各种感官刺激和不断学习,大量的神经元进行了连接和聚集,随之就涌现了高维度的智慧大脑。涌现就是在复杂系统中,随着组件数量的增加、交互作用的增强,系统突然展现出全新的、无法简单归因于单个组件的集体行为或功能。

在人工智能领域,近几年大语言模型(如 GPT 系列)的出现,导致了 AI 的突然涌现。与人脑类似,大语言模型就是由无数个智商为 0 的人工神经元,通过学习海量的数据,最后用粗细不同(参数大小)的连线将这些神经元连接在一起构成的网络。该网络涌现出了智慧,甚至在某些任务上已经超越了人类。

随着大语言模型参数量的增加,模型的性能和泛化能力都会显著提高。参数量可以理解为神经元之间连线的数量,代表了网络规模的大小。这种现象在 GPT 系列模型中尤为明显。GPT-3.5 的参数量是 1 750 亿个,GPT-4.0 的参数量据估计是 1.8 万亿个。表 2.4 是 GPT-3.5 和 GPT-4.0 的能力对比,从中可以看出,随着模型规模的不断扩大,模型智能不断涌现。

表 2.4 GPT-3.5 和 GPT-4.0 智能水平对比

项目	GPT-3.5	GPT-4.0
模型类型	自然语言处理	多模态
功能	文字问答 剧本写作	看图作答 文字问答 数据推理 分析图表 角色扮演
能处理的文字长度	3 000 字	25 000 字

项目	GPT-3.5	GPT-4.0
考试能力	词法考试倒数 10% SAT 数学考试 590 分 生物奥赛前 69%	词法考试前 10% SAT 数学考试 700 分 生物奥赛前 1%

李开复说过去两三年 AI 的发展速度超乎想象，"在过去一两年、模型从不好用、到好用、到大部分领域超过了人类"。智能的突然涌现引发了对智能本质的深刻思考，是一个引人入胜且充满哲学意味的话题，它关注了智能如何在某一时刻或阶段迅速出现并表现出高度的复杂性和适应性。智能的突然涌现挑战了人们对智能的传统理解，即智能不仅仅是计算和算法的堆砌，而是一种更为复杂和多维的现象。因此，杰弗里·辛顿认为，AI 的发展具有巨大的不可预测性，AI 的直觉和创造性不应该被低估。

杰弗里·辛顿 2024 年上半年说过一段话：记忆不是存储在某个地方可以检索的文件。我们的大脑是以权重的形式存储知识，它们使用这些权重来重构事件。如果事件是最近的，那么重构通常相当准确。如果事件是旧的，我们通常会在很多细节上出错，但却由于对这些细节充满信心而意识不到。聊天机器人更不擅长虚构，他们比人更会经常胡言乱语，他们不知道自己在做什么，但他们一直在进步，我想用不了多久，聊天机器人在虚构方面不会比我们差多少，但他们口述的事实并不表明他们不理解，或者他们与我们不同，这说明他们和我们很像。

现在的大语言模型就是按照权重将几乎人类的所有知识都进行了存储，当人类有问题时，它们使用这些权重来重构答案。大语言模型的基本运行原理与杰弗里·辛顿对人脑的记忆重构的观点是一致。

5. Transformer 网络

最早的语言模型是统计语言模型，包括一元语法模型和 n 元语法模型。近年来，随着深度学习技术的发展，人们也通过使用深度学习技术构建语言模型，其中，利用循环神经元网络构建的语言模型叫作 RNN 语言模型。尽管 RNN 语言模型在某些任务上仍然具有潜力，但在处理长句子和由于其顺序计算的特性在处理大规模数据集时的效率方面都有明显的局限性。

2017 年，Google 研究人员 Ashish Vaswani 及其团队在论文 "*Attention is All You Need*" 中首次提出了 Transformer 网络。Transformer 网络是一种用于处理序列数据的深度学习模型，其核心创新点是自注意力机制（self-attention mechanism）。自注意力机制允许模型在处理序列中的每个元素时，还能考虑到序列中其他元素的信息。

那么，什么是自注意力机制呢？

假设还是 "The animal didn't cross the street because it was too tired" 这个句子，当模型处理到单词 "it" 时，自注意力机制允许 "it" 结合句子中与其相关的其他单词（如

"animal"）一起处理，从而帮助模型更好地理解"it"指向的是"animal"。图 2.14 示意了 token 之间的长距离的依赖关系。

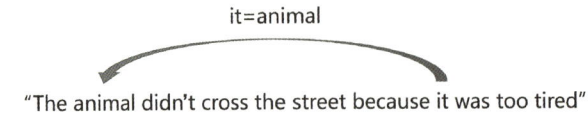

图 2.14　自注意力机制能够捕捉到长距离的依赖关系

可见，自注意力机制使模型能够学习到 token 之间的长距离依赖关系，非常适合处理那些输入和输出之间关系复杂或者序列很长的任务，如一篇文章。而且，Transformer 网络可以并行处理序列中的不同部分，大大提升了对大规模数据集的处理效率。

⚒ **请思考**

> 　　大语言模型的基本运行原理与杰弗里·辛顿对人脑的记忆重构的观点是一致。那么，可不可以说，现在的大语言模型就是人工智能的基本形式呢？或者说，一切的人工智能最后都将以大语言模型的形式呈现？

2.2　大　数　据

大数据，简单地说，就是非常庞大、复杂，而且增长迅速的数据集合。大数据包括结构化数据，如表 2.1 和表 2.2，和非结构化数据，如文本、图片、视频等。大数据作为 AI 的基石之一，扮演着至关重要的角色，它为算法提供丰富的学习材料，使 AI 系统能够理解和适应复杂的世界。随着互联网、物联网、云计算等技术的迅猛发展，全球数据量呈现出爆炸式增长。这些数据不仅量大，而且涵盖了从社交媒体、传感器、交易记录、视频、图像到文本的广泛类型。大数据已成为新的战略资源，对经济发展、社会进步和科技创新都具有重要的价值。

2.2.1　数据量的单位及人类产生的数据量

1. 数据量的单位

表示数字信息多少的单位有很多，bit 是存储一个二进制位数据（1 或 0）的单位。

表示信息的最小的单位是 Byte，能够存储 8 个二进制位的信息，用字母 B 表示。下面的单位都是按照进率 1 024（2 的 10 次方）计算，如 KB 是 1 024 个 Byte。表 2.5 是数据量的单位及它们可存储的信息量大小。

从表 2.5 中可以看出，当数据量达到泽字节，就能存储全球范围内的大量信息，如整个互联网的内容。泽字节的数据量被比喻为可以存储地球上每一片叶子的正反面高清图像信息。尧字节及以上级别的数据量是人类难以想象的。

表 2.5   数据量的单位

单位	名称	容量	可存储的信息量大小描述
KB	kilobyte 千字节	1 KB = 1 024 Byte	大约可以存储 1 024 个字符，相当于一段较短的文本或一个简单的图像的一部分
MB	megabyte 兆字节	1 MB = 1 024 KB	可以存储较大的图像、几个歌曲或一些软件的安装文件
GB	gigabyte 吉字节	1 GB = 1 024 MB	能够存储大量的文本数据、多个音频文件、视频片段或中小型软件
TB	terabyte 太字节	1 TB = 1 024 GB	足以存储整个小型数据库、多部电影或大量的软件应用
PB	petabyte 拍字节	1 PB = 1 024 TB	可用于大规模数据中心，存储海量的数据，如整个图书馆的书籍、连续剧全集等
EB	exabyte 艾字节	1 EB = 1 024 PB	足够存储一个大型公司的所有数据，包括备份、多媒体内容等。
ZB	zettabyte 泽字节	1 ZB = 1 024 EB	能存储全球范围内的大量信息，如整个互联网的内容。泽字节的数据量被比喻为可以存储地球上每一片叶子的正反面高清图像信息
YB	yottabyte 尧字节	1 YB = 1 024 ZB	这个级别的数据量已难以想象
DB	dorabyte 多字节	1 DB = 1 024 YB	超过了人类的想象
NB	norabyte 诺字节	1 NB= 1 024 DB	超过了人类的想象

2. 人类产生的数据总量

近几年，人类产生的数据总量呈指数级增长。2023 年，全球创建、捕获、复制和消费的数据总量约为 120 ZB。预计到 2024 年这一数字将达到 147 ZB，到 2025 年将超过 180 ZB。图 2.15 是 2010 年至 2023 年数据量的增加情况和预测 2024 年和 2025 年的数据量。

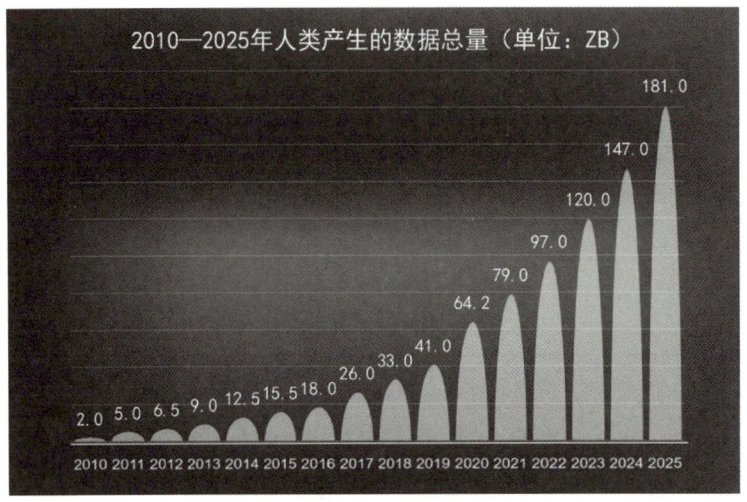

图 2.15　数据量按年增长情况

2.2.2　人工智能与大数据

1. 大数据是支撑 AI 的重要基础

在图 2.1 中，我们把人工智能看成是一个嗷嗷待哺但却拥有无限潜能的婴儿，数据就是喂养这个婴儿的奶粉。奶粉的数量决定了婴儿是否能长大，而奶粉的质量则决定了婴儿长大后的智力发育水平。图 2.15 所示的人类数据的快速扩展，为人工智能领域的突破性创新在"奶粉"的数量和质量上做好了准备，并且已经喂养了很多个 AI 模型。

人工智能可以看成是算法程序和大数据相结合的产物，在这个结合中，大数据扮演着至关重要的角色，它是训练和应用 AI 不可或缺的关键要素之一。无论是图像识别、自然语言处理还是预测分析，任何一个 AI 系统都依赖于大数据进行训练和优化。AI 的学习过程依赖于从大量数据中识别模式和提取特征。数据量越大，涵盖的场景和变量就越丰富，AI 模型通过训练得到的预测性和准确性也就越高。

利用互联网上的海量数据进行训练，是构建高效能语言模型的重要策略之一。为了构建一个能够理解和生成自然语言的模型，需要大量的文本数据来训练。互联网是一个庞大的信息库，提供了丰富多样的文本资源，包括书籍、文章、论坛帖子等，互联网上数据的实时更新也使得模型能够紧跟时代发展，理解最新的流行语和文化现象。这些资源对于语言模型的学习至关重要。例如，训练 GPT 的数据就主要来源于互联网，通过分析网上的博客、新闻文章和社交媒体内容，GPT 能够学习到人类的语言习惯、表达方式以及如何在不同的语境中运用语言。GPT-3 的训练数据量大约是 3 000 亿个 token，而 GPT-4 的训练数据则使用了全世界所有公开的文字约 13 万亿个字词。这些大规模数据帮助模型学习到了更广泛的知识和人类经验，从而使 GPT-4 比 GPT-3 涌现出更高的智能。

在 AI 的语境下，大数据的价值主要体现在以下几个方面。

① 学习的素材：AI 系统，尤其是深度学习模型，需要大量的数据进行训练，以识别模式、特征和关系，从而实现预测和决策。

② 多样性的保证：大数据的多样性确保了 AI 系统能够处理不同情境下的数据，提高泛化能力。

③ 持续的优化：随着数据的不断积累，AI 系统可以持续学习和优化，逐渐逼近甚至超越人类的智能水平。

因此，大数据蕴含了人类的知识、人类的经验、人类的思维等重要信息，是支撑人工智能的重要基础。

2. 数据的安全使用

随着科技的飞速发展，人工智能已深入到我们生活的方方面面。然而，在享受人工智能带来的便利的同时，我们也应关注其在数据使用上存在的风险与问题。

① 隐私泄露问题。人工智能系统需要大量数据作为训练素材，而这些数据往往包含用户的个人信息。在数据收集、存储、处理和使用过程中，一旦管理不善，极易导致用户隐私泄露。例如，一些人工智能助手在提供服务时，可能会记录用户的语音、生活习惯等敏感信息，若被不法分子获取，将对用户造成极大的安全隐患。

② 数据偏见问题。人工智能系统的决策依赖于训练数据，如果训练的数据存在偏见，那么人工智能系统在处理问题时也会表现出偏见。这种现象可能导致不公平的决策结果，如性别歧视、种族歧视等。长此以往，不仅损害社会公平正义，还可能加剧社会矛盾。

③ 数据安全问题。人工智能系统在处理数据时，可能遭受黑客攻击，导致数据泄露、篡改甚至系统瘫痪。此外，数据在传输过程中也可能被截获，造成不可挽回的损失。如我们的创新性论文成果如果让 AI 工具去润色或翻译，重要信息是否被提前泄露？在我国，数据安全已成为国家安全的重要组成部分，人工智能在数据使用上的安全风险亟待解决。

④ 数据垄断问题。在人工智能领域，拥有大量数据的企业往往具有竞争优势。然而，数据垄断可能导致市场不公平竞争，阻碍行业创新。此外，数据垄断企业若滥用市场地位，还可能损害消费者权益。

✖ 请思考

我们已经认识到，AI 技术的发展和应用不可阻挡，应该积极拥抱 AI。但是在使用 AI 的过程中，面对可能出现的数据安全和风险问题，作为个人如何尽力将危害降到最低？

在人工智能的快速发展浪潮中，规模定律已成为推动模型迭代的核心力量。大模型的性能与模型的参数量、训练数据量和计算资源这三个关键要素有关。随着模型参数量的增加，可以让模型捕捉数据内更复杂的数据规模，这就是为什么大模型越来越大的原因。增加训练数据量，同样可以帮助模型学习更多的知识以及更好地理解数据，从而提升模型的泛化能力，这就是数字资产越来越重要的原因。图 2.16 示意了随着参数量和数据规模的增加，从 GPT-2、GPT-3 到 GPT-4 性能的大幅提升情况。

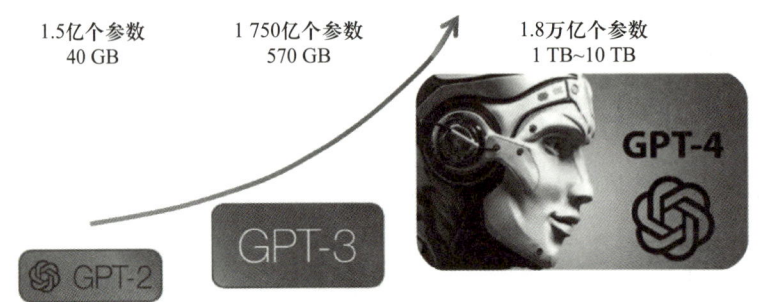

1.5 亿个参数　　　　1 750 亿个参数　　　　1.8 万亿个参数
40 GB　　　　　　　570 GB　　　　　　　1 TB~10 TB

图 2.16　模型参数和训练数据量的增加导致模型性能增强

前面我们已经了解了大模型和大数据。增加更多的计算资源，即算力，能为使用更大的模型和更多的数据创造条件。下一节，我们就专门讨论算力。

2.3　算　　力

算力就是计算机的计算能力，即处理数据并输出结果的能力。科学上算力用每秒浮点数的运算次数 FLOPS 来度量。EFLOPS（ExaFLOPS，即每秒执行 10^{18} 次浮点运算）是一种衡量超级计算机和其他高性能计算系统性能的指标。随着科学的进步，算力不仅仅指计算能力，它还包括存储的能力和网络运载能力。因此，算力是由算力、存力和运力构成的一个综合算力的概念。算力好比大脑的前额，负责认知和信号的处理；存力就好比大脑的海马体，负责记忆和存储；运力就相当于人体的神经系统，负责把信号传递到四肢和神经末梢。因此，在说到算力时，算力、存力和运力三者缺一不可。

《中国算力发展白皮书（2023）》中指出，像 GPT-3 这样的大型模型，其参数量为 1 750 亿个，训练所需的算力是天文数字，如果以每秒 1 000 万亿次的浮点运算速度大约需要连续运行 3 640 天。GPT-4，其参数量约为 1.8 万亿个，算力需求约为 GPT-3 的 68 倍，约 2.15×10^{25} FLOPS（21 500 000 EFLOPS），同时还要消耗约 2.4 亿千瓦时电力。图 2.17 示意了万亿级计算集群同时计算消耗电力的情景。

图 2.17　万亿级算力背后的电力消耗示意图

我国是全球第二的算力大国。截至 2023 年底，我国数据中心算力总规模达到 230 EFLOPS。这标志着我国算力产业的蓬勃发展的同时，也看到了与美国在算力方面的明显差距。

2.3.1　AI 芯片层算力

算力主要体现在表 1.1 所示的 AI 生态的前两层，即 AI 芯片层及并行计算框架层。

广义地说，面向人工智能领域的芯片均被称为 AI 芯片，狭义地说，AI 芯片是指针对人工智能算法做了特殊加速设计的芯片，是专门用于处理人工智能应用中的大量计算任务的功能模块，也被称为 AI 加速器。我们经常听到的 CPU 或 GPU，它们都是用于计算的芯片。AI 芯片层的算力就体现在这些芯片硬件产品上。

1. 各种 PU

能够进行计算的硬件产品包括 CPU、GPU、NPU、TPU、DPU 等各种 PU。下面了解一下这些 PU 的具体含义。

① 中央处理器 CPU（central processing unit）是电子计算机的"大脑"，是计算机运算和控制核心。CPU 通常有几个到几十个核心，能够处理各种类型的计算任务，从基本的算术运算到复杂的逻辑分析。CPU 的主要特点包括强大的通用性、高度复杂性和优秀的单线程性能（任务执行时需要一个一个排队顺序执行）。

② 图形处理器 GPU（graphics processing unit），也称显卡。GPU 是英伟达公司在 1999 年 8 月发布 NVIDIA GeForce 256 绘图处理芯片时首先提出的概念。在此之前，计算机中处理影像输出的显示芯片，通常很少被视为一个独立的运算单元。GPU 包含大量小计算单元，特别适合并行处理大量的类型统一的数据，因此，它在处理图形相关的矩阵和向量运算时表现出色。当前，GPU 的应用已经扩展到非图形相关的并行计算任务，如科学模拟和数据分析，深度学习模型训练和推理。GPU 的特点包括卓越的并行性、专用性以及在并行计算任务上的高性能。

③ 神经处理单元 NPU（neural processing unit），是一种专为 AI 和深度学习任务设

计的处理器，用于加速神经网络计算。它针对深度学习算法进行了优化，能够高效执行卷积、池化和激活函数等操作。NPU 主要用于处理视频、图像和语音识别等任务，这些是传统 CPU 和 GPU 效率较低的领域。NPU 的特点在于其专用性、高效性以及灵活性。

④ 张量处理单元 TPU（tensor processing unit），是谷歌公司开发的一种专用于机器学习的处理器，擅长快速有效地执行深度学习算法。

⑤ 数据处理单元 DPU（data processing unit），是一种新型的、专为数据处理而设计的处理器，通过优化硬件架构来提高数据处理的效率。

GPGPU（general-purpose computing on graphics processing units）是通用图形处理器，主要特点是保留了 GPU 的并行计算能力和图形渲染基础架构，同时进行了适度的调整和扩展，使其更适合处理通用计算任务，包括科学计算、数据分析、深度学习等。英伟达公司和 AMD 公司均采用了 GPGPU 路线。DSA（domain specific architecture）为领域特定架构，是一种针对特定领域定制的可编程处理器，针对特定场景定制处理引擎以实现更高的性能和效率。例如，专门为 Transformer 架构设计的 AI 芯片就可以视为 DSA 的一种。

在 AI 领域，虽然各种 PU 都有其优势，但 GPU 因其通用性和成熟生态被广泛采用。下面就以 GPU 为例，讨论 AI 算力方面的问题。

2. 为什么 AI 要使用 GPU

我们可以把一个 CPU 的核心看作一名数学教授，一个 GPU 的核心看作一名普通学生。知识渊博的数学教授可以解决从简单到复杂的各种问题，但同一时间只能专注于一个问题。知识缺乏的普通学生只能解决简单问题，大量学生可以分工合作，在同一时间内可解决大量简单问题。根据教授和学生的能力特点，我们让教授专心解决复杂问题，而将大量简单的问题交给学生去解决，就是让 CPU 负责处理逻辑复杂的串行程序，GPU 重点处理数据密集型但简单的并行计算程序，从而实现两者的紧密配合、优势互补。

为什么 GPU 会提高计算效率呢？我们可以把通用的 CPU 看成是一辆大货车，一次只能运送一个货物，这个货物可以很大，如集装箱，也可以很小，如一件衣服。把 GPU 看成有 100 辆电动车的车队，每一个电动车都可以运输一个小货物。现在一个任务是要运送 100 件衣服。如果让 CPU 去完成这个任务，它需要跑 100 次；如果 CPU 把这个任务分给 GPU，则 GPU 的每辆电动车跑一次就可完成整个运送任务。此时，能力非常强的大货车就不如拥有多个能力不强但可以同时运送小物件的电动车车队。图 2.18 上半部分示意了在 CPU 中按顺序运送 100 件衣服的情况。每次需要 1 个时间单位（可以是小时、星期、月或年），则完成该任务共需要 100 个时间单位。图 2.18 下半部分示意了如果用 GPU 同时运送这 100 件衣服，仅需要花费 1 个时间单位，几乎加速了 100 倍，当然，同时也可能需要 CPU 的 3 倍的能耗和 1.5 倍的硬件开销。

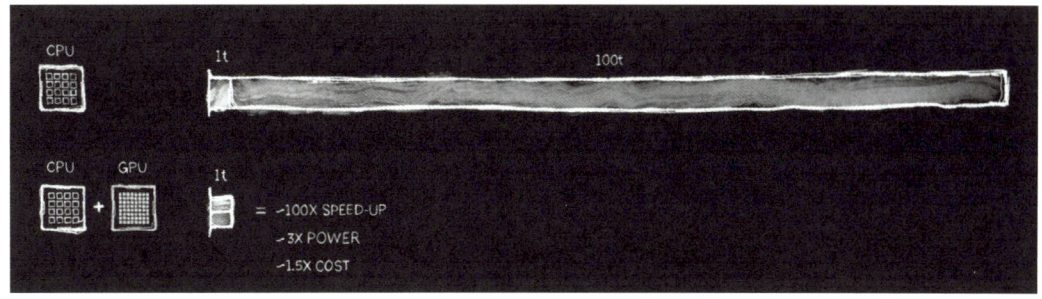

图 2.18　CPU 顺序处理和 GPU 并行处理示意图

让计算机处理的某些任务，往往有非常大的可并行处理的计算量，如计算机图形、图像处理、物理仿真、深度学习中的线性代数计算等。这些大量的并行计算任务就适合让 GPU 去完成。使用 GPU 就是为了加速计算。

GPU 在过去的 5 年里已经成为训练 AI 大模型的主流标配，就是因为规模庞大的深度学习模型需要处理海量的数据和进行复杂的计算，而 GPU 拥有的强大并行计算能力，能够高效地处理矩阵运算等计算密集型任务，这正好满足了 AI 大模型对计算能力的需求。随着 AI 技术的不断发展，AI 大模型对计算能力的需求也在不断增加。GPU 的性能也在不断提升，新的 GPU 产品不断涌现，为 AI 大模型提供了更加强大的计算支持。

3. AI 芯片的分类

（1）训练 AI 芯片和推理 AI 芯片

AI 芯片根据它们在实践中的目标可分为训练 AI 芯片和推理 AI 芯片两类。图 2.19 对比了 AI 训练过程和推理过程对算力的需求特点。简单地说，AI 训练芯片要具有高性能、高存储能力和高通用性；AI 推理芯片要具有低功耗、实时性和定制化。

	AI训练	AI推理
	第一阶段	第二阶段
计算能力	数据吞吐量大 百亿或千亿参数 数据量级在TB~PB	数据吞吐量小
计算特点	密集计算	持续计算
计算时间	几天 几周 几个月	常态化 日常业务
反应速度	允许延迟	低延迟

图 2.19　AI 训练过程和 AI 推理过程对算力的需求对比

AI 训练环节通常需要通过输入大量的数据训练出一个复杂的深度神经网络模型。训练过程涉及海量的训练数据和复杂的深度神经网络结构，需要庞大的计算规模，对于处理器的计算能力、精度、可扩展性等性能要求很高。训练阶段对算力的需求主要来自三个方面：一是有大量的 AI 模型需要训练；二是 AI 模型变得越来越复杂，需要训练的参数往往达到百亿、千亿甚至万亿；三是用于训练的数据越来越大。在训练阶段，GPU 是需求量最大的 AI 芯片类型，这是由于 GPU 的海量并行计算能力。

AI 推理阶段不需要像训练阶段那样进行大量的矩阵运算和参数更新，但对于处理速度和能效比的要求却非常高。如在某些物联网应用中，由于推理过程需要在终端设备上持续运行，AI 芯片需要体积小、功耗低，并能够在低功耗下高效运行。随着 AI 应用的广泛落地和模型训练的逐步成熟，推理阶段的 AI 芯片市场正在迅速增长。预计未来几年内，推理芯片的需求将远远超过训练芯片。

AI 训练是"一锤子买卖"，而 AI 推理却在业务运转的每分每秒都要发生，且高频和长期存在。因此，随着 AI 在各领域的广泛应用，AI 推理需要的算力将比 AI 训练需要的算力大很多。正如吴恩达所言："人们低估了我们根本没有足够的计算能力来对基础模型进行推理"。另外，日常的 AI 推理工作需要高速读取和处理输入数据（如图像、视频、语音等），即推理需具备高效的数据吞吐能力和高速计算能力。例如，对一些需要实时响应的应用（如自动驾驶等），需要在毫秒级别甚至更短时间内完成推理过程，那么低延迟至关重要。这也是 AI 推理芯片与 AI 训练芯片的不同。

推理 AI 芯片作为人工智能领域的重要组成部分，正面临着巨大的发展机遇和挑战。随着技术的不断进步和市场的不断拓展，推理 AI 芯片产品将会在未来发挥更加重要的作用。英伟达、AMD 等数据中心 GPU 厂商以及谷歌、微软、亚马逊等海外云服务企业均在积极布局 AI 推理芯片市场。国产推理芯片的发展有助于提升国内 AI 产业的自主创新能力，满足日益增长的推理算力需求。

（2）云端 AI 芯片、边缘 AI 芯片和终端 AI 芯片

AI 计算一般是基于互联网组成的云计算、边缘计算和端计算组成的计算架构，如图 2.20 所示。根据 AI 业务的不同，计算可以放在云、边缘和端进行。云计算提供了强大的计算能力和灵活性，适用于大规模数据处理和复杂计算任务，例如，AI 训练阶段的计算就适合放在云端；边缘计算则注重低延迟、高可靠性和隐私保护，适用于需要快速响应和隐私保护的场景，例如，AI 推理阶段的计算就适合放在边缘端；端计算则强调独立性和实时性，适用于无网络环境下或隐私敏感的应用场景，例如，特斯拉的自动驾驶系统主要依赖于车载计算机和传感器来实现各种功能，不需要实时的网络连接。

AI 芯片按照它们在网络中的部署位置和应用场景可以分为云端 AI 芯片、边缘 AI 芯片、终端 AI 芯片。

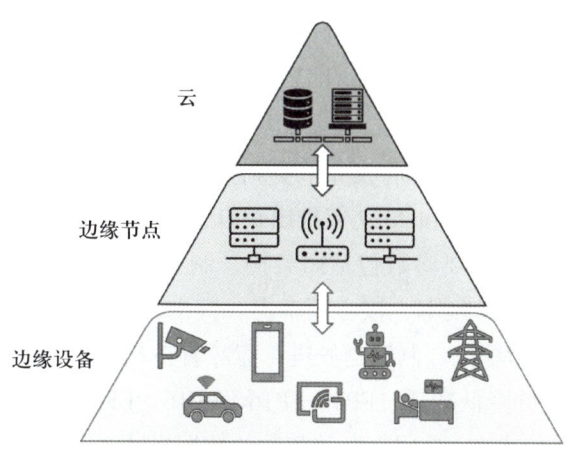

图 2.20　云计算、边缘计算和端计算示意图

① 云端 AI 芯片。主要用于云计算和数据中心等场景，为人工智能算法提供强大的计算和存储能力。通常具有高性能、高可扩展性、低延迟等特点。由于部署在数据中心，因此具备强大的计算性能和存储能力，能够处理大规模数据处理和训练任务。英伟达公司在云端 AI 芯片市场占据主流地位，其 GPU 凭借强大的并行计算能力、通用性以及成熟的开发环境，占据了大部分市场份额。然而，英伟达公司的 GPU 也存在高能耗和高昂价格等缺点。谷歌、寒武纪、海思等企业也在积极开发针对人工智能应用而专门设计的通用型智能芯片架构，这些架构在计算效率、性能功耗比等方面已达到行业先进水平。

② 边缘 AI 芯片。主要用于智能制造、智能家居、智能安防等需要实时响应的应用场景。通常具有低延迟、高可靠性、隐私保护等特点。边缘 AI 芯片允许在本地设备上进行数据分析和处理，避免了因传输到云端而产生的延迟和安全问题。英伟达公司在边缘智能计算市场也占据主要地位，但其市场份额主要来自其 GPU 产品。寒武纪公司和华为海思（昇腾）公司是较早进入该领域的中国代表性厂商，目前仍处于市场开拓阶段，但未来应用前景广阔。

③ 终端 AI 芯片。主要用于消费类电子和智能汽车等场景。具有较小的体积、低功耗和实时性要求。终端 AI 芯片设计用于嵌入式设备或移动设备，能够满足边缘推理和实时处理的需求。寒武纪公司在终端智能处理器 IP 市场较早实现了规模化应用，其 SoC 芯片出货量已经超过 1 亿颗。ARM、CEVA、Cadence 等厂商也提供终端智能处理器 IP，其中 ARM 公司和寒武纪公司的产品是专门针对智能计算设计的架构。

4. AI 芯片的代表

AI 芯片已经成为各国科技实力的重要标定物之一。

（1）美国 AI 芯片

目前独立 GPU 市场主要由英伟达、AMD 和英特尔三家公司占据。据 Hpcwire 援引半导体研究机构 TechInsights 最新公布的数据显示，2023 年全球数据中心 GPU 总出货量达到了 385 万颗，其中，英伟达公司以 98% 的市场份额稳居第一。

英伟达公司 1999 年发明的 GPU 图形计算不但重新定义了计算机图形技术，还开创了现代 AI 加速计算的新时代。这是英伟达公司对 AI 发展的贡献。2024 年 3 月 18 日，英伟达公司在加州圣何塞举行的 GTC 大会上展示了 Blackwell 新处理器。英伟达公司在发布 Blackwell 系列 GPU 后也表示将发布节奏调整为"一年一更"，计划在 2025 年进行推出升级款新品，并在 2026 年和 2027 年推出来自全新 Rubin 家族的新款 GPU。

评估 GPU 物理性能的主要参数包括微架构、制程、图形处理器数量、流处理器数量、显存容量 / 位宽 / 带宽 / 频率、核心频率等。其中，制程是指 GPU 集成电路的密集度，通常以纳米（nm）为单位。制程越先进，意味着在相同面积内可以集成更多的晶体管，从而可以提升性能并降低功耗。FP4、FP16、BF16、BF16、FP64 是多种不同的浮点数格式，用来存储实数，INT8 是用来存储整数的数据格式。petaOPS（peta operations per second）是衡量大规模并行计算系统性能的单位，表示每秒能够执行 1 000 万亿（10^{15}）次操作；teraFLOPS（TFLOPS）也是衡量计算能力的单位，代表每秒可以执行 1 万亿（10^{12}）次浮点运算。内存代表存力，带宽则代表运力。表 2.6 是英伟达公司最新的 GPU 芯片 B200、B100 和连接 GPU 的服务器主板的主要参数。

表 2.6　英伟达公司最新 GPU 的主要参数

参　数	型　号				
	GB200	B200	B100	HGX B200	HGX B100
配置	2x B200 GPU, 1x Grace CPU	Blackwell GPU	Blackwell GPU	8x B200 GPU	8x B100 GPU
FP4 计算	20/40 petaFLOPS	9/18 petaFLOPS	7/14 petaFLOPS	72/144 petaFLOPS	56/112 petaFLOPS
FP6/FP8 计算	10/20 petaOPS	4.5/9 petaOPS	3.5/7 petaOPS	36/72 petaOPS	28/56 petaOPS
INT8 计算	10/20 petaOPS	4.5/9 petaOPS	3.5/7 petaOPS	36/72 petaOPS	28/56 petaOPS
FP16/BF16 计算	5/10 petaFLOPS	2.25/4.5 petaFLOPS	1.8/3.5 petaFLOPS	18/36 petaFLOPS	14/28 petaFLOPS
TF32 计算	2.5/5 petaFLOPS	1.12/2.25 petaFLOPS	0.9/1.8 petaFLOPS	9/18 petaFLOPS	7/14 petaFLOPS
FP64 计算	90 teraFLOPS	40 teraFLOPS	30 teraFLOPS	320 teraFLOPS	240 teraFLOPS
内存	384 GB （$2 \times 8 \times 24$ GB）	192 GB （8×24 GB）	192 GB （8×24 GB）	1 536 GB （$8 \times 8 \times 24$ GB）	1 536 GB （$8 \times 8 \times 24$ GB）
内存带宽	16 TBps	8 TBps	8 TBps	64 TBps	64 TBps
NVLink 带宽	2×1.8 TBps	1.8 TBps	1.8 TBps	14.4 TBps	14.4 TBps
功耗	Up to 2 700 W	1 000 W	700 W	猜测 8 000 W	猜测 5 600 W

图 2.21 是英伟达公司示意的采用不同英伟达公司 GPU 芯片，使用 GPT-3 模型进行推理的性能情况，从中可以看出英伟达公司称 Blackwell 新处理器是新工业革命发动机的原因。Blackwell 的核心是通过将多个 GPU 芯片组合在一起，构建 AI 超级 GPU 计算集群。

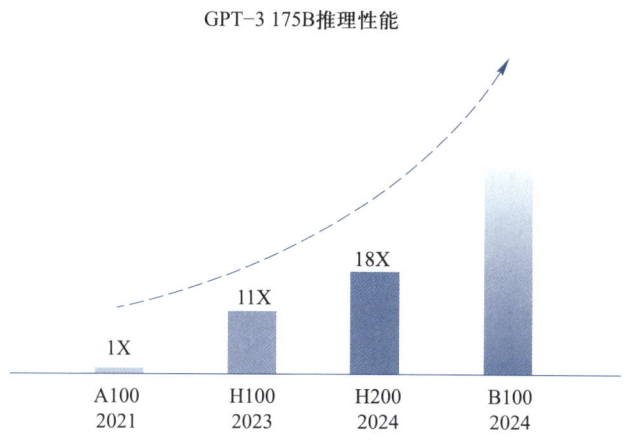

图 2.21　不同 GPU 推理性能对比

（2）我国 AI 芯片

国内的科技企业，如寒武纪、华为昇腾、摩尔线程、沐曦、壁仞科技等，尽管目前在硬件性能与 AI 生态方面与国际顶尖水平还有明显差距，但正在不懈地追赶。例如，图 2.22 是华为公司 Atlas 系列 AI 计算产品，构建了面向"端、边、云"的全场景 AI 基础设施方案，覆盖了深度学习领域推理和训练全流程。寒武纪公司最新发布的思元 370 芯片基于 7 nm 制程工艺，集成了 390 亿个晶体管，最大算力高达 256 TOPS。思元 370

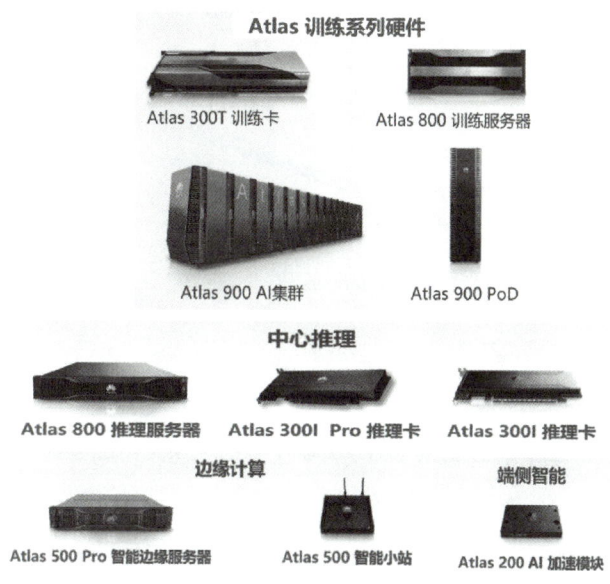

图 2.22　华为公司 Atlas 系列 AI 硬件产品

也是国内第一款公开发布支持 LPDDR5 内存的云端 AI 芯片。

AI 芯片产业是信息产业的核心，是引领新一轮科技革命和产业变革的关键力量。随着国产 GPU 计算能力的飞跃性增强及其生态系统建设的日益完善，加之政府与运营商对智能计算中心建设的深切关注与大力扶持，国产化的独特优势正日益凸显。这一趋势不仅为国内科技厂商开辟了前所未有的发展机遇，更为国产算力技术的长远发展铺设了宽广的道路。它不仅预示着国内厂商在全球科技竞争中的影响力将持续提升，也预示着国产算力将在未来智能化浪潮中占据更加重要的位置，为国家产业升级提供坚实支撑。

（3）我国 AI 芯片与全球领先水平的差距

从 AI 芯片来看，单一 GPU 性能及卡间互联性能是评价 AI 芯片产品优劣的核心指标。中国大陆产品在单芯片制程、架构优化方面努力追赶，在互联性能方面，各企业能力也得以逐步补齐。但目前国产产品在芯片制程、算力、存力和运力等方面依然与全球领先水平存在 2 ~ 3 年的差距。图 2.23 示意了这种差距。

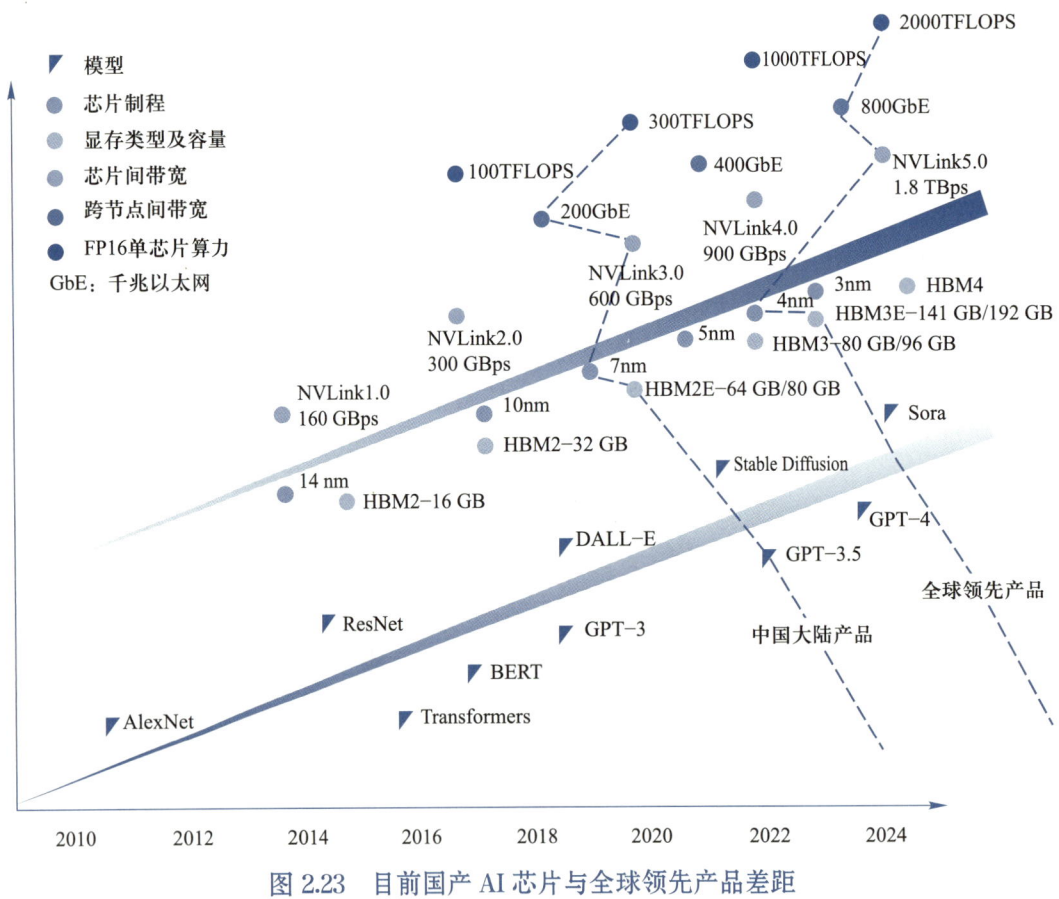

图 2.23　目前国产 AI 芯片与全球领先产品差距

（4）我国 AI 大模型使用算力的三种方案

目前，我国的 AI 大模型使用算力主要有以下 3 种方案。

① 华为鲲鹏和昇腾 AI 生态算力方案。这一派别完全基于华为公司自研的鲲鹏 CPU

和昇腾 AI 处理器，不使用英伟达 GPU，形成了独立的 AI 算力生态系统。

② 混合型算力方案。以英伟达 A100 芯片为主，结合 AMD、英特尔以及国产芯片如天数智芯、寒武纪、海光等，混合使用不同厂商的芯片和加速卡来优化 AI 大模型训练。

③ 租用性价比更高的服务器云算力。该方案主要通过租用云计算服务提供商的算力资源来补充算力不足，根据需求灵活调整，追求高性价比。

 **请思考**

AI 芯片产业是信息产业的核心，是引领新一轮科技革命和产业变革的关键力量。如何才能提高我国的 AI 芯片性能，缩小甚至赶超国际最先进水平呢？

2.3.2 并行计算架构层算力

开发人员最早编写的 AI 程序只能使用 CPU 进行计算，CPU 被迫执行了大量简单、重复的任务。拥有强大并行计算能力的 GPU 只能用于显卡的图像处理，其独特的硬件优势没有被充分利用。单纯靠 GPU 等 AI 芯片，还是无法自动实现大量数据的并行计算。这是因为，虽然 AI 的大部分工作适合在 GPU 上进行并行计算。但要实现任务的快速求解，需要重新编写程序将任务从 CPU 计算转移到 GPU 进行并行计算，这样才能达到使用 GPU 加速的目的。

并行计算架构层是一个并行计算软件平台，它的出现就是要解决这个问题。它是在用户的应用程序和 GPU 硬件之间架起一座桥梁，使得开发人员编写的代码能够在 GPU 上运行，充分利用 GPU 的并行计算能力。通过将程序中的复杂任务放在 CPU 上进行串行计算，大量简单任务放在 GPU 上进行并行计算，从而提高程序的整体运行效率。并行计算架构层的出现使得 GPU 强大的并行计算能力被广泛地应用于机器学习和科学计算等领域，不再局限于图像处理领域。

1. 英伟达的 CUDA

英伟达的 CUDA 平台，就像开发者的瑞士军刀，提供了从编译器到调试器，再到性能分析工具的全套解决方案。它通过高层次的抽象，简化了开发流程，降低了 AI 开发者进入的门槛。无论是在哪个操作系统上，无论是数据中心的庞然大物还是消费者手中的小巧设备，CUDA 都能提供一致的开发体验。这种一致性，加上丰富的库函数，不仅加速了算子的执行，也实现了 GPU 间的高效通信。目前全球安装的与 CUDA 兼容的 NVIDIA GPU 数量已经达到了数亿级别。

（1）CUDA 的软件架构

CUDA 平台为开发者提供了如图 2.24 所示的三层结构：CUDA 函数库、CUDA 运行时 API 以及 CUDA 驱动 API，开发者编写的应用程序可以通过这三部分结构来控制 GPU 进行计算操作。应用程序开发者开发一个使用 GPU 的程序，就好像要用乐高积木搭建出一座城市。CUDA 就好像是为搭建者提供 GPU 积木块产品的制造商。图 2.25 示意了用制造商提供的三种不同完成度的积木产品搭建城市的方法。CUDA 函数库就相当于已经拼装完成的房屋，搭建者不需要知道这些房屋是怎么拼装完成的，只需要用大量这些拼装好的房屋去快速构建出一座城市（应用程序）。CUDA 运行时 API 就相当于已经拼装完成的建筑部件，如屋顶、墙面等，这是完整房屋的一部分结构，搭建者可选用它们拼装出一栋栋自己想要的房屋，这给搭建者多个灵活的操作和选择空间。CUDA 驱动 API 是最基本的乐高积木，即最基础的拼装单元，搭建者可根据自己的想法用这些零件搭建任何想要的东西，一般是组成各种新型的房屋建筑部件，这给了搭建者最大的操作和选择空间。CUDA 平台的三层结构从上到下越来越接近具体技术细节部分，灵活性提高的同时，开发难度也依次增大。

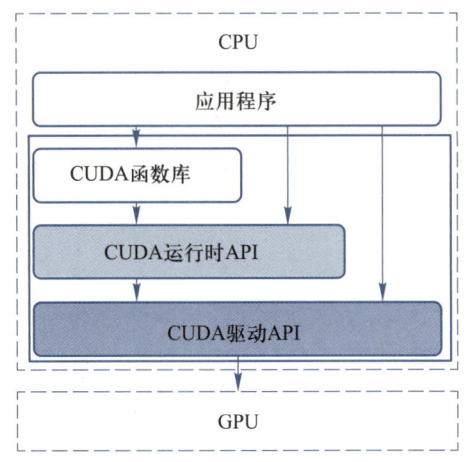

图 2.24　CUDA 的软件架构

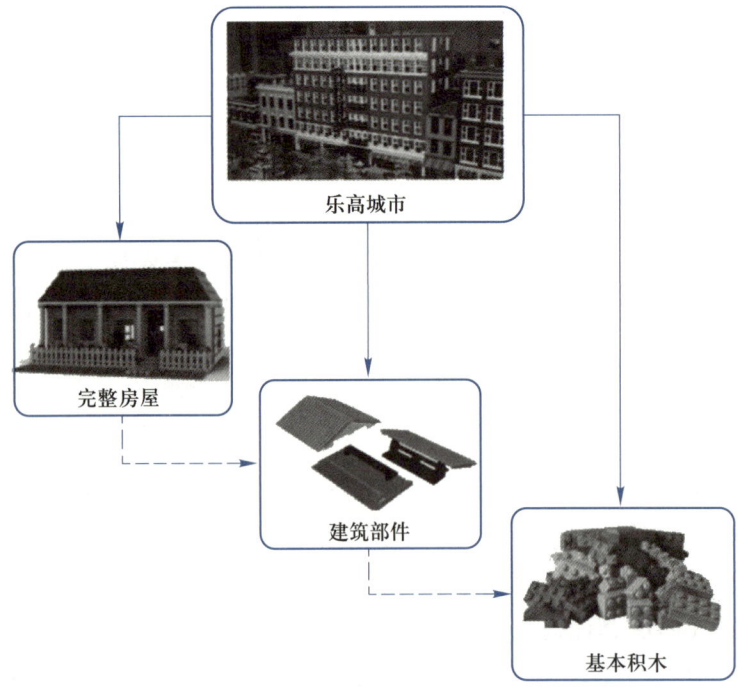

图 2.25　用乐高积木搭建城市房屋的方法

（2）加速库 CUDA-X

CUDA-X 库是一系列加速库和工具的总称，包含 CUDA-X 数据处理、CUDA-X AI 和 CUDA-X HPC 三个主要组成部分。它们像三个包含不同工具的工具箱，都有各自的作用与任务，能为使用者带来极大的方便，并更快地完成任务。

① CUDA-X 数据处理工具可以帮助开发者快速处理大量文本、表格、视频等数据，让海量数据变得更有分析与应用的价值。

② CUDA-X AI 可以加速人工智能和机器学习任务，我们所熟知的人脸识别、语音识别等应用都可以使用 CUDA-X AI 来完成模型的构建。TensorFlow、PyTorch 等主流 AI 框架都可以与 CUDA-X AI 结合使用，并利用 CUDA 的 GPU 加速能力让开发者更快速、更高效地完成模型的训练工作。

Pandas 是数据科学库。2024 年谷歌公司使用 CUDA-X AI 中的 cuDF 来加速 Pandas，图 2.26 是在 Google Cloud Platform（GCP）云平台上使用 cuDF 和不使用 cuDF 的对比，使用 cuDF 的速度得到了惊人的提升。

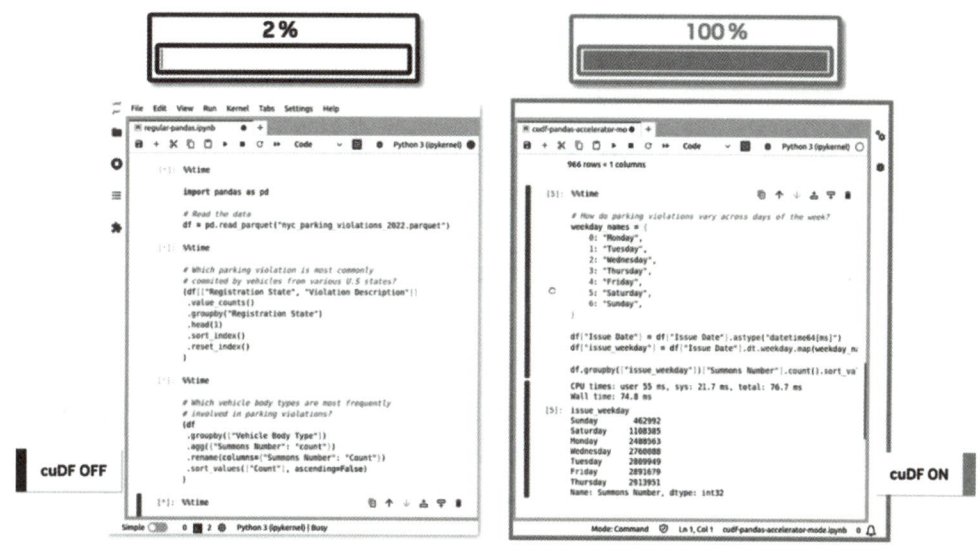

图 2.26　Google 使用 CUDA-X AI 中的 cuDF 来加速 Pandas

③ CUDA-X HPC 代表高性能计算，作用是加速特定领域的科学和工程计算。假如我们是乐高城市的市长，计划将一片区域用作医院，我们可使用制造商提供的预先设计好的医院主题积木套装快速搭建起一个医院院区。类似的，CUDA-X HPC 为生物科学、工程仿真、金融分析等诸多领域提供了各种各样的工具与解决方案，帮助开发者搭建和解决领域内的难题。

CUDA 平台的诸多优势以及 AI 的快速发展吸引了大量 CUDA 开发者，也为 NVIDIA 公司在 GPU 市场中建立了难以逾越的技术壁垒。

（3）CUDA 设置护城河

国产 AI 芯片以兼容 CUDA 为主。然而，在 CUDA 11.6 版本之后，CUDA 与英伟达硬件的深度绑定导致国内兼容 CUDA 的 AI 厂商再次面临发展的困局和挑战。华为公司的昇腾、燧原公司的燧思和算能公司的 TPU Lang 等 AI 芯片，则走了一条完全与 CUDA 不兼容的道路，有自己的全 AI 生态，不会被 CUDA "卡脖子"。

2. 华为公司的 CANN 和寒武纪公司的开发工具

华为公司的 CANN（compute architecture for neural networks，神经网络计算架构）是针对 AI 场景推出的异构计算架构。CANN 可以类比于英伟达公司的 CUDA，不过它们的底层硬件不同，CANN 主要面向昇腾 AI 处理器，CUDA 则面向英伟达公司的 GPU。

图 2.27 是华为异构计算架构 CANN 的构成。CANN 不仅提供了一套完整的软件栈，还构建了一个从硬件到应用层的全面优化框架，为开发者屏蔽底层处理器的差异，降低了开发门槛，降低了使用昇腾芯片开发应用的难度，同时又最大化 Ascend 系列 AI 处理器的计算效率。CANN 能够与主流的深度学习框架如 TensorFlow、PyTorch、和华为的 MindSpore 无缝集成，提供高效的模型训练和推理能力。另外，CANN 支持端侧、边缘侧和云端的全场景协同，只需一套应用代码即可在不同场景下运行。因此，CANN 在昇腾 AI 生态系统中扮演着至关重要的角色。

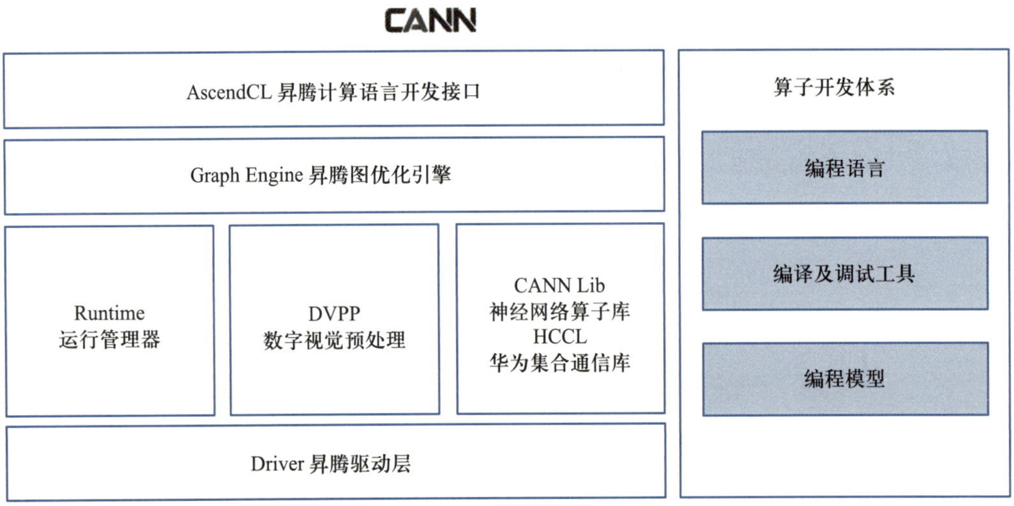

图 2.27　华为异构计算架构 CANN 的构成

寒武纪公司开发的基础软件平台整合了训练和推理的全部底层软件栈，包括底层驱动、运行时库、算子库以及工具链等，将 MagicMind 和人工智能框架 Tensorflow、Pytorch 深度融合，能够实现训练和推理一体化。图 2.28 是寒武纪公司的全 AI 生态。

总之，英伟达公司的 CUDA 已经拥有一个成熟且庞大的生态系统，包括大量的开发者、应用、工具和库以及广泛的行业支持，使其成为高性能计算和 AI 应用的主流选择。我国正在构建自己的生态系统，虽然生态系统还相对较小，但正逐步获得开发者和行业内的认可。

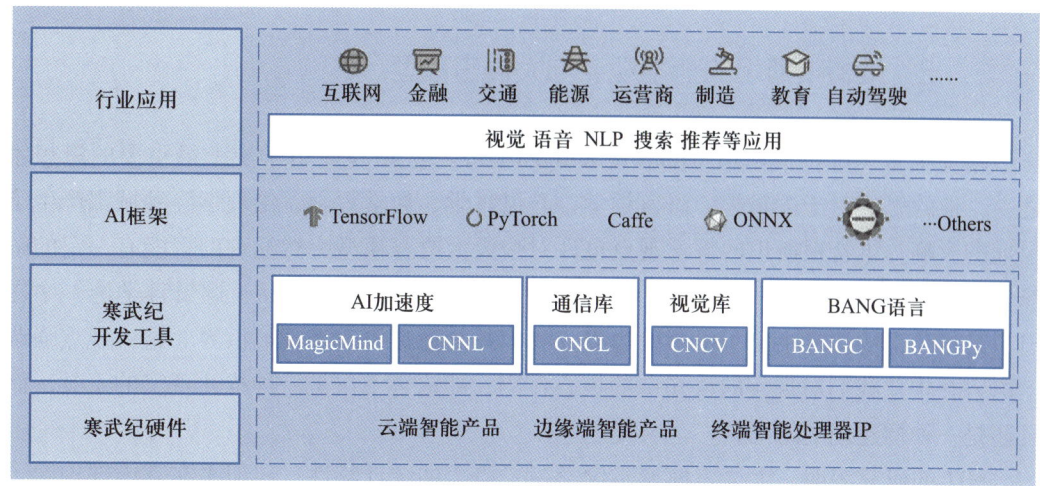

图 2.28　寒武纪公司的全 AI 生态

2.4　第三代人工智能和哲学视角下的 AI

2.4.1　中国发展第三代人工智能

正如"AI 教母"李飞飞教授所言，人工智能还处于"前牛顿时代"，还没有出现 AI 的牛顿定律。中国科学院院士、清华大学计算机系张钹教授提出了"中国发展第三代人工智能实现 AI 的思路"。他认为，从 1956 年到现在，人工智能经过了两代发展。前两代人工智能只能解决有限的问题，而且还存在着不安全、不可靠、不可信和不容易推广应用的缺点。为了克服这些缺点，他提出中国要发展第三代人工智能。在发展第三代人工智能中，我们实际上与世界水平差距不大，也可以说处于同一起跑线上，因此我们在未来的人工智能发展中，完全可以利用这个机会，掌握主动，进一步发扬创新精神，就有可能与世界一起共同推动人工智能的发展，做出重大贡献。

第一代知识驱动的 AI，利用知识、算法和算力 3 个要素构造 AI。第二代数据驱动的 AI，利用数据、算法与算力 3 个要素构造 AI。由于第一、二代 AI 只是从一个侧面模拟人类的智能行为，因此存在各自的局限性。为了建立一个全面反映人类智能的 AI，需要建立可解释的 AI 理论与方法，发展安全、可信、可靠与可扩展的 AI 技术，即第三代 AI。其发展的思路是，把第一代的知识驱动和第二代的数据驱动结合起来，通过同时利用知识、数据、算法和算力等 4 个要素，构造更强大的 AI。目前存在双空间模型与单一空间模型两个方案。为了实现第三代人工智能，张钹院士团队提出了三空间模型。

对人工智能理论感兴趣、愿意致力于回答"什么是人工智能？"的读者可尝试搜寻张钹院士的"迈向第三代人工智能"论文，并顺着张钹院士梳理的脉络去探索。

2.4.2 维特根斯坦的哲学观点与大语言模型

路德维希·维特根斯坦（Ludwig Wittgenstein）是 20 世纪哲学史上最重要的思想家之一，他的思想对于逻辑学、语言哲学、心灵哲学、数学哲学、伦理学等领域都产生了深远的影响。维特根斯坦的哲学观点也许对今天大语言模型突然涌现的智能有一定的解释作用。"语言即世界"的哲学观点，最早由维特根斯坦在其作品《逻辑哲学论》中提出，是指语言的边界决定了世界的边界，我们只能通过语言来理解世界。这一观点强调了语言在构建我们对现实的认知中的核心作用，即语言不仅是一种描述现实的工具，而且还是一种构建现实的工具。

MIT 的研究表明，大语言模型不仅学习了语言的统计特性，还似乎在其内部构建了关于世界的模型，能够进行空间和时间的预测，甚至在一定程度上能区分真理和谎言。这种能力的发现暗示了大语言模型在某种程度上模拟了人类的认知过程，即通过语言来理解和构建了世界的模型。这与维特根斯坦的观点相呼应，即语言是我们理解世界的工具。通过这些模型，我们可以更深入地理解语言如何塑造我们对世界的理解以及人工智能如何模拟这一复杂的认知过程。

然而，也有一些人认为大语言模型的上限可能已经到头了，原因是语言大模型的本质是一个概率自动机，数据梳理强调的是相关性，而不是因果性，因此语言大模型本质上就不具备推理能力。例如，语言大模型有时候会认为 9.11 大于 9.9，就是因为大部分情况下，11 大于 9，所以按概率，它得出了 9.11 大于 9.9 的结论，图 2.29 捕捉到了这个问题。

> **用户_FplKKd**
> 9.11和9.9谁大
>
> **ChatGLM** AI
> 9.11大于9.9。

图 2.29　大语言模型按概率给出错误答案（2024.7.23）

⚒ 请思考

> 在 2.1 节，曾请读者思考"一切的人工智能最后都以大语言模型的形式呈现"的话题。请读者继续思考，大语言模型只是一个概率自动机，还是大语言模型通过语言理解和构建世界模型，与维特根斯坦的"语言即世界"的观点相一致？大语言模型有没有上限？如果有，那么上限在哪里？

人工智能的序幕刚刚拉开，在数据、算法和算力驱动下的 AI 还处在"前牛顿时代"。正剧也正准备上演。基础研究是科技创新的源头，尤其在当前复杂多变的国际环境下，更需要提升我国的原始创新能力，取得更多源头性和颠覆性的突破，实现 AI 的赶超。

AI 能力篇

2

第3章

让 AI 更好地理解我
——学会与 AI 大模型对话

📖 **案例说明：**

按照 5E 步骤，解决让 AI 更好地理解我的问题。

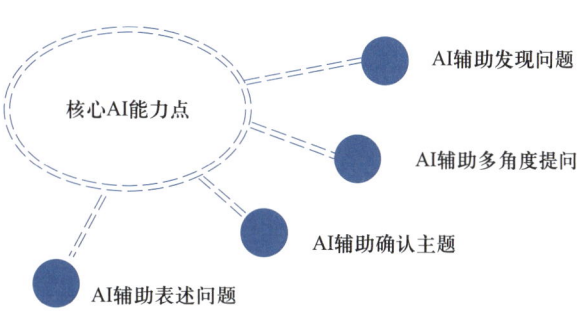

核心AI能力点

AI辅助发现问题

AI辅助多角度提问

AI辅助确认主题

AI辅助表述问题

3.1　Excitation——提出感兴趣的话题

作为一名大学生，我不仅致力于学业上的精进，也热衷于投身于多姿多彩的课外活动之中。羽毛球是我钟爱的运动，它不仅塑造了我强健的体魄，更是我释放压力、享受愉悦的重要渠道。此外，我对拍摄短视频充满热情，热衷于捕捉并记录生活中的每一个精彩瞬间。我还喜欢思考，常常琢磨生活中的各种现象是否能转化为值得探究的研究问题。总而言之，作为大学生，我渴望在学习与生活的细微之处，不断探索创新，追求真知。自从听闻了 AI 工具的存在，我不禁开始思考它是否能帮我解决以下问题。

① 帮助我学习。

② 帮助我拍摄短视频。

③ 帮助我买手机。

④ 帮助我按照提供的数据撰写市场分析报告。

⑤ 帮助我做英文翻译。

⑥ 帮助我通过生活的现象发现可以研究的问题。

带着这些疑问，我向它寻求答案。

我的问题：

请问，你能帮我通过生活的现象发现可以研究的问题吗？

文心一言的回答：

当然可以。以下是一些通过生活中的现象，我们可以进一步研究和探讨的问题。

① 智能手机使用与社交互动的变化：随着智能手机的普及，人们的社交行为是否发生了变化？智能手机是如何影响我们的社交习惯和人际关系的？

② 网络购物与实体店购物的对比研究：随着网络购物的兴起，消费者的购物习惯发生了哪些变化？网络购物和实体店购物在消费者体验、购物动机、购物决策过程等方面有哪些不同？

③ 健康饮食与慢性病的关系：随着现代饮食习惯的改变，慢性病（如肥胖、糖尿病、心血管疾病等）的发病率是否在上升？如何通过调整饮食结构来预防和控制这些慢性病？

……

尽管文心一言给出的选题回答全面且准确，但并未触及我真正感兴趣的内容，因此难以满足我的期望。这种情况在我向 AI 工具提问时屡有发生。那么，如何才能让 AI 工具更准确地理解我的意图，从而给出真正令我满意的答案呢？这是我要解决的问题。

⚒ **动手实践**

> 请在 AI 工具中提几个问题，看看是否满意它们的答案。

3.2 Exploration——探索发现问题本质

我常常思考，是什么原因导致 AI 工具经常无法给出我满意的答案呢？是因为我提出的问题本身就没有明确的答案吗？还是因为 AI 工具的能力尚不足以应对这些挑战呢？为了探寻答案，我向 AI 工具提出我的疑问，看看它能给出怎样的回应。

我的问题：

请问我向 AI 工具提问，为什么它经常不能给出我满意的答案？

Kimi 的回答：

AI 工具可能无法总是给出你满意的答案，这可能是由多种因素造成的。

① 理解能力：AI 可能无法完全理解问题的复杂性或隐含的意图，特别是当问题含糊或具有多重含义时。

② 信息限制：AI 的回答通常基于其训练数据和算法，如果问题需要特定领域的知识或最新信息，AI 可能缺乏足够的数据。

③ 技术限制：尽管 AI 技术在不断进步，但仍有一些问题可能超出了当前技术的处理能力。

④ 指令明确性：如果用户的指令不够明确或具体，AI 可能难以提供精确的回复。

⑤ 个性化需求：每个人的需求和期望都是独特的，AI 可能无法完全满足个别用户的个性化需求。

⑥ 交互方式：AI 的交互方式可能与人类不同，这可能导致沟通上的误解。

⑦ 反馈机制：AI 通常依赖于用户的反馈来学习和改进，如果用户没有提供足够的反馈，AI 可能无法及时调整其回答。

⑧ 伦理和合规性：AI 在回答问题时需要遵守一定的伦理和合规性标准，这可能限制了它在某些问题上的表现。

Kimi 给出的答案相当全面，它指出 AI 工具虽是基于海量文本数据训练的深度学习模型，能够深入理解文本含义、生成自然语言文本，并处理各种自然语言任务，但在面对模糊的提问时，可能会存在理解上的困难。

因此，AI 工具无法给出让我满意答案这个问题的本质是我没有与其进行有效沟通，没有使 AI 工具更好地理解我的具体需求和真实意图。

请思考

如果 AI 工具给你的答案不满意，请分析是由于 Kimi 给出原因中的哪一项呢？

3.3　Enhancement——拓展学习
求解问题必备的知识和能力

如何让 AI 工具更好地理解我呢？我来向 AI 工具咨询一下。

> **我的问题：**
> 请问我怎么更好地和你沟通，得到符合我的期望的答案呢？
> **通义千问的回答：**
> 与 AI 助手有效沟通并获得满意答案的关键在于清晰、具体和直接地表达你的需求。以下是一些建议，可以帮助你更好地与我交流。
> ① 明确提问：尽量用简洁明了的语言提出你的问题或请求。避免使用模糊不清的表述，这样我可以更快地理解你的意图。
> ② 提供上下文：如果你的问题涉及特定的情景或背景信息，请提供足够的上下文。这有助于我更准确地理解问题的环境，从而给出更相关的回答。
> ③ 分步骤提问：如果你有一个复杂的请求或一系列相关问题，尝试将其分解为几个简单的部分，逐一提问。这样可以让沟通更加顺畅，避免信息过载。
> ④ 具体化要求：如果你对回答的格式或内容有具体要求（例如，需要数据、实例、步骤说明等），请在提问时明确提出。这可以帮助我更精准地满足你的需求。
> ⑤ 反馈与调整：如果初次回答未能完全满足你的需求，不要犹豫，告诉我哪里不够理想或需要补充什么。我可以根据你的反馈进行调整，直至你满意为止。
> ⑥ 使用关键词：在提问中使用关键词可以引导 AI 理解问题的核心，从而提供更准确的回答。
> ⑦ 耐心等待：虽然我尽力快速响应，但有时生成详细的回答需要一点时间。请耐心等待，我会尽快给你答复。

⑧ 确认与追问：如果我对你的问题理解正确，通常会直接回答。但如果需要确认某些细节，我会先询问以确保回答的准确性。请随时补充信息或追问，直到你获得满意的解答。

这个回答启发了我，我在各个 AI 工具中不断尝试，用类似的问题寻找答案，最终总结了以下几点与 AI 工具有效沟通的方法。

（1）明确地提问

确保问题具体、清晰，避免模糊或过于宽泛的表述，通过在问题中明确以下关键点来确保获得高质量的输出。

① 要清晰界定任务和目标，以便 AI 工具能够准确理解你的需求。

② 应详述任务的背景和限制条件，为 AI 工具提供充分的上下文信息。

③ 确定所需的语言风格和语气，以保证输出的文本与你的期望相符。

④ 指明期望的输出格式，以便 AI 工具能够按照你的要求结构化地呈现信息。

（2）适当引入上下文信息

为问题提供必要的背景或上下文，帮助 AI 工具更好地理解问题背景。

（3）提供结构化数据

如果可能，以结构化的形式提供输入数据，便于 AI 工具更准确地理解和处理。

（4）提供输出示例

给出期望的输出示例，帮助 AI 工具更准确地把握需求。在向 AI 工具提问时，可以在问题中加入一个或多个输出示例。这些示例能够引导 AI 工具按照我期望的格式或风格进行输出。这种提供示例的方法，能够显著提升 AI 工具对任务的理解和执行能力。

（5）持续地反馈和迭代

根据 AI 工具的初步回答进行反馈，通过不断迭代优化答案。

✕ 扩展学习

请选择 AI 工具，并向它提问——请详细介绍什么是提示词以及撰写提示词的主要方法和技巧。

3.4 Execution——动手解决问题

有了方法之后，AI 工具就可以帮助我解决学习生活中的 6 个问题了。

3.4.1　明确的提问

【问题 1】AI 工具能帮助我的学习吗？

作为一名大学生，我希望 AI 工具能在学习上给予我帮助，我向 AI 工具提问。

> **我的问题：**
>
> 作为大学生，AI 工具如何帮助我的学习？
>
> **文心一言的回答：**
>
> 作为大学生，AI 工具在多个方面都能显著帮助你的学习，以下是一些具体的方式。
>
> 1. 个性化学习路径
>
> AI 可以根据学生的学习习惯、能力和兴趣，提供个性化的学习路径和推荐资源。这有助于学生更加高效地掌握知识，减少在无效信息上浪费时间。
>
> 2. 智能笔记与复习系统
>
> 借助 AI 技术，学生可以使用智能笔记应用来自动整理课堂笔记、重点标记和生成复习资料。这些工具还能通过算法分析学生的学习进度，提醒他们及时复习并调整学习策略。
>
> 3. 时间管理与任务规划
>
> AI 日程管理工具可以帮助学生制定合理的学习计划，设置优先级，并跟踪任务完成情况。这对于提高时间管理能力和保持学习节奏至关重要。
>
> ……

这个问题，文心一言给出了完备而恰当的回答。我分析一下，是因为我的问题根据 3.3 节中的方法第一条明确提问中的关键点①，清晰地表明了我的大学生身份和帮助我学习的任务需求。

但是我发现这是一个针对全体大学生的通用性建议。我希望得到一些更加具体、贴合我个人情况的解决方案。为了获得更精准的答案，我在追问中进一步细化我的需求，增加背景信息，以便 AI 工具能够给出更适合我的建议。

> **我的追问：**
>
> 作为历史学院大学生，AI 工具如何帮助我的学习？
>
> **文心一言的回答：**
>
> 作为历史学院的大学生，AI 工具可以在多个方面帮助你的学习，以下是一些具体的帮助方式。
>
> 1. 个性化学习资源推荐
>
> 定制学习计划：AI 可以根据你的学习进度、兴趣点和掌握程度，为你量身定制

历史学习资源和计划。这有助于你更有效地分配学习时间，专注于自己的薄弱环节。

精准内容推送：通过分析你的学习行为和偏好，AI 能够推荐相关的历史文献、学术论文、在线课程等，帮助你拓宽知识面，深入探索感兴趣的历史领域。

2. 高效信息检索与分析

快速搜索：利用自然语言处理技术，AI 可以快速搜索和筛选出相关的历史资料和文献，节省你查找资料的时间。

信息提取与总结：AI 能够从大量历史文献中提取关键信息，并生成简洁明了的总结，帮助你快速掌握历史事件和人物的背景、细节及关联。

……

这是 AI 工具给出的回答，可以看出它提供了针对历史这个专业的回答。根据 3.3 节中的方法第一条明确提问中关键点②，增加"历史学院"这一专业限制条件，使我成功引导 AI 工具给出了更加具体的建议。

虽然已经获得了诸多宝贵建议，但建议不等于实践，我亟须制定一个详尽且切实可行的行动计划。这个计划将详细规划我如何逐步采纳并有效利用这些建议，以便在学习道路上迈出更加坚实和高效的步伐。我再次追问。

我的追问：
请列出详细的实施方案。
文心一言的回答：
作为历史学院的大学生，AI 工具可以在多个方面为你的学习提供有力支持。以下是一个具体方案，展示了如何利用 AI 工具优化你的历史学习过程。

……

2. 高效信息检索与整理

快速搜索历史资料：

利用 AI 工具的自然语言处理功能，快速搜索和筛选出相关的历史资料和文献。

使用 AI 的语义搜索技术，找到与你研究主题最相关的资料。

信息提取与总结：

让 AI 从历史文献中提取关键信息，如事件、人物、时间线等。

使用 AI 生成简洁明了的内容摘要，帮助你快速掌握历史事件的背景和细节。

……

我观察 AI 给出的回答，给出了很具体的措施。我想原因是我根据 3.3 节中的方法明确提问中的关键点④，明确了输出形式为实施方案，引导 AI 工具给出具体要做哪些事情。

在探索中，我发现明确的提问确实能够引导出理想的回答，接下来我会在提问中把关键点都陈述清楚。我尝试全面的提问，看看 AI 工具如何回答。

我的问题：

作为一个历史学院大一的新生，AI 工具如何帮助我的学习，请给出实施方案。请以表格的方式输出。

文心一言的回答：

以下是一个以表格形式呈现的实施方案，旨在展示 AI 工具如何帮助历史学院大一新生进行学习。

实施步骤	具体行动	AI工具的应用
1. 目标设定	确定本学期的学习目标，如掌握特定历史时期的知识	使用AI工具进行目标设定和分析，确保目标的合理性和可衡量性
2. 现状分析	利用AI工具进行个人学习现状的分析，包括历史知识掌握程度等	通过AI工具的问卷调查、在线测试等功能，获取个性化的学习现状分析
3. 资源推荐	让AI工具根据学习目标和现状，推荐适合的历史文献等学习资源	AI工具根据用户需求和学习偏好，提供个性化的学习资源推荐
4. 学习计划	制定详细的学习计划，包括每日或每周的学习任务和时间安排	使用AI工具生成定制化的学习计划，确保学习的有序进行
5. 高效学习	利用AI工具提供的沉浸式学习体验，加深对历史事件的理解	通过AI工具的虚拟仿真场景、增强现实技术等，提升学习体验
6. 信息处理	使用AI工具进行信息提取和文献综述，提高研究效率	AI工具帮助用户从大量历史文献中提取关键信息，生成摘要或笔记
7. 实践活动	参与历史研究小组或项目，利用AI工具进行数据挖掘和可视化	AI工具提供数据挖掘和可视化功能，支持用户的研究项目
8. 获取反馈	向老师、同学或AI工具提交学习成果，获取反馈和建议	AI工具提供学习报告和自测试功能，帮助用户评估学习效果
9. 调整计划	根据反馈和学习进展，及时调整学习计划和方法	AI工具根据用户的学习数据和反馈，提供个性化的学习调整建议
10. 总结反思	在每个学习阶段结束时进行总结和反思，思考如何更好地利用AI工具	AI工具提供学习分析和建议功能，帮助用户总结学习经验并优化学习方法

AI 工具很好地帮助我解决了问题 1，以表格这种清晰的方式，告诉我做什么、怎么做、AI 工具如何帮助我做。太有可行性了！

当然 AI 工具不仅能帮助我学习，还可以帮助我发展兴趣爱好。

【问题 2】AI 工具能帮助我制作短视频吗？

今天，我目睹了一个男孩在餐厅不慎撞伤膝盖的情景，这启发了我以此为素材创作一期短视频。为了有效地传达这一故事，并引导观众的情感共鸣，我将精心编写一份脚本。众所周知，语气的选择对于传达同一件事情的情感和意义有着至关重要的影响。所以在寻求 AI 工具帮助时，根据 3.3 节中的方法第一条明确提问中关键点③，我明确指出脚本的语气要求，以确保最终得到的答案能够符合我预期的短视频风格。

> **我的问题：**
>
> 今天，我看到一个男孩在餐厅撞伤了膝盖，我想以此为素材做一期短视频，我要如何编写脚本呢？请以幽默的语气编写脚本。
>
> **文心一言回答：**
>
> 【视频标题】：《餐厅奇遇记：膝盖与地面的"亲密接触"》
>
> 开场画面：
>
> （镜头对准餐厅一角，欢快的背景音乐响起）
>
> 旁白（轻松幽默的语气）："在这个看似平静的午后，餐厅里正上演着一场意想不到的'冒险'。接下来，让我们一起见证这场膝盖与地面之间的'浪漫邂逅'。"
>
> ······

AI工具的回答提供了脚本的初稿，给出了很多细节，符合我对语气的期望。

同时我在思考，在乐观面对问题的同时，我是不是也应该关注儿童的安全问题呢？如果我以严肃的态度看待这件事情，能拍出截然不同的视频吗？我尝试调整提问语气，看看AI工具是否能给出我预期的效果。

> **我的问题：**
>
> 我今天看到一个男孩在餐厅撞伤了膝盖，我想以此为素材做一期短视频，我要如何编写脚本呢？请以严肃的语气编写脚本。
>
> **文心一言回答：**
>
> 【视频标题】："餐厅安全警示：一次意外的膝盖撞伤"
>
> 开场画面：
>
> （镜头对准餐厅的繁忙景象，背景音乐选择沉稳、引人注意的旋律）
>
> 旁白（严肃的语气）："在这个繁忙的餐厅里，每一刻都可能发生意想不到的事情。今天，我们将关注一次小小的意外，它提醒我们，安全无处不在，需要时刻警惕。"
>
> ······

AI工具的回答调整了整个脚本的基调，符合我的预期。AI工具确实给我的短视频拍摄工作提高了效率，给出了我没有考虑到的细节提示，成功帮我解决了问题2。

3.4.2 适当引入上下文信息

【问题3】AI工具能帮助我买手机吗？

我的手机出了些故障，所以我打算购置一部新手机。我听闻小米手机在性价比方面表现出色，因此想要详细了解一下。我想向AI工具咨询有关小米手机的详细信息，希望能得到全面的解答。

> **我的问题:**
>
> 请列出小米的优点和缺点。
>
> **文心一言的回答:**
>
> 小米是一家中国知名的科技公司,以其智能手机、智能家居设备和生态系统而闻名。以下是小米产品和服务的一些优点和缺点。
>
> 优点:
>
> 性价比高:小米的产品通常具有较高的性能价格比,相比同类产品在相同价位上配置更高,为消费者提供了更多的选择。
>
> ……

我发现文心一言会把我问题中的小米理解成小米公司或者小米品牌,不是我想要的答案。我想到 3.3 节中的方法中的第二条——提供上下文信息,再次提问。

> **我的追问:**
>
> 我以前用的是苹果手机,现在想换一部新的手机,请列出小米的优点和缺点。
>
> **文心一言的回答:**
>
> 如果你之前使用的是苹果手机,现在考虑换一部小米手机,以下是对小米手机的优点和缺点的详细分析。
>
> 小米手机的优点
>
> 高性价比:
>
> 小米手机以其高性价比著称,相比同等配置的其他品牌手机,小米手机通常能以更低的价格提供相似的性能和功能,这对于预算有限的消费者来说是一个很大的吸引力。
>
> 强大的硬件配置:
>
> 小米手机通常搭载高端处理器、大内存和高速存储等硬件配置,这使得小米手机在运行大型应用程序、游戏和多任务处理时表现出色,保证了流畅的用户体验。
>
> ……

这时文心一言就会根据上下文信息理解提问中的小米,指的是小米手机,它准确理解了我的查询意图,并提供了详尽的小米手机相关信息。借助它的帮助,我深入了解了小米手机的优势与不足,这为我做出明智的购买决策提供了有力支持,它帮助我解决了问题 3。

3.4.3　提供结构化数据

【问题 4】AI 工具能帮助我写市场分析报告吗?

我对新能源汽车很感兴趣,我按照自己关注的角度收集了一些相关数据,我想用 AI

工具帮助我根据这些结构化的数据撰写一份市场报告（注意：本例中的数据为虚构）。

我的问题：

请根据以下数据，撰写一份关于中国新能源汽车行业的市场分析报告，字数1 000字左右。结构化数据如下。

统计数据	2023 年	2024 年预测
新能源汽车销量（万辆）	678	800
市场占有率（%）	25	30
充电桩数量（万个）	150	180
平均电池续航（公里）	400	450
新能源汽车品牌数量	50	55
政府补贴（亿元）	100	120

文心一言的回答：

中国新能源汽车行业市场分析报告

......

二、市场概况

1. 销量增长显著

根据表3.1数据，2023年中国新能源汽车销量达到678万辆，显示出强劲的市场需求。预计2024年销量将进一步增长至800万辆，增长率超过18%，这表明中国新能源汽车市场正处于高速发展阶段。

2. 市场占有率提升

市场占有率方面，2023年中国新能源汽车市场占有率达到25%，较往年有显著提升。预计2024年该比例将增至30%，显示出新能源汽车在整体汽车市场中的地位日益重要。这一趋势反映了消费者对新能源汽车接受度的提高以及政策推动的成效。

......

我注意到AI工具会参考所提供的结构化数据，根据表格中第1列的6个主题，从6个方面综合对比两年的数据变化撰写市场分析报告，我只需稍加修改，就完成了我自己视角的分析报告，成功解决了问题4。

通过这次尝试，我发现向AI工具提出问题时，如果提供结构化数据，例如表格、列表或者关键事实点等这些具有明确结构和组织的信息，能够有效地帮助AI工具更好地理解和组织相关信息。通过这种方式，我能够更清晰地传达我的查询意图，从而提高AI工具回答问题的准确性和效率。

3.4.4　提供输出示例

【问题 5】AI 工具能帮助我翻译吗？

英语老师布置作业，让我翻译文章，我想这正好是 AI 工具擅长的。我向它提问。

> **我的问题：**
> 请帮我翻译 She likes the book "Gone with the Wind."
> **文心一言的回答：**
> 她喜欢《飘》这本书。

翻译没问题，但是由于作业中引用了众多英文著作，我希望在翻译过程中能保留这些著作的英文名称。我尝试 3.3 节中的方法中的第四条——在提问时给出示例，引导 AI 工具按照我期望的固定格式输出翻译内容。

> **我的提问：**
> 请注意引号内的英文不翻译。例如，He said, "I love reading books".翻译为，他说，"I love reading books"。
> 现在，请翻译下面的句子：She likes the book, "Gone with the Wind"。
> **文心一言回答：**
> 她喜欢这本书，"Gone with the Wind"。

文心一言充分理解了问题中对输出格式的具体要求，解决了问题 5。

3.4.5　持续的反馈和迭代

【问题 6】AI 工具能帮助我通过生活的现象发现可以研究的问题吗？

作为一名羽毛球爱好者，我希望能买到性价比最高的羽毛球并分享给大家。我分析了一下自己的购物行为：在购物网站上浏览时，我通常会先搜索"羽毛球"，然后按品牌或销量进行筛选，接着通过查看商品的评价来找到性价比高的选项。然而，面对海量的商品、众多的品牌和繁复的评论，做出一个满意的购物决策往往耗时费力。我不禁思考，AI 工具是否能利用其处理大量信息的能力，帮助我更高效地筛选和选择商品，从而让购物决策变得更加轻松和明智呢？

> **我的问题：**
> 如何买到性价比高的羽毛球呢？

文心一言回答：

要买到性价比高的羽毛球，可以考虑以下几个方面。

① 明确需求与预算……

② 选择合适的材质……

③ 关注飞行稳定性与耐打性……

④ 挑选合适的品牌与型号……

⑤ 实地试打与比较……

⑥ 关注促销活动与优惠信息……

这个回答完全正确，但是对普通消费者，除了推荐品牌有参考作用，其他内容都没有什么作用。我想，这个答案给出了品牌材质等信息，但是没提到商品评论，我在追加问题中反馈给它。

我的追问：

我想使用 AI 工具，利用购物网站大量评价，买到性价比最高的羽毛球。

追问后 AI 工具给出的答案和之前回答差别不大。我考虑了一下，目前的 AI 工具还不会去读取网站上的评价数据，所以不能根据评价进行回答。直接提问不能有效沟通，如果我提供一些数据，AI 工具能发挥它强大的数据分析能力，更好地完成我的诉求吗？为此，我爬取了购物网站上大量的评价数据。我的问题变成：智能工具能否利用这些丰富的数据，帮助我更高效地分析和选择商品，从而完成购物决策呢？

我的问题：

我爬取了购物网站上大量的羽毛球的评价数据，AI 工具能帮我买到性价比高的羽毛球吗？

文心一言的回答：

当你已经爬取了网上大量的羽毛球评价数据时，智能工具确实可以帮助你分析这些数据，从而辅助你购买到性价比高的羽毛球。以下是如何利用智能工具和评价数据来做出购买决策的步骤。

数据清洗与整理：

使用智能工具对爬取的评价数据进行清洗，去除重复、无效或错误的信息。

将数据整理成结构化格式，便于后续的分析和比较。

情感分析：

利用智能工具进行情感分析，识别评价中的正面、负面或中性情感。

统计各类情感的比例，了解用户对产品的整体满意度。

关键词提取：

通过智能工具提取评价中的关键词，如"耐打""性价比""飞行稳定"等。

分析这些关键词的频率和上下文，了解用户对产品的具体评价和关注点。

性价比评估：

结合产品的价格信息和用户评价，利用智能工具计算性价比指数。

性价比指数可以综合考虑产品的价格、性能、用户满意度等多个因素。

品牌与型号分析：

统计不同品牌和型号羽毛球的评价数据，了解各品牌和型号的优势和劣势。

利用智能工具进行可视化展示，便于直观比较不同产品的性价比。

购买决策支持：

根据性价比指数、用户满意度和品牌型号分析，智能工具可以给出购买建议。

你可以根据这些建议，结合自己的需求和预算，做出最终的购买决策。

这次的回答相当有建设性，有了科学研究的感觉，它不仅为我指出了研究工作的整体路径（包括数据的爬取、整理与分析），还具体列出了数据分析的多个方向，如情感分析、关键词提取分析、品牌和型号分析以及性价比评估等。我不禁思考，如果我按照 AI 工具提供的方式开展研究，这个研究能不能扩展到多种商品呢？

我再次修正问题，提问既明确爬取了数据，又强调了科学研究的意图，期待 AI 工具能给出具有启发性的回答。

我的追问：

我收集了很多羽毛球的网络评价信息，我可以用这些数据做哪方面的研究？

文心一言的回答：

你收集的大量羽毛球的网络评价信息可以用于多个方面的研究，以下是一些可能的研究方向。

品牌与产品分析：分析不同品牌羽毛球在用户评价中的表现，比较各品牌的优缺点。研究用户对特定品牌或型号的偏好和满意度。

性价比评估：结合产品价格和用户评价，评估各品牌羽毛球的性价比。分析性价比与用户购买意愿之间的关联。

消费者行为研究：探究消费者在购买羽毛球时的决策过程，包括信息搜索、品牌选择、价格敏感度等。分析消费者对不同品牌和型号羽毛球的接受度和忠诚度。

……

AI 工具给出了很多商品研究的方向，我发现在文心一言持续的反馈和迭代后，我获得了许多明确且有价值的建议。经过深思熟虑，我决定选择自己特别感兴趣的方向，开展一些深入的科学研究工作。于是，在 AI 工具的辅助下，我成功地将平时的兴趣爱好转化为科学问题《电商平台商品评论情感分析与营销策略研究——以羽毛球为例》。这个选题旨在通过分析电商平台上的羽毛球商品评论，探究消费者的情感倾向，并进一步探讨其对营销策略的潜在影响。

总体而言，与 AI 工具的交流可能需要经过一定的时间和多次尝试，才能获得令人满意的结果。这种互动不应当是单向的，而是需要通过不断的反馈和迭代来改进沟通质量。我们应当根据 AI 工具的输出，及时精准地提供反馈，帮助其不断优化，以更加精准地贴合每位用户的独特需求与个性化偏好的关键。

3.5 Evaluation——评价与反思

通过 AI 工具的辅助，我成功制定了个性化的学习计划，购买了新的手机，构思了新的短视频脚本，撰写了有个人视角的市场分析报告，完成了翻译作业，也将日常的爱好——喜欢打羽毛球并具备购买羽毛球的经验，转化为了一项具有科学价值的工作选题：《电商平台商品评论情感分析与营销策略研究——以羽毛球为例》。

在解决问题的过程中，我不断地和 AI 工具交互，尝试新的方法，让它更好地理解我，获得了一些经验。在这个过程中，我深刻体会到了 AI 工具在数据处理和分析方面的强大能力以及它如何能够帮助我们更深入地理解和解决问题。

在智能时代，与 AI 工具的协同工作已经成为我日常不可或缺的一部分。我认为在这种协同工作中取得更高的效率和更好的效果，不断学习和掌握撰写有效提问的方法至关重要。虽然我已经掌握了与 AI 工具有效沟通的方法，但随着 AI 工具的不断发展和更新，提问的方法也需要不断地适应和变化。因此，我将保持一种开放和进取的心态，时刻关注最新的技术动态和最佳实践，以便及时调整和优化自己的提问策略。

✖ 动手实践

请练习一下，使用 AI 工具帮你制定自己的学习计划。

第4章

"现场招生咨询"的必要性研究
——AI 辅助确认研究主题和研究计划

📖 **案例说明：**

按照 5E 步骤，在 AI 的协同下，针对一个感兴趣的话题"高校是否有必要花大力气进行现场招生咨询"，确定一个要进行深入研究的主题并设计出具体的研究方案。

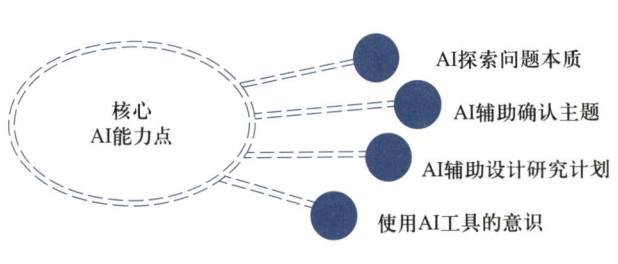

核心
AI能力点

AI探索问题本质

AI辅助确认主题

AI辅助设计研究计划

使用AI工具的意识

4.1 Excitation——提出感兴趣的话题

今年的高考志愿填报工作刚刚落下帷幕。作为一名即将步入大二的学生，我深刻体会到了高考对于学生和高校的重要性。一年一度的现场招生咨询，不仅牵动考生，更是高校选拔优秀学生的关键时期。

今年，我有幸作为学生志愿者参与了高考咨询工作，亲眼见证了学校对此的重视程度——校长亲自领导，各学院负责不同省市，领导和教师们亲自前往现场为学生和家长提供咨询服务。

去年，我作为一名考生，也曾参加过这样的咨询会，感受到了来自各高校的热情，认为这种方式非常贴心。然而，经过一年的大学生活和参与高考咨询的经历，我开始思考一个问题：在信息如此发达的今天，高校是否还有必要投入如此巨大的精力和资源进行现场招生咨询？

随着互联网的普及和信息获取的便捷，学生们可以轻松地在线上获取到他们想要了解的几乎所有信息。现场的招生咨询往往变成了对网上信息的重复。高校间有时甚至会出现为了争取优秀生源而进行的过度竞争，这让我感到不安。我也观察到，高考成绩并不是衡量一个学生是否优秀的唯一标准，大学里的学习情况与高考成绩并不完全对应。此外，我深信，大学的根本使命在于培养出优秀的学生，一个能够培养出大量优秀毕业生的学校自然能够吸引更多的考生。

因此，我开始思考，我国高校是否应该重新审视其招生咨询的策略，将更多的资源投入到提高教育质量和学生培养上，而不要在招生季节进行激烈的竞争。

基于这些观察和思考，我想要深入研究一个问题：在信息发达的今天，高校是否还有必要花大力气进行现场招生咨询？这个问题可能牵涉到教育理念、资源配置、信息传播等多个方面，我应该如何系统地开展这个研究，以便为高校的招生策略提供有益的建议呢？

4.2 Exploration——探索发现问题本质

当前的主要研究问题已经明确，但随之而来的挑战是如何针对这一问题展开深入研究。作为一个没有任何研究经验的人，我感到很困惑。因此我寻求 AI 的帮助，期待它能为我提供专业的指导和建议。

> **我的问题：**
>
> 我有一个想要研究的问题，但在此之前我并没有任何研究经验。你能给我一些建议，告诉我如何开展研究工作吗？
>
> **ChatGLM-4 的回答：**
>
> 当然可以。进行研究时，**根据问题确定研究主题**是非常重要的，因为这将帮助你明确研究方向，聚焦关键问题，并理解研究的意义和价值。通过对问题的深入理解，你可以更好地理解研究的背景，形成具体的研究问题，为后续的研究工作提供指导。
>
> 同样地，**根据研究主题确定对应的研究方案也是至关重要的**。研究方案为你的研究提供了一个详细的路线图，指导你如何进行研究的每一步。它可以帮助你更高效地利用资源，避免无效的工作，并应对研究过程中可能出现的各种挑战。在研究方案中，你需要选择合适的研究方法，设计详细的研究流程，并考虑实施的可能性，包括所需资源的可获得性、研究的伦理考量以及可能遇到的风险和挑战。
>
> 综上所述，根据问题确定研究主题和根据研究主题确定对应的研究方案是进行研究的基础和关键步骤。它们为你的研究提供了明确的方向和详细的操作指南，有助于你更有效地进行研究工作。

AI 的建议非常中肯且具有指导性。在开展研究之初，我们需要明确两个核心步骤：首先是基于问题确立研究主题，其次是围绕研究主题制定具体的研究计划。这两个步骤为我们的研究工作提供了明确的方向和具体的操作指南，有助于我们更加高效地进行科学研究。

在 AI 的指导下，我明确了我现在要解决的本质问题如下。

① 聚焦一个最感兴趣的研究主题。

② 制定具体的研究计划。

4.3 Enhancement——拓展学习
求解问题必备的知识和能力

4.3.1 根据发现的问题确定研究主题

我感觉现在的问题还比较宽泛，可能牵涉到教育理念、资源配置、信息传播等多个方面。我不知道如何从如此宽泛的议题中提炼出具有针对性的研究主题。

针对这一问题，我还是寻求 AI 的帮助吧。

我的问题：

我有一个想要深入研究的问题，如何根据这个问题聚焦一个研究主题呢？

ChatGLM-4 的回答：

确定研究主题是开展科学研究的第一步，这一步非常关键，它将决定研究的方向和深度。以下是确定研究主题的过程。

1. 问题识别

从一个宽泛的问题出发，比如"如何提高教育效率"。

识别问题中的关键词和概念，如"教育"和"效率"。

2. 文献回顾

查阅相关领域的文献，了解前人已经做了哪些研究，哪些问题尚未解决。

确定研究领域的理论框架和方法论。

3. 问题缩小

根据文献回顾的结果，缩小研究问题的范围。

识别研究问题的独特性和可行性。

下面以一个例子来演示确定研究主题的过程。

假设你关心的问题是"如何提高农村地区的教育质量"。

1. 问题识别

关键词：农村地区、教育、质量提高。

2. 文献回顾

你可能会发现，许多研究关注于教育资源的分配、教师培训、技术应用等方面。

3. 问题缩小

假设你发现教育技术应用在农村地区的研究相对较少，你可以将问题缩小到"如何通过教育技术提高农村地区的教育质量？"。

理解以上步骤，你可以从一个宽泛的问题出发，逐步聚焦到一个具体、可行的研究主题。

AI 很好地解答了我的疑问。我需要通过问题识别、文献回顾和问题缩小等步骤，从一个宽泛的问题出发，逐步聚焦到一个具体、可行的研究主题。AI 还给出了一个确定研究主题的示例，这对我有很大的启发。

4.3.2 根据研究主题制定具体的研究计划

在 4.3.1 节中，我们学习了如何从问题出发确定研究主题。但确定研究主题后，如何制定具体的研究方案成为下一个关键步骤。为此，我向 AI 寻求指导，学习如何基于研究主题来构建一个详细的研究计划。为了更好地理解整个过程，我让 AI 以 4.3.1 节中所确定的主题——"如何通过教育技术提高农村地区的教育质量？"作为例子进行讲解。

我的追问：

能否向我阐述如何依托研究主题来制定一个周详的研究计划？请以"如何通过教育技术提高农村地区的教育质量？"这一主题为例，进行具体的示范讲解。

ChatGLM-4 的回答：

根据你的要求，我搜索了有关如何基于研究主题构建详细研究计划的资料，并以"如何通过教育技术提高农村地区的教育质量"为主题进行了探讨。

首先，一个研究计划（research proposal）是一个详细的、系统的文档，它描述了你计划进行的研究的目的、方法、预期结果和可能的影响。研究计划不仅是一个研究路线图，也是一个展现你的学术能力和研究价值的平台。研究计划的基本结构通常包括标题、简介、文献综述、目的和目标、方法论、预期结果、时间表和预算，以及结论。

以下是构建研究计划的几个关键步骤。

明确研究问题：确保你的问题具有清晰性和针对性，这将有助于你确定研究范围和研究方向。

阐述研究背景：在阐述研究问题之前，你需要提供足够的背景信息，以便读者理解研究的背景和意义。这包括与你的研究问题相关的先前研究、目前的研究现状以及研究中存在的不足。

确定研究目标：在明确研究问题之后，你需要确定研究目标。这些目标应该具有明确性、具体性和可衡量性，以便你确定你已经实现了研究目的。

提出研究方法：在研究计划中，你需要详细描述你将如何实现研究目标。这包括选择的研究设计、数据收集和分析方法、实验或观察对象等。确保你的方法具有可行性和可操作性，并且符合学术规范。

描述预期结果：在提出研究方法之后，你需要对预期结果进行描述。这有助于你确定研究的可行性和实用性以及为将来的实验或观察提供参考。

制定时间表：在研究计划中，你需要提供详细的时间表，以便读者了解你将如何安排研究进度。这应该包括数据收集、数据分析、论文写作等各个环节的时间节点。

确定资源需求：在研究计划中，你需要详细描述完成研究所需的资源，包括人员、设备、材料等。确保你已经充分考虑了研究需求，并能够获得必要的支持。

论证可行性：在研究计划中，你需要对研究的可行性进行论证。这包括对研究设计的可行性、数据收集和分析的可行性、实验或观察对象的可行性等进行评估。确保你已经充分考虑了研究中可能遇到的困难和挑战，并制定了相应的应对策略。

提供参考文献：在研究计划中，你需要列出与你的研究相关的参考文献。这些文献应该涵盖你的研究领域，并支持你的研究假设和结论。确保你已经查阅了足够的文献，并对你的研究问题有了充分的了解。

针对你提供的主题"如何通过教育技术提高农村地区的教育质量？"，研究计划可以围绕以下几个关键点展开。

研究背景：介绍农村地区教育质量的现状以及教育技术在提高教育质量方面的潜力。

研究问题：明确教育技术在提高农村教育质量方面的具体挑战和机遇。

研究目标：确定使用教育技术提升教育质量的具体目标，例如，提高学生参与度、提升学习成果等。

研究方法：描述将采用的方法，如调查、案例研究、实验设计等以及如何收集和分析数据。

预期结果：预测研究可能发现的结果，比如，教育技术对学习成效的影响以及在农村环境中实施教育技术的可行性。

时间表和预算：列出研究的各个阶段和预计的时间以及可能的预算需求。

资源需求：详细描述完成研究所需的资源，包括技术设备、人员培训等。

论证可行性：评估项目的可行性，包括技术实施的可行性、农村社区的接受度等。

通过以上步骤，你可以构建一个详细的研究计划，不仅能够清晰地展示研究的方向和方法，还能展现你对这一研究主题的深入理解和独到见解。

AI 提供了详尽的回答，阐述了研究计划的基础框架，包括标题、引言、文献回顾、目的与目标、方法论、预期成果、时间安排与预算以及结论等关键部分。同时，它还指出了构建研究计划的几个核心步骤及其主要工作内容，针对我提出的研究主题"如何利用教育技术提升农村地区的教育质量"，AI 提供了每一步的具体内容。

AI 的回答展示了它在针对特定研究主题制定具体方案方面的能力。所有这一切，应该是 AI 汲取和整合了人类过去的知识和实践成果。AI 的回答证明它确实是我科研路上的好伙伴。

4.4 Execution——实际动手解决问题

下面，我就使用前面学习到的方法，同样在 AI 的协助下来确立我的研究主题和具体的研究计划。我要向 AI 提供必要的背景知识、具体的问题描述，这些它并不知道。同时把前面学习到的确认研究主题的方法也告诉它。我希望我的研究之旅能在 AI 的协助下变得更加高效和深入。

4.4.1 AI 辅助确定研究主题

我的问题:

(背景知识)

今年的高考志愿填报工作刚刚落下帷幕。作为一名即将步入大二的学生,我深刻体会到了高考对于学生和高校的重要性。一年一度的高考不仅牵动着千家万户,也是高校选拔优秀学生的关键时期。今年,我有幸作为学生志愿者参与了高考咨询工作,亲眼见证了学校对此的重视程度——校长亲自领导,各学院负责不同省市,领导和教师们亲自前往现场为学生和家长提供咨询服务。

去年,我作为一名考生,也曾参加过这样的咨询会,感受到了来自各高校的热情,认为这种方式非常贴心。然而,经过一年的大学生活和参与高考咨询的经历,我开始思考一个问题:在信息如此发达的今天,高校是否还有必要投入如此巨大的精力和资源进行现场招生咨询?

随着互联网的普及和信息获取的便捷,学生们可以轻松地在线上获取到他们想要了解的几乎所有信息。现场的招生咨询往往变成了对网上信息的重复,有时甚至会出现为了争取优秀生源而进行的过度竞争,这让我感到不安。此外,我也观察到,高考成绩并不是衡量一个学生是否优秀的唯一标准,大学里的学习情况与高考成绩并不完全对应。

我深信,大学的根本使命在于培养出优秀的学生,而不仅仅是招收到优秀的学生。一个能够培养出大量优秀毕业生的学校自然能够吸引更多的考生。因此,我开始思考,高校是否应该重新审视其招生咨询的策略,将更多的资源投入到提高教育质量和学生培养上,而不是仅仅在招生季节进行激烈的竞争。

基于这些观察和思考,我想要深入研究一个问题:在信息发达的今天,高校是否还有必要花大力气进行现场招生咨询?这个问题可能牵涉到教育理念、资源配置、信息传播等多个方面,我应该如何系统地开展这个研究,以便为高校的招生策略提供有益的建议呢?

(主要问题)

请你帮助我根据发现的问题确定研究主题。

(主要问题应采取的解决策略)

确定研究主题是开展科学研究的第一步,这一步非常关键,它将决定研究的方向和深度。以下是确定研究主题的过程。

1. 问题识别

从一个宽泛的问题出发,比如"如何提高教育效率"。

识别问题中的关键词和概念,如"教育"和"效率"。

2. 文献回顾

查阅相关领域的文献，了解前人已经做了哪些研究，哪些问题尚未解决。

确定研究领域的理论框架和方法论。

3. 问题缩小

根据文献回顾的结果，缩小研究问题的范围。

识别研究问题的独特性和可行性。

ChatGLM-4 的回答：

你提出的问题是关于当前高校招生咨询活动的有效性和必要性的探讨，特别是在信息技术高速发展的背景下。你希望研究高校是否应该继续投入大量资源进行现场招生咨询，还是应该将这些资源更多地用于提高教育质量和学生培养。针对这个问题，我们可以按照以下步骤来确定研究主题。

问题识别：

关键词：高校招生咨询、信息发布、资源分配、教育质量、学生培养。

核心问题：在信息社会背景下，高校招生咨询的有效性和必要性。

文献回顾：

查阅有关高校招生咨询的现有研究，了解其历史、现状和趋势。

研究信息时代对教育咨询的影响，特别是互联网和社交媒体在教育咨询中的作用。

探究高校资源分配与学生培养效果之间的关系。

分析教育质量提高的策略和高校招生咨询之间的关系。

问题缩小：

根据文献回顾的结果，识别研究空白和可深入探讨的领域。

考虑问题的实际意义和研究的可行性，确定一个具体的研究主题。

例如，你可以将研究主题缩小到"信息时代下高校招生咨询的有效性分析及策略研究"，或者"互联网＋背景下高校招生咨询的转型与教育质量提升研究"。

确定研究主题后，你可以进一步制定研究计划，包括研究方法、数据收集和分析等，以期为高校的招生策略提供科学依据和改进建议。

在 AI 给出的回答建议中，"互联网＋背景下高校招生咨询的转型与教育质量提升"这一主题与我想要研究和解决的问题最为一致，因此将它确定为我未来研究的主题。

4.4.2　AI 辅助制定具体的研究计划

我的追问：

（主要问题）

我现在确定的研究主题是："互联网＋背景下高校招生咨询的转型与教育质量

提升",请帮我制订一个详细的研究计划。

（主要问题应采取的解决策略）

首先，一个研究计划（research plan）是一个详细的、系统的文档，它描述了你计划进行的研究的目的、方法、预期结果和可能的影响。研究计划不仅是一个研究路线图，也是一个展现你的学术能力和研究价值的平台。研究计划的基本结构通常包括标题、简介、文献综述、目的和目标、方法论、预期结果、时间表和预算，以及结论。

以下是构建研究计划的几个关键步骤。

明确研究问题：确保你的问题具有清晰性和针对性，这将有助于你确定研究范围和研究方向。

阐述研究背景：在阐述研究问题之前，你需要提供足够的背景信息，以便读者理解研究的背景和意义。这包括与你的研究问题相关的先前研究、目前的研究现状以及研究中存在的不足。

确定研究目标：在明确研究问题之后，你需要确定研究目标。这些目标应该具有明确性、具体性和可衡量性，以便你确定你已经实现了研究目的。

提出研究方法：在研究计划中，你需要详细描述你将如何实现研究目标。这包括选择的研究设计、数据收集和分析方法、实验或观察对象等。确保你的方法具有可行性和可操作性，并且符合学术规范。

描述预期结果：在提出研究方法之后，你需要对预期结果进行描述。这有助于你确定研究的可行性和实用性以及为将来的实验或观察提供参考。

制定时间表：在研究计划中，你需要提供详细的时间表，以便读者了解你将如何安排研究进度。这应该包括数据收集、数据分析、论文写作等各个环节的时间节点。

确定资源需求：在研究计划中，你需要详细描述完成研究所需的资源，包括人员、设备、材料等。确保你已经充分考虑了研究需求，并能够获得必要的支持。

论证可行性：在研究计划中，你需要对研究的可行性进行论证。这包括对研究设计的可行性、数据收集和分析的可行性、实验或观察对象的可行性等进行评估。确保你已经充分考虑了研究中可能遇到的困难和挑战，并制定了相应的应对策略。

提供参考文献：在研究计划中，你需要列出与你的研究相关的参考文献。这些文献应该涵盖你的研究领域，并支持你的研究假设和结论。确保你已经查阅了足够的文献，并对你的研究问题有了充分的了解。

ChatGLM-4 的回答：

对于你提出的研究主题"互联网＋背景下高校招生咨询的转型与教育质量提升"，你可以从以下几个方面来系统地开展研究，并制定你的研究计划。

1. 研究背景与问题阐述

背景信息：描述互联网对教育领域的影响，特别是高校招生咨询的变革。

研究问题：分析在互联网环境下，高校招生咨询的现状、问题以及转型的必要性。

2. 文献综述

搜集和整理国内外有关互联网＋教育、高校招生咨询、教育质量提升的相关文献。

分析现有研究的不足和未来研究的方向。

3. 研究目标与意义

目标：明确通过研究期望达成的具体目标，如提出招生咨询的转型策略，探讨这些策略如何促进教育质量提升。

意义：阐述研究对于教育实践、政策制定和理论发展的贡献。

4. 研究方法

定性研究：如访谈、案例研究，深入了解高校招生咨询的现状和问题。

定量研究：如问卷调查、数据分析，评估招生咨询转型对教育质量的影响。

比较研究：对比不同高校在招生咨询方面的做法和效果。

5. 预期结果

描述研究完成后预期达到的具体成果，如招生咨询转型的模式、教育质量提升的效果等。

6. 时间表与预算

制定详细的研究时间表，包括各阶段的研究活动。

根据研究需要，预估所需的人力、物力成本。

7. 资源需求

列出研究所需的资源，如调研工具、数据分析软件、专家咨询等。

8. 可行性分析

评估研究计划的可行性，包括方法的适用性、资源的可获得性等。

9. 参考文献

列出所有引用的文献，确保文献的权威性和相关性。

10. 研究伦理

阐述研究中将如何确保遵循研究伦理，如保护受访者的隐私、确保数据的真实性等。

通过上述步骤，你可以构建一个全面而深入的研究计划，不仅能够为高校的招生咨询工作提供转型建议，还能为提升教育质量探索新的路径。

    总体上感觉 AI 给出的这个方案比较全面，大部分可行。下面我要结合我的实际情况，优化 AI 给出的研究计划，最终制定出可行的研究方案。

4.5 Evaluation——评价与反思

在 AI 的协助下,我对"高校是否还有必要投入大量资源进行现场招生咨询"这一困惑有了更深入的理解。同时,我也基本掌握了如何将初始的感性问题转化为明确的研究主题,并据此制定具体研究计划的方法。

回顾这段探索旅程,我深刻体会到了 AI 在解决类似研究问题中的协助作用。AI 能够通过对大量数据的分析,迅速揭示出潜在的研究方向。在制定研究计划时,AI 提供的案例和经验同样至关重要,它们有助于我更精确地规划研究流程。AI 的这些功能极大地提高了研究效率。

然而,在与 AI 合作完成任务的过程中,我深刻认识到人的作用是不可替代的。这一认识主要基于以下几点。

① AI 缺乏发现值得研究的问题的能力,这是目前人类独有的能力。例如,我发现"高校是否还有必要花大力气进行现场招生咨询"是一个值得研究的问题,但 AI 目前还不知道什么问题值得研究。

② AI 智能的涌现和提升需要在人类的启发和引导下实现,这意味着人需要通过与 AI 科学地互动来指导 AI,共同完成探索任务。例如,在与 AI 对话的过程中,我发现它给出的答案有时会出现混乱,即"一本正经地胡说八道"。因此,引导 AI 发现问题本质、给出回答是人的基本逻辑思维工作,这也是 AI 不能替代的。

我听说过"第一性原理之苏格拉底提问的方式",未来与 AI 协同发现问题本质的过程中,可以使用它,即通过不断提问,挖掘问题的本质和核心,以获取最基本、最本质的真理。苏格拉底提问的过程通常包括以下几个步骤。

定义问题:明确问题的范围和目标,确保对话双方对问题有共同的理解。

分解问题:将复杂的问题分解为若干个简单的子问题,以便逐一探讨。

追根溯源:对每个子问题进行深入探讨,挖掘其背后的原因和原理。

逻辑推理:通过严密的逻辑推理,从基本原理出发,推导出问题的答案。

反思修正:在提问过程中,不断反思和修正自己的观点,以更接近真理。

③ 最后,对于 AI 提供的答案,我们需要保持批判性思维。在某些情况下,AI 的回答可能存在明显缺陷,此时,我们应该重新指导 AI 进行解答。而对于那些只有较小问题的答案,则可以通过人工修正来完善。

总之,通过本次与 AI 的互动,我对 AI 在辅助科学研究中的价值有了更加清晰的认识。未来,我将更加主动地培养自己利用 AI 这一强大工具的能力,以便更好地解决实际问题。

✖ 动手实践

① 发现一个自己感兴趣并想深入探究的话题。

② 选择一个 AI 工具。

③ 与 AI 协同完成研究中最基础的工作。

a. 发现问题的本质。

b. 确定一个研究主题。

c. 确定一个可行的研究计划。

第5章

短期租赁房屋受欢迎程度的影响因素分析

——AI 辅助论文综述撰写

📖 **案例说明：**

按照 5E 步骤，在 AI 的协同下解决一个探究发现科研方向研究进展并撰写综述的问题。

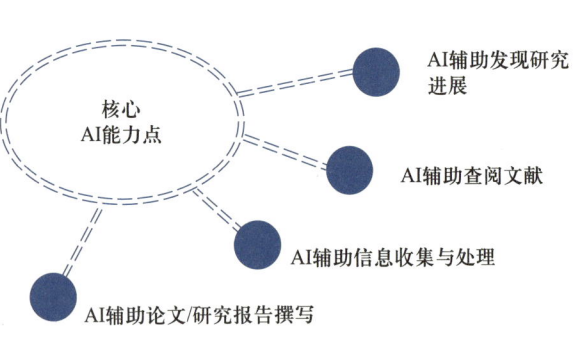

5.1 Excitation——提出感兴趣的话题

我是一名旅游管理专业的大一新生，在高考结束后的那个暑假，我独自计划了一场说走就走的旅行。

我在 Airbnb 网站上浏览对比了各式各样的房源，从公寓到酒店、从餐食安排到卫浴条件、从坐落地点到交通路线，每一张图片背后都似乎隐藏着一个故事，等待着我去揭开它的神秘面纱。最终，我选择了一间位于安静街区的小巧公寓，它的照片透露出一种历史的沉淀和现代的舒适感，房东的头像看起来也很面善。我迫不及待地预订了下来，期待着这次旅行能够给我的生活带来新的色彩。

后来的旅程果然如我所愿，小小公寓的每一处都透露着时光的韵味，房东的热情和公寓的温馨，让我深刻体会到短期租赁不仅是住宿，更是一种融入当地的生活方式，每一刻都让我感受到文化的深度与广度，让旅行变得更有意义。

当进入旅游管理专业学习后，从专业研究的视角，我不禁开始了深入的思考。在当今这个互联互通的世界里，旅游产业经历了深刻的变革。旅行已不仅仅是地理上的移动，它更是一种心灵的探索与文化的交融。短期租赁这种全新的住宿模式，让旅行者的每一次停留都成为一次深度的文化体验。然而，是什么让某些短期租赁房屋在众多选项中脱颖而出，成为旅人心中的首选？是房源的独特设计和装修风格，还是便捷的地理位置和周边丰富的配套设施？是房东的热情好客和周到服务，还是平台的高效推荐系统和用户评价体系？

我将短期租赁房屋受欢迎程度的影响因素作为一个课题开展研究，它涉及管理学、经济学、市场营销、社会学、信息技术等多个学科，是旅游管理专业近几年颇受重视的研究热点。为了深化对共享经济、供求关系、价格弹性等经济学原理的理解，构建更公平、可持续的短期租赁生态系统，我不禁好奇以下这些问题：到底是什么影响了短期租赁房屋的受欢迎程度？我该从哪些角度开展研究？这个问题的研究现状和最新进展又是如何呢？

5.2 Exploration——探索发现问题本质

实际上，我是初次接触本专业科学问题的研究，要解决 5.1 节提出的问题，感觉无从下手。我认为，这可能是因为进入大学后，学习的方式开始发生转变，从中学那种存量知识的传递，转变为专业学术的探索和研究。也许我可以让诸如通义千问等 AI 大语言模型辅助我找到科研工作的起点。

我的提问:

针对短期租赁房屋受欢迎程度的研究,我好奇以下这些问题:"到底是什么影响了短期租赁房屋的受欢迎程度?研究者都在从哪些角度开展研究?这个问题的研究现状和最新进展又是如何呢?"针对以上问题我还一无所知,也没有过科学研究的任何经验,我该怎么开展研究呢?

通义千问的回答:

针对短期租赁房屋受欢迎程度的研究是一个多维度、跨学科的领域,涉及经济学、社会学、旅游学、信息技术等多个学科。要开始这项研究,首先需要对已有文献进行综述,理解当前的研究现状和最新进展。

以下是进一步开展研究的一些建议步骤。

1. 文献回顾

开始时,应当广泛阅读已发表的学术论文、行业报告和书籍,了解研究者们已经从哪些角度探讨了短期租赁房屋受欢迎程度的问题。

2. 确定研究问题与假设

基于文献回顾,明确你感兴趣的具体问题或假设。比如,你可以关注某一特定因素(如价格)对受欢迎程度的影响,或者探究不同地区间受欢迎程度的差异。

3. 选择研究方法

根据你的研究问题,选择合适的研究方法。这可能是定量研究(如问卷调查、数据分析)、定性研究(如深度访谈、案例研究),或者是混合方法研究。

4. 数据收集与分析

收集数据可以通过多种途径,包括在线平台的数据抓取、调查问卷、实地观察、官方统计等。随后,运用统计软件或质性分析工具对数据进行分析,以验证你的假设或探索现象背后的机制。

5. 撰写与分享研究成果

将研究发现整理成论文或报告,注意遵循学术写作的标准格式,清晰表述研究背景、方法、结果和结论。最后,将成果提交至学术期刊、会议或行业论坛,与其他研究者和业界人士分享你的发现。

6. 持续跟进与扩展研究

学术研究是一个持续的过程,保持对相关领域最新进展的关注,不断更新你的知识体系,并考虑将研究扩展到新的领域或采用新的方法论。

为了更有效地进行文献回顾,你可以利用学术数据库(如 JSTOR、Google Scholar、Web of Science 等)来查找相关的学术文章。同时,关注行业报告和新闻,这些资源通常包含最新的市场趋势和数据,对理解研究背景非常有帮助。

开展这样的研究需要耐心和细致的工作,但最终的成果将为理解和推动短期租赁市场的发展提供有价值的洞见。

通义千问首先明确回答了我的提问，"要开始这项研究，首先需要对已有文献进行综述，理解当前的研究现状和最新进展"。我决定一步步来，先不必关心大模型建议研究步骤的 2 ~ 6 步，暂且将注意力放在迈出课题研究的第 1 步上。因此，我进一步的问题自然是，如何有效获取研究方向相关的研究进展的文献，并将这些文献进展整理成综述呢？对于我这样一个初学者而言，当前的科研环境信息量巨大且更新速度很快，面对数以千计的相关文献，将是一项巨大的挑战。尤其是在快节奏的学习中，能够快速跟进最新的研究动态就变得很必要。AI 技术，例如，自然语言处理（NLP）、信息检索（IR）、智能推荐系统（IRS）等，特别是当前的 AI 大模型，都为解决上述问题提供了强大的工具。

那么，如何用工具尤其是 AI 辅助工具，来撰写某个科研方向的论文综述呢？

5.3 Enhancement——拓展学习求解问题必备的知识和能力

5.3.1 问题求解流程

具体到洞察科研方向的问题，我决定借助 AI 大模型探究完成这个任务的基本流程，用第一性原理来分析，以下是与通义千问的对话。

我的提问：

"如何有效获取研究方向相关的研究进展的文献，并将这些文献进展整理成综述呢？"针对这个问题，请你用第一性原理，分析解决这个问题的基本流程。

通义千问的回答：

追踪科研方向前沿进展及整理成综述的第一性原理分析

1. 理解问题本质

追踪科研方向的前沿进展和将其整理成综述，本质上是信息检索、理解、整合与创新的过程。这一过程要求我们从海量信息中筛选出有价值的内容，并基于新旧知识的关联，形成系统化的见解和思考。具体而言，该问题可以分解为三个核心要素。

信息获取：找到并收集最新的科研成果。

信息理解与评估：解读科研成果的意义，评估其质量和影响。

信息整合与创新：将分散的信息点连接起来，形成有深度的见解，最终输出为综述。

---

2. 第一性原理分析

（1）信息获取：寻找源头

学术数据库：Google Scholar、PubMed、IEEE Xplore 等是科研信息的主要来源，直接从源头获取最新论文。

会议论文：关注顶级学术会议的最新发布，如 NeurIPS、CVPR、ICML 等，它们往往是科研前沿的风向标。

专家网络：通过 LinkedIn、ResearchGate 等平台跟踪领域内专家的动态，他们的观点和分享往往具有高度的前瞻性和权威性。

（2）信息理解与评估：深度阅读与批判性思考

深度阅读：细致研读论文，理解方法、实验设计、结果分析以及结论背后的逻辑。

批判性思考：评估论文的科学性、创新性以及可能存在的局限性或偏差。

交叉验证：对比不同研究之间的相似性和差异，识别潜在的矛盾或不一致之处。

（3）信息整合与创新：构建知识框架

构建知识图谱：将零散的知识点组织成结构化的框架，识别研究主题间的联系和演进路径。

趋势分析：通过时间序列分析，识别科研方向的发展趋势和未来可能的研究焦点。

综述撰写：在理解的基础上，撰写综述文章，不仅总结现有知识，还要提出新的见解和未来研究方向。

3. 实施策略

设定关键词和主题：明确你想要追踪的科研方向的核心词汇和关键主题。

定期更新：设定固定时间间隔（如每周或每月）来检索和阅读最新文献。

使用文献管理软件：如 EndNote、Zotero 等，帮助整理和管理文献，方便回顾和引用。

参与学术社区：加入相关的学术论坛和社交媒体群组，与其他研究者交流心得，获取即时反馈。

持续学习与适应：科研领域日新月异，保持好奇心和学习态度，及时调整研究方向和方法。

通过上述分析，我们可以看到，追踪科研方向的前沿进展及整理成综述，不仅是对信息的简单搜集，更是一个深度学习、批判性思考和创造性整合的过程。这需要研究者具备扎实的专业基础、敏锐的洞察力和持续的学习动力。

事情已经开始有了眉目，通义千问大模型已经初步回答了我要考虑的两个方面的问题。

① 问题解决的流程被分解为三个核心子任务，分别是"信息获取""信息理解与评估""信息整合与创新"。

② 这里的"信息"具体指论文；而论文可以从学术数据库、会议论文、专家网络获取；获取论文则要通过科研方向的核心词汇和主题关键字。

阅读以上的对话，我发现关于要获取的论文数据的关键特征是很重要的，关系到进一步理解和评估，但对话中没有提及，我可以继续追问。

我的追问：

搜索论文的时候，应该注意提取论文的哪些关键特征，才能支撑后面的信息理解与评估、信息整合与创新？

通义千问的回答：

在搜索和筛选论文时，提取论文的关键特征是至关重要的，这直接影响到后续的信息理解、评估和整合的效率与质量。以下是搜索论文时应重点关注的几项关键特征。

1. 标题与摘要

标题通常概括了论文的核心内容，是判断论文是否与你的研究方向相关的重要依据。

摘要是论文内容的浓缩，提供了研究目的、方法、主要结果和结论的概览，是快速评估论文价值的第一手资料。

2. 关键词

关键词反映了论文的主题和重点，帮助你定位论文在研究领域中的位置以及它与你研究问题的相关性。

3. 作者与机构

作者及其所属机构的声誉和专长，可以作为论文质量的一个间接指标。

同一研究团队的系列论文通常在方法论和研究背景上有连续性，值得关注。

4. 发表年份与期刊 / 会议

发表年份有助于你判断论文的时效性，特别是在快速发展的领域。

期刊和会议的声望反映论文的学术水平，顶级期刊和会议的论文通常经过严格的同行评审，质量相对较高。

5. 引用次数与被引文献

引用次数一定程度上反映了论文的影响范围和学术认可度。

被引文献列表提供了论文的理论基础和研究背景，有助于你了解该研究的起点和前人工作。

6. 研究方法与数据

方法部分描述了研究是如何进行的，包括实验设计、数据收集和分析方法，这对于评估论文的科学性和可重复性至关重要。

数据来源和类型对于评估研究的有效性和普适性也很重要。

7. 结果与讨论

结果部分提供了研究发现，是评估论文贡献的关键。

讨论部分则解释了结果的意义，指出了研究的局限性和未来研究方向，对于理解论文的全貌和创新点十分重要。

8. 图表与附录

图表直观展示了研究数据和结果，是快速理解论文发现的有效途径。

附录中可能包含了额外的数据、方法细节或补充分析，对深入理解论文有帮助。

在搜索和筛选论文时，应该综合考虑上述各项特征，优先阅读和分析那些与你的研究问题最相关、最具影响力的论文。同时，要注意批判性地评估每篇论文的质量和可靠性，避免仅仅因为某一项特征（如高引用率）而盲目推崇。通过系统地分析和比较不同论文的关键特征，你可以更有效地进行信息的理解与评估，为进一步的信息整合与创新打下坚实的基础。

✖ 动手实践

请在任何一个 AI 助手的帮助下，自主学习和了解什么是第一性原理以及第一性原理在思考问题方面的应用示例。

5.3.2　问题求解工具

拓展阅读
5-1：
快速了解
研学智得
平台。

5.3.1 节的对话中，大模型提示我使用 Google Scholar、PubMed、IEEE Xplore 等科研信息来源，但结合实际情况，简化问题，我决定使用学校已经购买了使用权限的数据库，例如，中文的 CNKI、英文的 EI Village、Web of Science 等。

在这个案例中，我可以使用如图 5.1 所示的 CNKI "研学智得 AI" 辅助探究。知网研学智得平台聚焦个人探究、团队研讨、项目合作等各类学习场景，可以提供文献检索、成果管理、深度阅读、论文创作、笔记整理、阅读写作等 AI 辅助功能，详见 "拓展阅读：快速了解研学智得平台"。

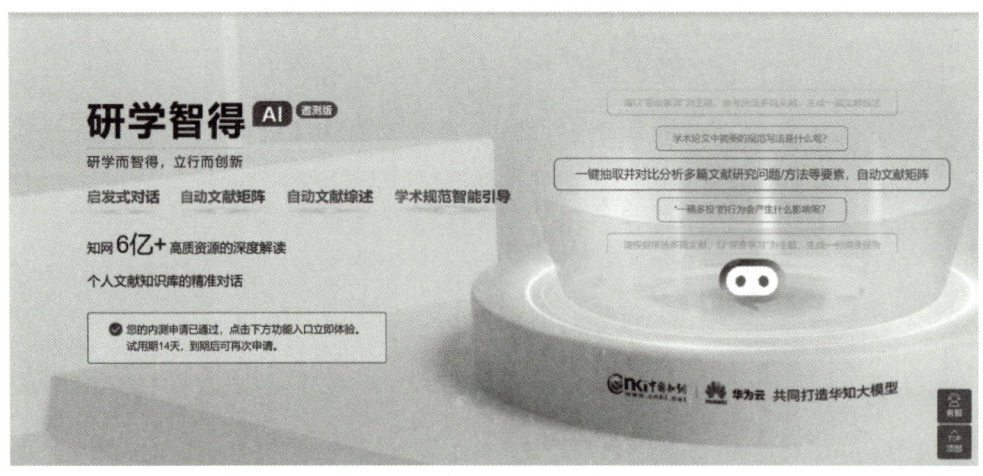

图 5.1　CNKI 研学智得 AI 工具

5.4 Execution——动手解决问题

5.3 节中，大模型辅助我将解决问题的步骤分解为三个子任务，我将根据这三个步骤动手解决问题。

5.4.1 子任务一"信息获取"

针对"短期租赁房屋受欢迎程度的影响因素研究"的课题，我利用研学智得 AI 检索相关研究文献。首先在研学智得中创建学习专题，单击"检索添加"按钮添加论文。例如，用"共享住宿＋消费行为"关键词检索论文，如果不需要计量分析，可以在依次选中文献后，一键收藏到学习专题，如图 5.2 所示。

图 5.2 在研学智得中创建学习专题并检索论文

我认为需要首先探查一下这些论文的概貌，根据线索找到其他更有价值的论文。因此我首先进行计量分析。在一键收藏到学习专题之前，可以在"筛选"栏目中的"可视化分析"下拉菜单中选择"已选结果分析"选项，可以看到对已选论文的多角度分析。例如，可以看到相关文献在不同年份的发表数量，以及分析课题的热点变化趋势，如图 5.3 所示。

通过多篇论文之间的文献互引网络分析，可以看到选定文献在参考了哪些文献的同时，又被哪些引证文献引用，如图 5.4（a）所示；选定文献之间存不存在互引关系，如图 5.4（b）所示；选定文献都共同引用了哪些参考文献，如图 5.4（c）所示。从以上分析中，我发现其他需要引起注意的文献，例如，在图 5.4（a）中那些圆形面积最大的标记，代表了这个研究领域中的高被引文献；例如，图 5.4（c）中的共引文献中提到

"Expectation-Confirmation Model"，提示我这类科研方向需要具备一些心理学和统计学的前序知识。

计量可视化分析—已选文献

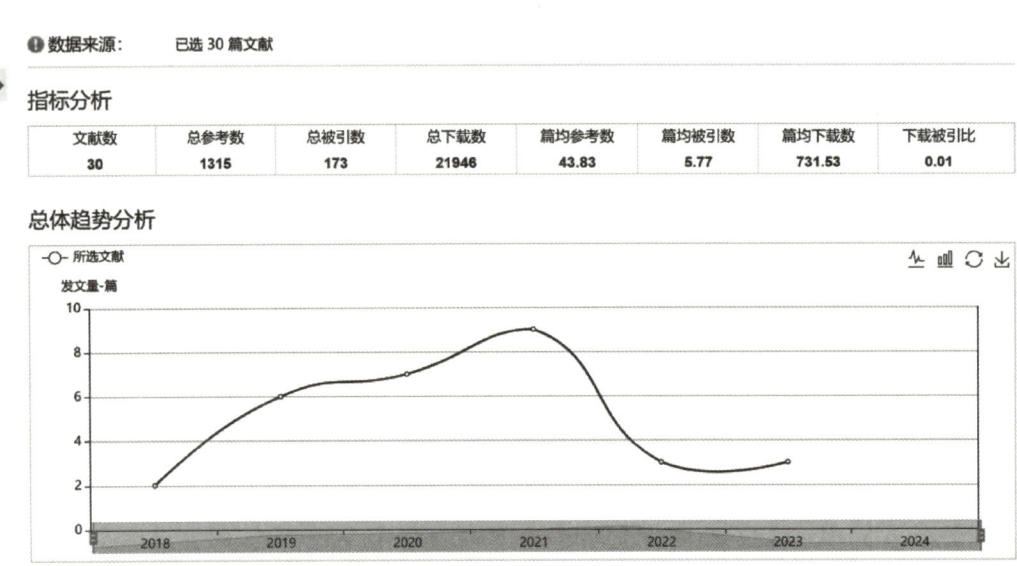

图 5.3　检索结果的计量分析——总体趋势分析

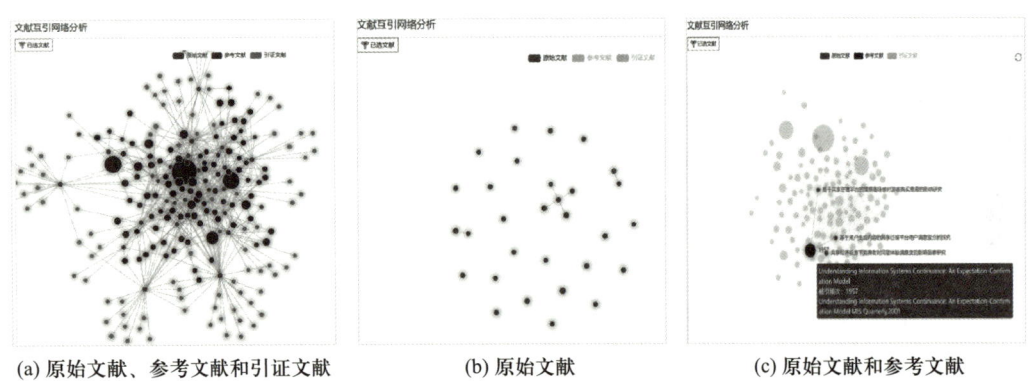

| (a) 原始文献、参考文献和引证文献 | (b) 原始文献 | (c) 原始文献和参考文献 |

图 5.4　检索结果的计量分析——文献互引网络分析 1

　　如果只选定文献互引网络分析图中的"原始文献"和"引证文献"图例，可以反映有哪些文献同时引用了多个我选定的文献，也许这些文献也值得我纳入研究，如图 5.5 所示。

　　通过文献互引网络分析检索到的论文可以先记录下来，随后根据主题搜索，也添加到当前学习专题，如图 5.6 所示。

　　进一步进行共引文献分析、关键词共现网络分析和作者合作网络分析，有助于找到值得关注的其他关键词、深耕这一领域的机构或者团队以及论文的学科分布。继续寻找值得分析的论文，添加到学习专题的文献列表中，如图 5.7 所示。

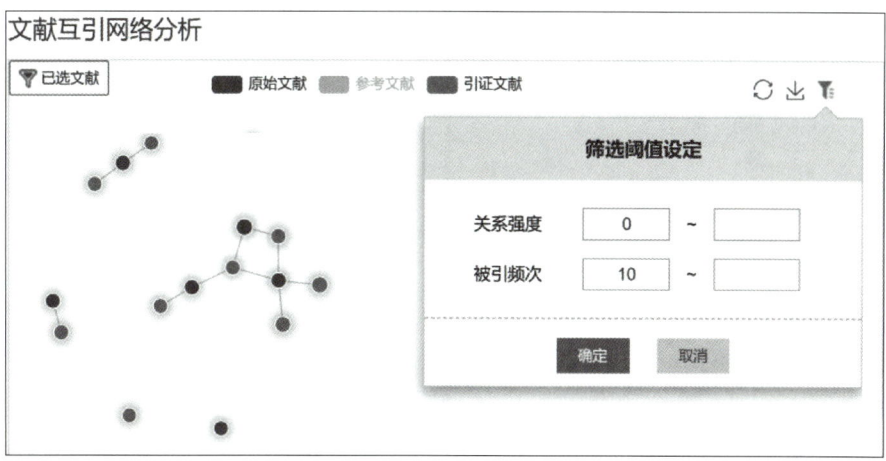

图 5.5 检索结果的计量分析——文献互引网络分析 2

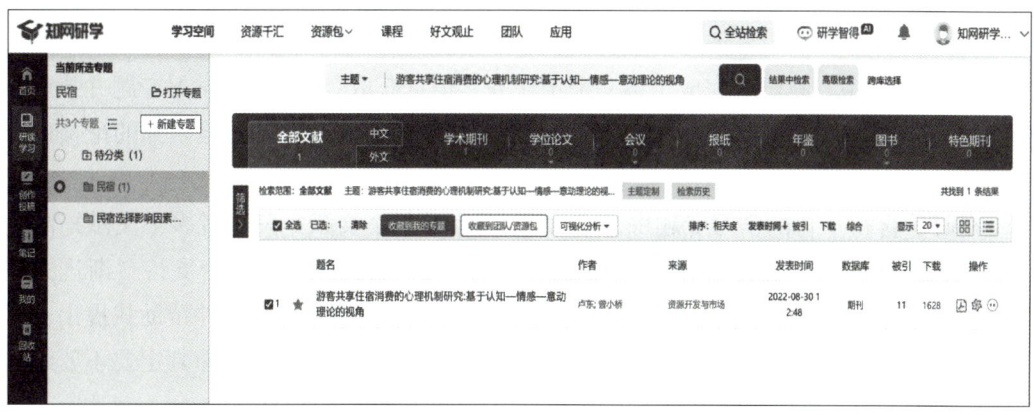

图 5.6 通过互引分析增加新的参考文献

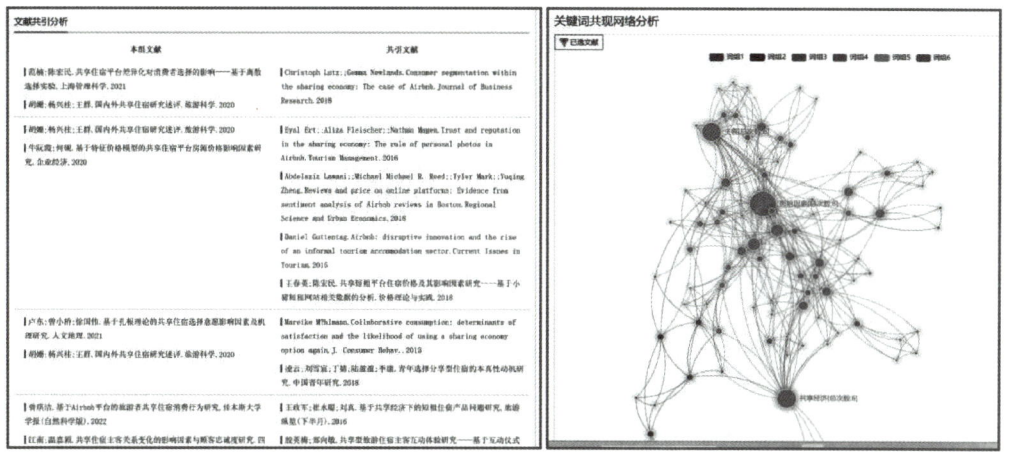

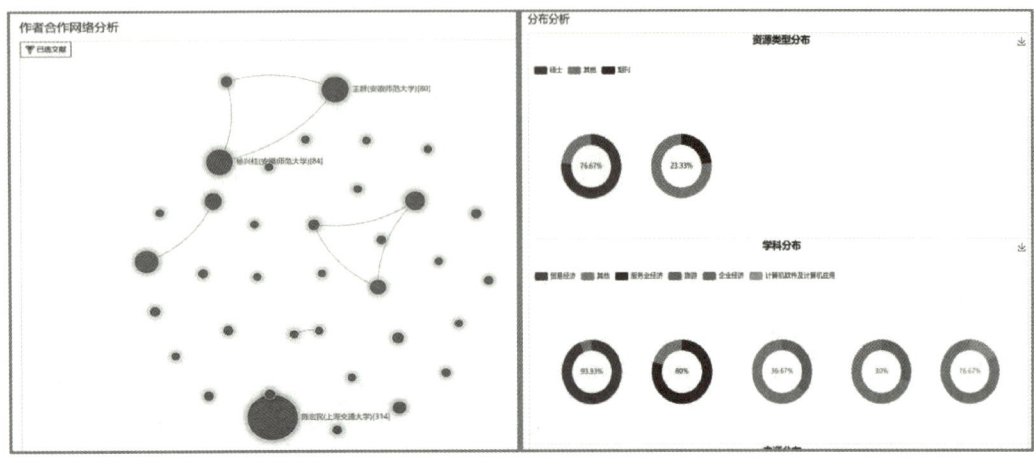

图 5.7　检索结果的计量分析——关键词共现分析、作者合作分析、资源分布分析

5.4.2　子任务二"信息理解与评估"

在 5.4.1 节中，我已经完成了第一个子任务"信息获取"，构建了学习专题并找到了要研读的论文。现在继续完成第二个子任务"信息理解与评估"，对检索到的论文进行深度的研读。

在研学智得平台的学习专题中，有 AI 自动生成单个文献矩阵或者多个文献矩阵的功能，帮助我快速了解文章研究的问题、研究方法、研究结论。平台支持"渐进式阅读"和"矩阵式阅读"两种范式，快速提取文章的研究思路和方法，并帮助我提出更深入的问题，或者提供相关的其他文献。我可以高效研读这些文献，快速判定要不要纳入综述，如果不要，可以从学习专题中删除，如图 5.8 和图 5.9 所示。

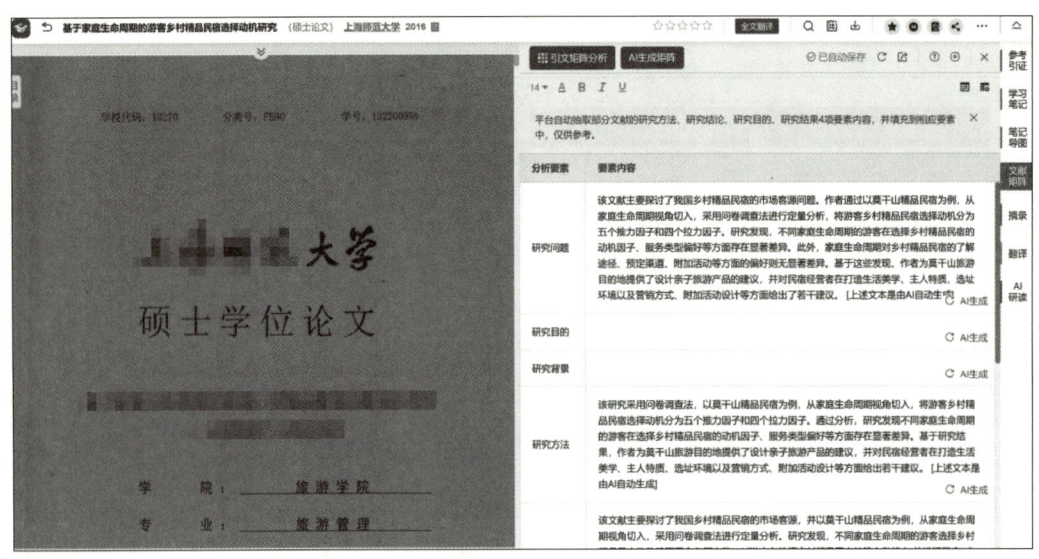

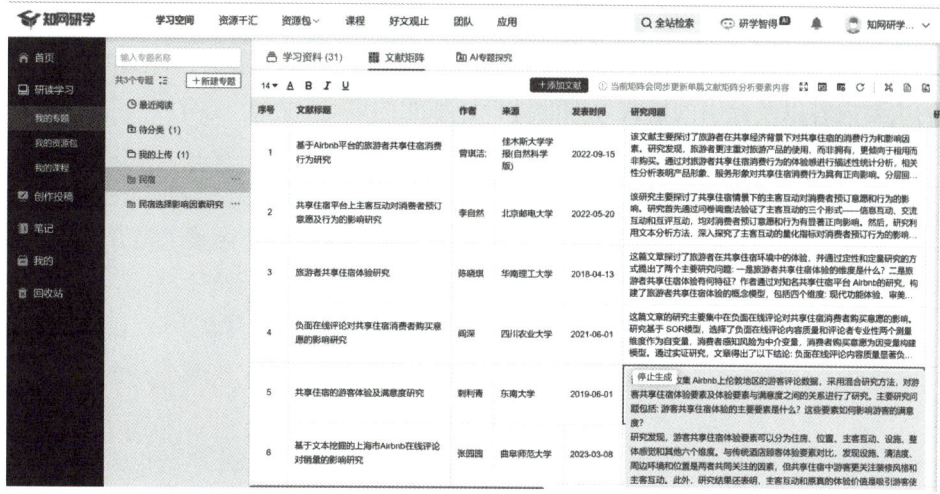

图 5.8　生成文献矩阵

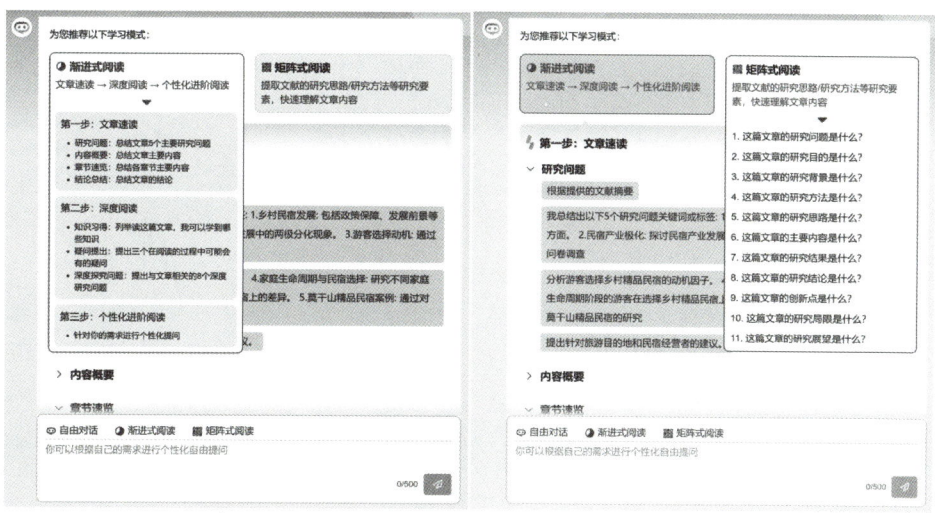

图 5.9　文献"渐进式阅读"和"矩阵式阅读"

✖ 动手实践

> 　　请尝试使用其他论文搜索工具或者智能搜索工具进行论文检索和辅助阅读，比较它们与研学智得的区别。

5.4.3　子任务三"信息整合与创新"

至此，我已经获得并研读了一定篇目的文献，开始撰写综述，就是开始第三个子任务"信息整合与创新"。在研学智得平台上选择"AI 专题探究"选项，对话式生成综述的大纲。请注意提问的内容和方式，要从综述的主题、字数的限定、行文的结构、每个环节的主要内容以及标引的格式等方面进行详细的约束。

我的提问：

请你根据提供的文献标题、作者、摘要，以"短期租赁房屋受欢迎程度的影响因素分析"为主题，帮我生成一篇文献综述。字数不少于 3 000 字。

要求包括标题、摘要、关键词、引言、正文、结论、参考文献。

其中，引言应包括研究领域的发展历史、前人的主要研究成果、存在的问题、研究动态和未来趋势。

正文中按照文献主题归纳总结成 4 ~ 5 个大类，详细总结这一类中的每一篇文献研究了什么内容，分别用什么方法、取得什么结论。请一定要采用 APA（作者，年份）方式进行文献标引。

参考文献采用 GB/T 7714—2015 形式进行标引。

知网研学智得的回答：

标题：短期租赁房屋受欢迎程度的影响因素分析

摘要

随着共享经济的兴起，共享住宿作为一种新兴的旅游住宿方式，迅速在全球范围内普及。短期租赁房屋受欢迎程度是一个多因素影响的复杂决策过程，涉及消费者心理、行为特征以及平台功能等多个维度。本文综述了若干篇关于短期租赁房屋受欢迎程度的影响因素分析的文献，旨在探讨和归纳影响消费者选择短期租赁房屋的主要因素，分析不同研究方法的优缺点，并展望该领域的未来研究方向。

关键词

短期租赁房屋；消费选择；影响因素；文献综述

引言

共享住宿行业自 21 世纪初以来得到了快速发展，特别是 Airbnb 等平台的出现，极大地改变了传统的旅游住宿市场。学者们从不同角度对共享住宿消费选择进行了研究，包括消费者行为、平台特性、市场环境等方面。然而，现有研究多集中于特定区域或特定群体，缺乏对全球范围内共享住宿消费选择因素的系统性分析。本文通过相关文献的综述，旨在提供一个全面的视角，以理解影响短期租赁房屋消费选择的多元因素。

正文

消费者行为与心理因素

消费者在选择短期租赁房屋时，其个人特征、心理预期和行为模式起到了关键作用。例如，李春红（2021）通过深度学习图像识别模型，分析了房东头像图片视

觉信息对消费者信任的影响，发现房东的微笑表情是一种视觉上的信任信号。王红和周梦楠（2021）基于信号理论，研究了 Airbnb 房东自我展示信息对房客信任与预订行为的影响，指出社交类信息对房客预订行为的影响更大。

平台特性与技术因素

房屋短期租赁平台的设计、功能和用户体验对消费者的选择同样具有显著影响。杨婉莹（2020）利用 Python 爬虫技术和人工智能技术，研究了房主面部特征对 Airbnb 房源价格的影响，发现房主属性尤其是面部宽高比对价格有重要作用。

市场环境与政策因素

市场环境的变化和相关政策的制定也是影响共享住宿消费选择的重要因素。林晓嫚和林洁（2019）通过对杭州滨江区用户使用爱彼迎的情况的调查，分析了爱彼迎的发展现状，并提出了改进措施。

社会文化与情感因素

社会文化背景和消费者的情感认同对短期租赁房屋的选择也不容忽视。何文俊等（2022）通过实验研究，探讨了民宿主图视角对消费者点击意愿的影响，发现平视视角能显著提高消费者感知传输。

经济因素与价格敏感度

价格作为消费者决策的主要驱动力，其影响因素一直是研究的核心问题。吴晓隽和裘佳璐（2019）采用 OLS 回归和分位数回归模型，分析了影响 Airbnb 房源价格的关键因素。

结论

短期租赁房屋消费选择是一个受多种因素影响的复杂过程，包括消费者个人特征、心理预期、平台特性、市场环境、社会文化背景、价格敏感度等。不同研究从不同角度切入，提供了丰富的见解和结论。未来的研究需要更加关注跨文化、跨区域的比较分析以及新兴技术如大数据、人工智能在短期租赁房屋领域的应用。

参考文献

［1］李春红.（2021）.图片视觉信息对在线住宿平台消费者行为的影响研究[J].哈尔滨工业大学学报.

［2］王红，周梦楠.（2021）.Airbnb 房东自我展示的信息分类及其对房客信任与预订行为的影响研究［J］.管理学报，（09）.

［3］杨婉莹.（2020）.基于特征价格模型的房主面部特征与 Airbnb 房源价格研究［J］.天津大学学报，（02）.

［4］林晓嫚，林洁.（2019）.民宿短租平台的发展现状研究——以爱彼迎为例[J].大众投资指南，（16）.

［5］何文俊，许梦瑶，吴晗.（2022）.上帝之眼还是朋友之眼——民宿主图视角对消费者点击的影响研究［J］.旅游学刊，（10）.

> 　　[6] 吴晓隽，裘佳璐．（2019）．Airbnb 房源价格影响因素研究——基于中国 36 个城市的数据 [J]．旅游学刊，（04）……[此处省略其他文献的参考文献格式]
>
> 　　请注意，由于篇幅限制，上述文献综述仅提供了一个大纲和部分内容的示例。实际撰写时，需要根据每篇文献的具体内容，详细总结其主题、方法和结论，并按照 APA 格式进行文献标引。参考文献部分也需要根据 GB/T 7714—2015 标准，列出所有文献的详细信息。

　　至此，我已经初步获得了论文综述的基本框架以及部分影响短期租赁房屋受欢迎因素的分析。

　　但人工智能无法完全替代人类研究者在深度理解、批判性思考、理论构建和创造性表达方面的核心作用。鉴于 AI 生成的综述存在内容不完整、覆盖文献不全面的局限，作为研究者，我还可以考虑未来从以下几个方向开展后续工作。

　　① 通过对比阅读和专业判断，根据在子任务二阶段精读的每一篇选定文献的内容，补充 AI 未能触及的文献细节，完善综述的深度与广度。

　　② 基于现有的综述，将未覆盖文献中分散的观点也整合起来，归纳到现有的观点大类中，形成更有条理、有重点的叙述。

　　③ 在完成初步综述的基础上，研究者应当进行自我评估与同行评价，识别其中的盲点和偏误，从而进行针对性的修正与提升。

5.5　Evaluation——评价与反思

　　从目标来看，我在 AI 大模型的辅助下，初步完成了论文综述撰写的三个子任务：
"信息获取""信息理解与评估"和"信息整合与创新"，这对于一个刚刚接触研究课题的"小白"来说，是迈出了科研的第一步；从结果来看，我将当前共享住宿消费选择影响因素归纳为五个方面，分别是"消费者行为与心理因素、平台特性与技术因素、市场环境与政策因素、社会文化与情感因素、经济因素与价格敏感度"，得到了阶段性的研究结论，有助于进一步寻找我感兴趣的研究选题与假设；在过程中，我还发现了学科融合的结合点，例如，数据科学技术与旅游、营销、管理专业的融合，用人脸识别、视觉呈现、图像处理来分析营销模式、认知模式、心理倾向等。

　　但是，我发现这种 AI 辅助论文综述撰写仍存在诸多不足，例如，综述只是简单的框架，内容不完整，文献分析也不够全面，缺少进一步的聚类和整合，在研读文献时，通常对某些论文比较详细而对某些论文则较为粗糙甚至忽略，因此需要进一步补充、归纳和整合。

　　一点改进的方向：我发现，在完成子任务一时，用关键词搜索文献效率低、后期的问题求解效果也受到关键词选择的影响，这一点可以做小小的改进。可以借助知网的"AI 学术研究助手"，用"问答式增强检索"提出检索要求，以自然语言对话的方式描述感兴趣的研究话题，并自动获取文献 Excel 列表。请注意，导出的 Excel 列表缺少作者列，需要手动添加，如图 5.10 所示。

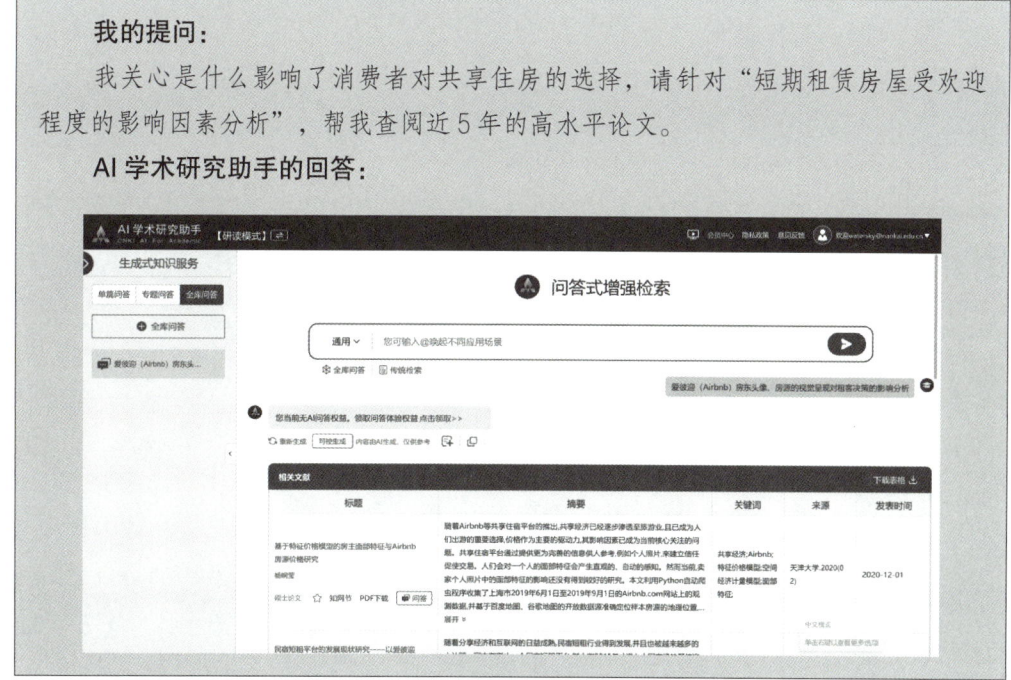

图 5.10　AI 学术研究助手辅助检索结果

　　可以看出，这一功能允许用户以日常语言而非严格的检索语法来表达他们的需求，极大地降低了文献检索的技术门槛，使得检索过程更加直观和人性化。无论新手还是经验丰富的研究者，都能轻松精准表达自己的检索意图。问答式增强检索可以根据用户的具体兴趣和偏好，动态调整搜索策略，实现个性化的文献推送。这意味着研究者不仅能快速找到与自己研究课题直接相关的文献，还能发现潜在的交叉学科知识，拓宽研究视野。

第6章

撰写社会实践报告

——AI 辅助报告撰写与 PPT 制作

📖 案例说明：

按照 5E 步骤，在 AI 的协同下撰写社会实践报告并制作汇报 PPT。

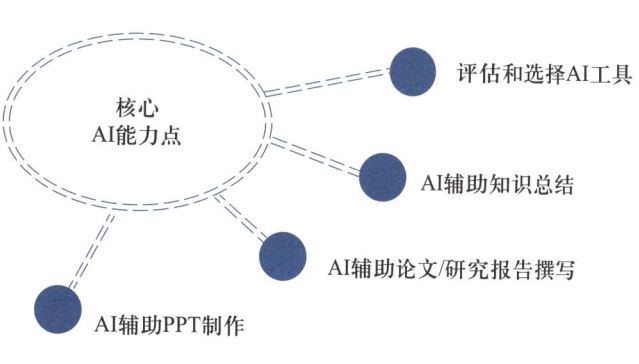

核心
AI能力点

评估和选择AI工具

AI辅助知识总结

AI辅助论文/研究报告撰写

AI辅助PPT制作

6.1　Excitation——提出感兴趣的话题

作为大学生志愿者，我今年暑假有幸参与了由我们学校和天津海河公益基金会（虚拟基金会名称）联合举办的为期 5 天的困难家庭走访活动。作为当代大学生，我通过此次实践亲身体验了社会的运行机制，拓宽了视野、增长了见识，它帮助我更全面、深入地了解了社会。

在社会实践过程中，我通过查询资料，对某某省发展县（虚拟县名称）进行了比较全面的了解；通过走访前的培训，我对走访工作有了初步的认识；而通过面对面的走访，我更是对困难家庭的困境有了深刻的体会。这些宝贵的经历和感悟，我都一一记录了下来。

社会实践活动结束后，我迫切希望将我的所见所闻、所学所感通过撰写社会实践报告的方式记录下来。我希望这份实践报告不仅是我个人的总结与反思，更能成为一份心愿的传递，让更多的人通过它了解困难家庭的现状，进而伸出援手，帮助那些困难家庭的孩子。

然而，和很多同学一样，撰写社会实践报告对我来说是一个不小的挑战。我面临如下问题。

① 访谈记录等资料仅仅是简单的记录，在文法和语法上都还有很多问题，需要进行文字润色。

② 我不熟悉社会实践报告的撰写原则、格式和规范要求。

③ 现有资料很多，我缺乏整合资料的能力。

那么，怎么解决这三个问题，然后撰写出优秀的社会实践报告，并制作出汇报用的展示幻灯片 PPT 呢？

6.2　Exploration——探索发现问题本质

AI 工具能否帮助我解决撰写社会实践报告过程中遇到的这三个问题呢？我先来探究这个问题。

6.2.1　润色文字

AI 工具能帮助我修改走访记录，润色文字吗？我咨询一下 AI 工具吧。

> **我的问题：**
>
> 我在社会实践中做了很多访谈记录，记录有些匆忙，你能帮我修改润色吗？
>
> **文心一言的回答：**
>
> 当然可以，我很乐意帮助你修改和润色访谈记录。为了更具体地进行修改，我需要看到具体的访谈记录内容。不过，在没看到具体内容之前，我可以给你一些通用的建议，帮助你改进访谈记录的撰写。
>
> 保持清晰和简洁：
>
> 尽可能使用简短、直接的句子。
>
> 避免冗长和复杂的表述。
>
> 确保准确性：
>
> 核对访谈中的事实和数据，确保无误。
>
> 对于不确定的内容，可以标注为"待确认"或"受访者提供的数据"。
>
> ……

文心一言不但可以润色文字，还给出了修改意见。可以帮助我解决第一个问题。

6.2.2 生成社会实践报告

那么 AI 工具能帮助我整理资料，帮助我撰写社会实践报告吗？我还是向 AI 工具咨询一下。

> **我的问题：**
>
> 我要撰写社会实践报告，你能帮我整合资料吗？
>
> **文心一言的回答：**
>
> 当然可以帮助你整合资料来撰写社会实践报告。整合资料是撰写报告的重要一步，它涉及将收集到的各种信息、数据和访谈记录进行系统化整理，以便更好地分析和呈现。以下是一些建议，帮助你整合资料。
>
> 分类整理：
>
> 将收集到的资料按照不同的主题或类别进行分类，比如，调查问卷、访谈记录、观察笔记、相关文献等。
>
> 为每个类别创建一个文件夹或文档，将相关资料归类存放。
>
> 提取关键信息：
>
> ……

文心一言不但可以整合资料，还给出了整合方法，我按照它提供的方法科学地整理资料，它帮助我解决了第二个问题。

6.2.3　生成汇报幻灯片

AI 工具能根据我的实践报告自动生成汇报用的展示幻灯片 PPT 吗？我还是直接问 AI 工具。

> **我的问题：**
>
> 你能根据我的实践报告自动生成汇报用的展示幻灯片 PPT 吗？
>
> **文心一言的回答：**
>
> 虽然我无法直接生成 PPT 文件，但我可以提供一个基于你实践报告内容制作汇报 PPT 的大纲和建议，你可以根据这个大纲在 PPT 编辑软件中自行制作。
>
> ……

很多 AI 工具可以提取文档结构，生成大纲，给出 PPT 结构和内容，有没有直接生成 PPT 的 AI 工具呢？我再次向 AI 工具咨询一下。

> **我的问题：**
>
> 你能给我推荐能够读取文件结构，自动生成 PPT 的国产免费 AI 工具吗？
>
> **文心一言的回答：**
>
> 当然，以下是五款能够读取文件结构并自动生成 PPT 的国产免费 AI 工具。
>
> 1. 天工 AI
>
> 功能特点：天工 AI 是一款功能强大的在线 AI 工具，它支持读取文件结构（如通过上传文档、链接等方式），并基于文件内容自动生成 PPT 大纲和幻灯片。天工 AI 具备知识提炼能力强、简单上手等优势，用户只需输入标题或上传文件 / 链接，即可快速生成 PPT。
>
> 使用方式：用户可以通过天工 AI 的官方网站访问并使用该工具。
>
> 费用：目前天工 AI 生成 PPT 是免费的。
>
> 2. 讯飞智文
>
> 功能特点：讯飞智文是由科大讯飞推出的一键生成 PPT/Word 产品。它支持根据一句话、长文本、音视频等指令智能生成文档，包括 PPT。讯飞智文能够解析文件结构，提取关键信息，并自动生成与之匹配的 PPT 模板和内容。
>
> ……

我可以利用文心一言提供的 PPT 大纲自行编辑制作，或者选择推荐的 AI 工具如天工 AI 来自动生成 PPT，以此解决第三个问题。

通过询问 AI 工具，我发现三个问题它都能帮我解决。因此，我要解决的根本问题就是在 AI 的辅助下完成原始社会实践资料的文字润色、根据整理后的资料生成社会实践报告以及基于这个社会实践报告，制作用于汇报的展示幻灯片 PPT。

6.3 Enhancement——拓展学习求解问题必备的知识和能力

作为大学生，第一次撰写社会实践报告，需要具备什么知识呢？我向 AI 工具寻求帮助。

6.3.1 AI 辅助文字润色

AI 工具如何修改文章，润色文字呢？我是不是直接用提示词要求它就可以呢？我来试一试。

> **我的问题：**
> 请修改润色这句话：我想购买小米<u>收集</u>，<u>它它</u>的性能如何，<u>他</u>使用 AI 工具<u>行不行</u>？
> **文心一言的回答：**
> 原句中存在一些错别字和表述不清的地方，我为你修改润色如下。
> "我想购买小米手机，它的性能如何？它使用 AI 工具的效果怎么样？"

文心一言完全理解了我的意图，这样修改后，句子更加清晰、准确，也更易于理解。对于需要润色的文字，只需要在 AI 工具中使用"请修改润色这句话"这类的提示词，后面跟上想要让它润色的文字就可以了。

✖ 动手实践

请 AI 工具帮助你润色文章。

6.3.2　AI 辅助撰写社会实践报告

我不熟悉社会实践报告的撰写原则、格式和规范要求。请 AI 工具来告诉我吧。

1. 社会实践报告的原则

参加社会实践的过程中，我收集了很多资料。在走访中，我每天都会做详细的记录。这些都是我的报告的写作素材。然而，我深知写作并非简单地将材料堆砌在一起，而是需要遵循一定的原则来构思和组织内容。为了更好地完成这项任务，我向 AI 工具寻求建议，以明确撰写一份优秀的社会实践报告所应遵循的原则。

> **我的问题：**
> 请用 200 字总结撰写社会实践报告的原则。
>
> **文心一言的回答：**
> 　　撰写社会实践报告时，应遵循真实性、客观性、完整性、逻辑性、深入性、规范性和反思性原则。报告必须真实反映实践情况，客观分析，全面记录活动的重要方面，保证内容条理清晰。同时，需要深入挖掘实践活动的意义和价值，进行深刻分析，并遵循学术规范。最后，要对实践活动进行反思和总结，提出改进措施。遵循这些原则，能够确保报告的质量，提升其学术和实用价值，为未来实践活动提供参考。

AI 已经告诉了我撰写社会实践报告的原则，我认为很有道理。接下来我就可以按照原则来撰写报告。

2. 社会实践报告的结构

作为一种特定文体，社会实践报告的结构框架对于撰写者来说至关重要。为了更准确地把握这一文体的写作规范，我决定寻求 AI 工具的帮助，以期深入了解社会实践报告的结构框架，并据此指导我的写作实践。

> **我的问题：**
> 社会实践报告结构框架是什么？
>
> **文心一言的回答：**
> 　　虽然我作为一个 AI 模型不能直接为你撰写完整的社会实践报告，但我可以为你提供一个大致的框架和指导，你可以根据自己的实践经历进行调整和补充。
>
> 　　封面：报告标题；作者信息；提交日期
>
> 　　目录：（列出报告的主要部分和页码）
>
> 　　引言：简要介绍实践的背景和重要性；阐述实践的目的和预期成果；实践背景

与目的；详细描述实践的社会背景和相关问题；明确实践的具体目标和意义。

实践过程与方法：叙述实践的整个过程，包括准备、执行和总结阶段；描述采用的方法和技术，以及选择这些方法的原因。

实践与发现：记录在实践中的关键活动和观察；分析实践中收集的数据和信息；展示实践成果和发现，可以使用图表、统计数据等来辅助说明。

分析与讨论：分析实践结果，与预期目标进行对比；讨论实践中遇到的问题和挑战以及解决方法；探讨实践的社会意义和影响。

结论与建议：总结实践的主要发现和经验教训；针对实践结果提出具体的建议或改进措施。

参考文献：（列出撰写报告过程中引用的所有文献）

附录：（提供与报告相关的补充材料，如调查问卷、数据表格等）

文心一言的回答使实践报告的结构在我头脑里一下子清晰起来。

3. 选择有效的资料

AI 工具可以帮助我整理资料，我应该提供哪些资料，才能生成优秀的社会实践报告呢？我来向 AI 工具咨询一下。

我的问题：

我要撰写社会实践报告，你能帮我整合资料吗？我需要提供什么样的资料，才能写出优秀的社会实践报告？

文心一言的回答：

当然可以，撰写社会实践报告是一个系统而细致的过程。为了帮助你整合资料并写出一篇优秀的社会实践报告，以下是一些关键步骤和所需资料的建议。

1. 明确报告主题与目标

首先，你需要明确报告的主题，即你参与的社会实践活动是什么以及你希望通过报告传达的主要信息或达成的目标。这将有助于你在后续的资料收集和撰写过程中保持焦点。

2. 收集与整理资料

活动背景与目的：收集关于社会实践活动的背景信息，包括活动的起因、目的、预期成果等。

活动计划与执行：整理活动的详细计划，包括活动的时间表、地点、参与人员、具体任务等，并记录活动的实际执行情况。

数据与观察记录：收集你在实践活动中收集到的所有数据，包括调查问卷的结果、访谈记录、观察笔记等。这些数据将为你的分析提供实证基础。

个人体验与感悟：记录你在实践活动中的个人体验、感受、思考以及与他人的互动情况。这些主观资料将为报告增添深度和人情味。

照片与视频资料：如果可能的话，收集一些与实践活动相关的照片或视频资料，它们可以为你的报告提供直观的视觉支持。

……

通过遵循上述步骤和提供必要的资料，你将能够撰写出一篇内容充实、结构清晰、分析深入的社会实践报告。记住，优秀的报告不仅在于数据的呈现，更在于你对个人体验、观察结果和解决方案的深刻反思和独到见解。

文心一言的回答提醒我资料筛选的重要性。应当精练资料，聚焦于核心信息的提炼与呈现，同时剔除无关紧要的冗余内容，以确保报告内容的精准性与高效性。

4. 提供资料

整理好了资料，怎样把资料提交给 AI 工具呢？在使用 AI 工具的过程中，我发现很多 AI 工具都有读取文件和处理文件的功能。以文心一言为例，如图 6.1 所示，单击左上角的"文件"按钮。利用这个功能，我就可以把大量资料上传了。上传以后，文心一言就可以读取文件内容。

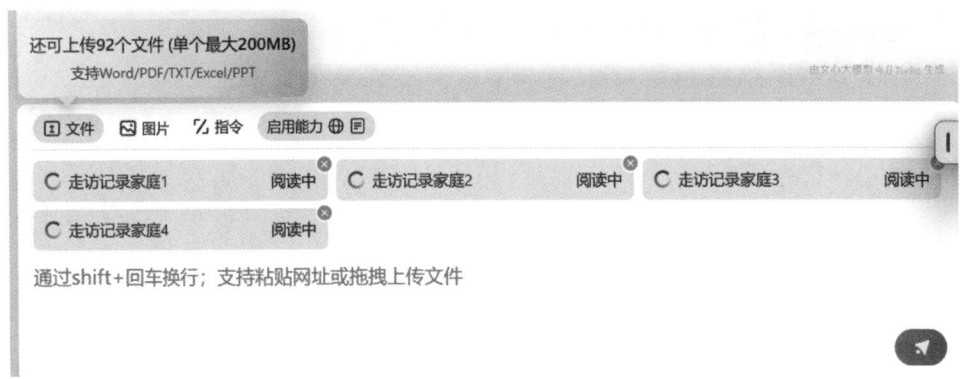

图 6.1 文心一言读取文件

6.3.3 AI 辅助生成 PPT

根据 6.2.3 节中文心一言的推荐，我选择"天工 AI"来制作社会实践报告 PPT，它可以读取文件结构，自动生成 PPT。操作步骤如下。

步骤一，在浏览器中打开天工 AI 网站，单击网站首页左下角"登录"按钮，注册并登录，如图 6.2 所示。

图 6.2 天工 AI 网站首页

步骤二，在注册登录界面使用手机号或者微信号注册并登录，如图 6.3 所示。

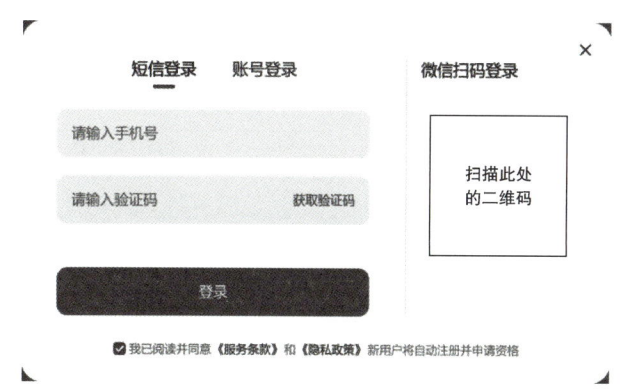

图 6.3 天工 AI 登录界面

步骤三，登录后在天工 AI 网站的左侧菜单中选择 AI PPT 功能，进入制作界面，如图 6.4 所示。

步骤四，单击右下方"上传文件"按钮，上传原始文件，天工 AI 可以根据文件内容撰写 PPT 大纲，如图 6.5 所示。

步骤五，PPT 大纲内容生成后，单击右下角"生成 PPT"按钮，如图 6.6 所示，弹出"选择模板"对话框。

步骤六，选择喜欢的 PPT 模板后，再次单击右下角"生成 PPT"按钮，如图 6.7 所示。

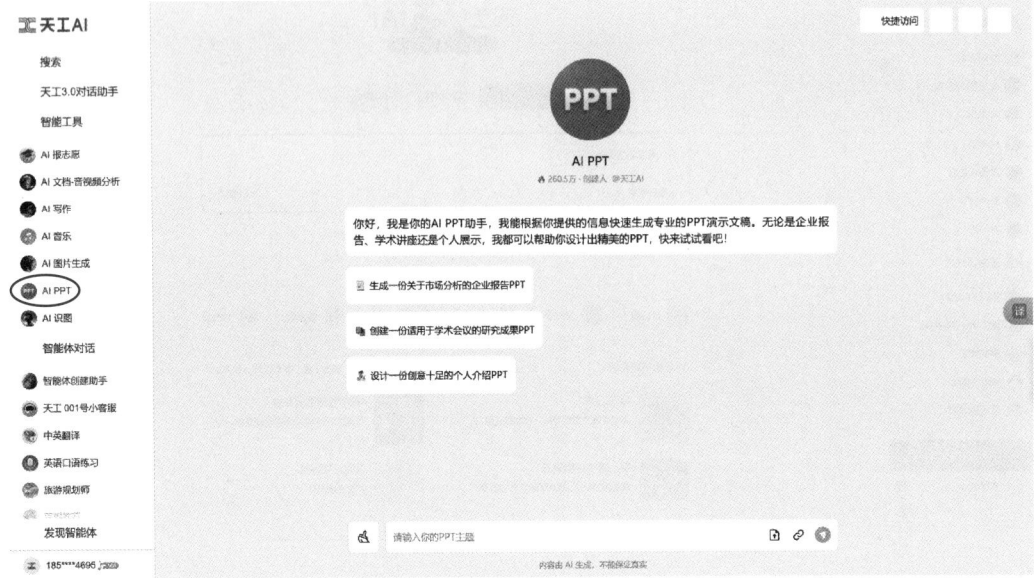

图 6.4　AI PPT 初始界面

图 6.5　天工 AI 由文件自动生成 PPT 大纲

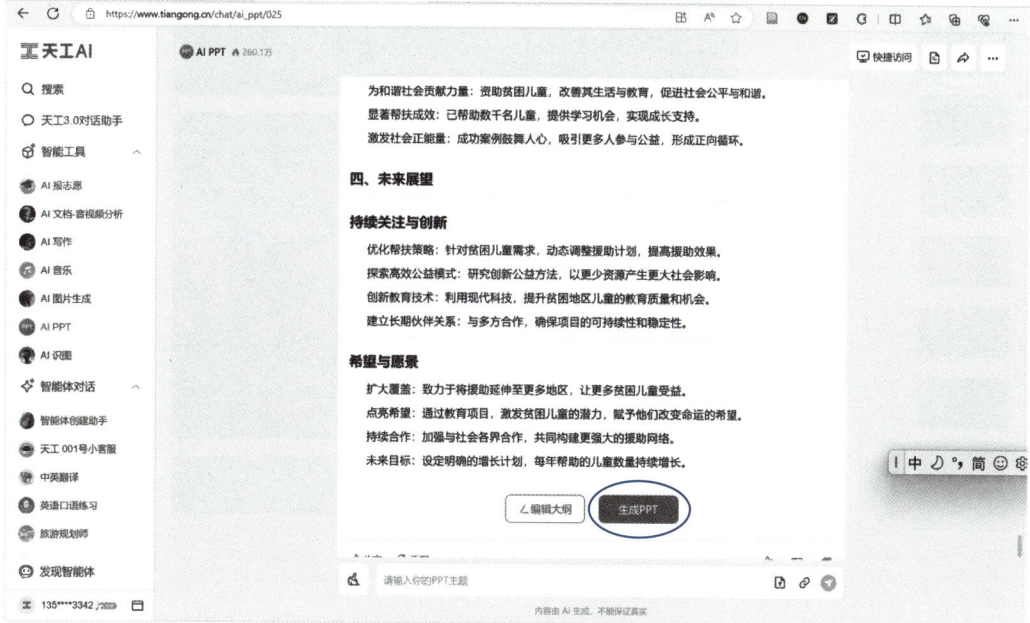

图 6.6 PPT 大纲生成完成

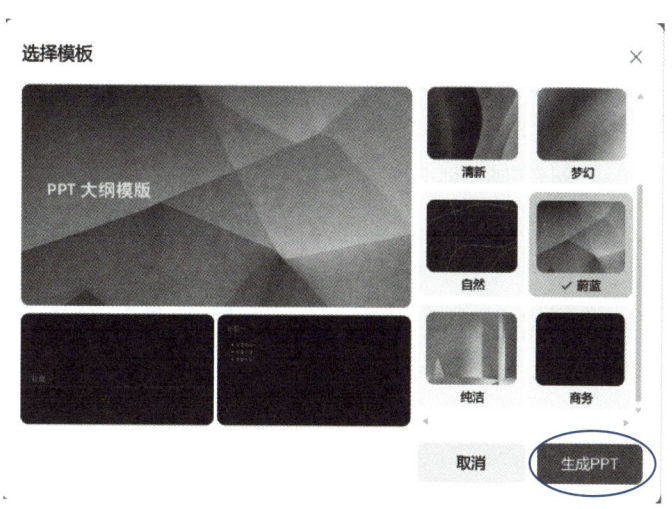

图 6.7 选择 PPT 模板

步骤七，生成完整的幻灯片是一个动态过程，等待几秒最终生成一份 PPT，如图 6.8 所示。

图 6.8　生成幻灯片

步骤八，单击图 6.8 所示界面右上角的"导出"按钮 ⬇ ，可以 PDF 或者 PPTX 两种文件形式导出幻灯片，如图 6.9 所示。

天工 AI 能够自动生成 PPT，为用户节省了大量手动制作 PPT 的时间，提高了工作效率。从内容上看，生成的 PPT 涵盖了用户所需的主题，且内容组织有序，逻辑清晰。在质量方面，虽然 AI 生成的 PPT 可能无法达到专业设计师的水平，但对于大多数日常和

图 6.9　两种文件导出形式

商务需求来说，能够满足用户的基本需求。同时，用户还可以对生成的 PPT 进行进一步编辑和修改，以满足更具体的要求。

6.4　Execution——动手解决问题

下面，我就使用前面学习到的方法，在 AI 的协助下撰写社会实践报告并制作汇报幻灯片。我要向 AI 提供必要的背景知识、具体的问题描述和个性化需求的描述。

6.4.1　修改润色

在为期 5 天的走访活动中，我深感收获颇丰，有太多值得记录的内容。然而，由于

时间紧迫等原因，我的走访笔记尚有许多待完善之处。为此，我希望能借助 AI 工具强大的文字处理能力，对访谈记录等资料进行进一步的修改与润色。

我的问题：

我们详细记录了陈家的家庭情况和孩子们面临的辍学风险，我们小组积极地开展帮扶活动。

① 我们通过基金会平台，为陈母申请了一部爱心人士捐助的轮椅，这样陈母就不必每天独坐床上，她可以走出屋子，做一些力所能及的活动。

② 我们发现家里有很多陈母缝制的小物件，我们通过网络平台，尝试给陈母寻找手工工作的机会。

③ 我们通过基金会平台，帮助姐弟俩寻找爱心人士进行一对一帮扶。

④ 我们给陈家送去了米面和食用油，给姐弟俩送了过冬的衣物和课外书。

请修改润色，叙述语气平和。

文心一言的回答：

我们仔细记录了陈家的家庭状况及孩子们面临的辍学风险，并立即采取了以下几项帮扶措施。

轮椅援助，增添生活便利：通过基金会平台，我们为陈母申请到了一部爱心轮椅。这部轮椅使陈母能够离开床铺，进行一些简单的户外活动，增加了她的生活便利性。

发掘潜能，寻求手工工作：我们注意到陈母擅长缝制小物件，便利用网络平台，尝试为她寻找合适的手工工作机会，希望能为她带来一份额外的收入。

教育支持，建立一对一帮扶：为了帮助姐弟俩继续学业，我们联系了基金会，为他们找到了一对一的爱心资助人，确保他们在经济上得到支持，能够专心学习。

物资捐赠，温暖冬日时光：我们为陈家送去了米面、食用油等生活必需品，还为姐弟俩准备了过冬衣物和课外书籍，希望能为他们带去一份实在的关怀和温暖。

向 AI 工具提出的问题就是我匆匆写的访谈记录，是一些干巴巴的措施，文心一言对扶助行动进行了总结，对文字进行了润色，达到了我的预期。

我还请 AI 工具对所有的原始资料都进行了润色。绝大部分润色结果我都很满意，部分内容我进行了修改，详见案例素材 6-1。

案例素材 6-1： 润色过的 所有社会 实践原始 记录文档

6.4.2 生成社会实践报告

按照 6.3.2 节提供的方法，我对资料进行了筛选，选择了有效的资料；按照 6.3.1 节提供的方法我对所有资料进行了修改润色。社会实践相关资料详见案例素材 6-2。

资料整理完毕，接下来，我选择文心一言来辅助生成社会实践报告，操作步骤如下。

步骤一，单击"文件"按钮 🔲，选择需要上传的文件，将其上传，如图 6.10 所示。

案例素材 6-2： 社会实践 相关资料

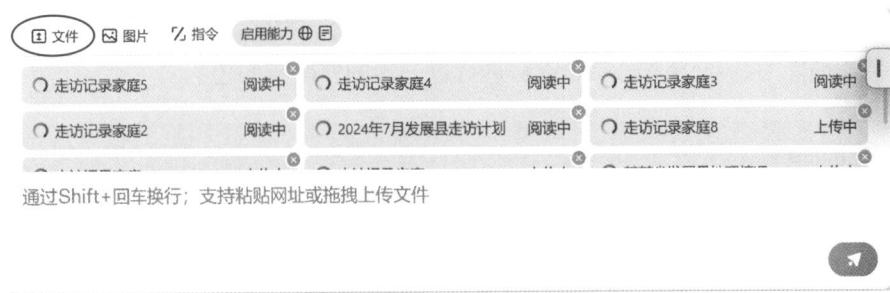

图 6.10　上传所有资料并给出报告要求

步骤二，根据 6.3.2 节中的方法，我已经了解撰写实践报告的原则、框架结构等要素。我向 AI 工具提出包含这些要素的要求，引导 AI 工具撰写符合规范的社会实践报告。

我的问题：

①　撰写社会实践报告时，应遵循真实性、客观性、完整性、逻辑性、深入性、规范性和反思性原则。报告必须真实反映实践情况，客观分析，全面记录活动的重要方面，保证内容条理清晰。同时，需要深入挖掘实践活动的意义和价值，进行深刻分析，并遵循学术规范。最后，要对实践活动进行反思和总结，提出改进措施。

②　请按照如下框架结构撰写社会实践报告。

③　报告包括（引言、实践过程与方法、实践与发现、分析与讨论、总结与反思）五部分。

④　引言部分包括（实践背景与目的、社会背景与问题概述、实践目标与意义）三部分。

⑤　实践过程与方法部分包括（准备工作、执行阶段）两部分。

⑥　实践与发现部分包括（走访家庭情况、关键活动与观察、实践成果、个人感受）四部分。其中，走访家庭情况要求列出全部走访家庭情况，并做出适当分析；个人感受这部分内容非常重要，字数不少于 1 000 字。

⑦　分析与讨论部分包括（实践结果分析、问题与挑战及解决方法）两部分。其中，实践结果分析要分析走访家庭的共性和差异性。

⑧　总结与反思部分包括（主要发现与经验教训、改进措施与建议）两部分。

⑨　社会实践报告要从大学生的角度看问题，以大学生的口气撰写报告。

⑩　带有个人色彩，强调个人的思考（此部分内容来自访谈报告）。

⑪　请根据这些要求撰写社会实践报告，报告不少于 5 000 字。

文心一言的回答：

2019 暑期某某省发展县走访贫困家庭社会实践报告

引言

实践背景与目的

在快速发展的现代社会中，我国经济虽总体呈现稳步增长态势，但贫困问题，特别是偏远山区和农村地区的贫困问题依然严峻。为了深入了解这些地区的贫困现状，探索教育在扶贫中的重要作用，我作为大学生之原则，与天津海河公益基金会的志愿者们共同组织了一次为期五天的社会实践活动。我们深入发展县多个偏远山村进行家庭走访，旨在通过亲身经历和观察，真实反映贫困家庭的生活状况，分析教育资源的匮乏对贫困地区儿童成长的影响，并提出相应的改进措施和建议。

社会背景与问题概述

发展县位于某某省的太行山脉与华北平原接合部，是一个典型的山区县，总面积的82%为山地，地理环境复杂，经济相对落后。尽管近年来该县在脱贫攻坚战中取得了一定成效，但贫困问题依然严峻，特别是贫困儿童的教育问题亟待解决。教育资源的匮乏、家庭经济条件的限制以及地理位置的偏远，使得许多贫困儿童面临辍学的风险，这不仅影响了他们的个人发展，也制约了当地的长远发展。

......

AI 工具很快就生成了一份社会实践报告。这份报告结构比较完整，内容来自我的资料，但部分内容还有欠缺。我在这份实践报告的基础上，根据实践情况，进行了部分修改。然后，再让 AI 工具进行润色修改，这样经过多次修改，我完成了本次社会实践报告的撰写工作。报告篇幅较长，详见案例素材 6-3。

案例素材 6-3：AI 生成的社会实践报告和我修改后最终的社会实践报告

6.4.3 生成汇报 PPT

社会实践报告完成后，我按照 6.3.3 节提供方法的操作步骤，将其上传到天工 AI，选择模板后，自动生成 PPT。如图 6.11 所示，使用右上角"下载"按钮下载修改。

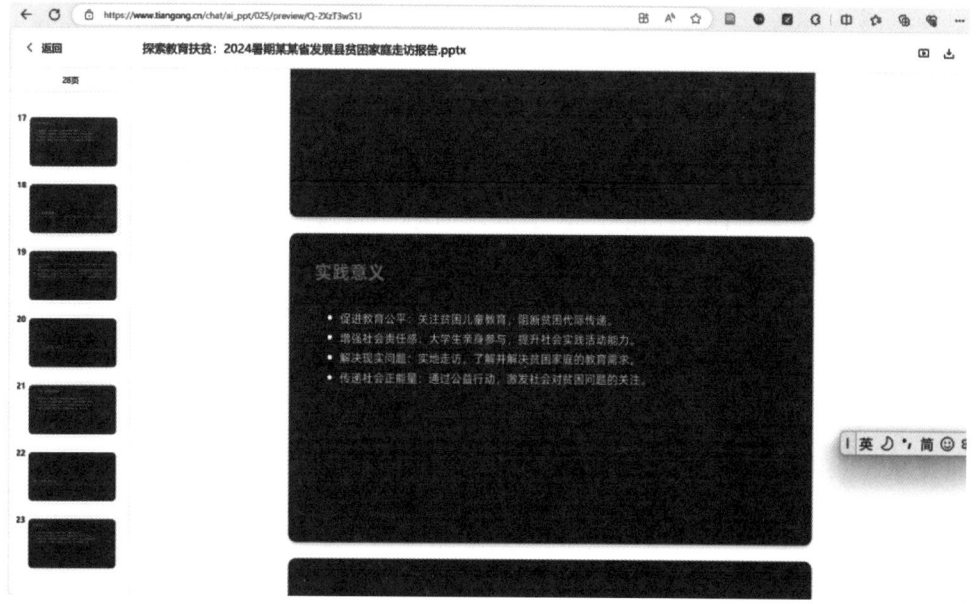

图 6.11 天工 AI 生成 PPT

　　AI 工具基于社实践报告生成的 PPT 较为完整地展示了本次社会实践的主要内容，配色大方得体，但存在没有图片，重点不突出等缺陷，我对它进行了进一步的优化和完善，最终完成了幻灯片 PPT 的制作，详见案例素材 6-4。

6.5　Evaluation——评价与反思

　　借由 AI 技术的强大助力，我顺利完成了访谈资料的修改润色和整理、社会实践报告的撰写以及志愿者工作汇报的幻灯片的制作。

　　对于首次撰写社会实践报告的我而言，AI 工具为我提供了诸多宝贵建议，极大地降低了写作的难度和门槛。它能够较为准确地理解资料内容，并生成与之相符的实践报告。相较于传统的手动撰写方式，AI 工具显著提升了写作效率和报告质量，为我节省了大量时间和精力，使我得以更专注于报告的核心内容。

　　社会实践报告的核心在于反映我个人对实际社会活动的参与、观察和反思。这要求我准确传达实践活动的真实情况和个人感受，确保报告内容的深度和真实性。唯有将亲身经历和真情实感融入报告，才能使其充满人文关怀。

　　撰写实践报告的过程，亦是我深入学习科学写作技巧的旅程。这一过程不仅局限于社会实践领域，更广泛地启迪了我对各类文本创作的思考。无论是整理分析繁复的实验数据，借由 AI 辅助生成条理清晰的实验报告；还是搜集生活中的点滴记忆，通过 AI 工具编制成册，记录个人成长的电子日记；乃至跨越语言障碍，实现多语种写作的自如切换，AI 技术都展现出了其无可替代的价值与潜力。

　　在制作幻灯片方面，AI 工具能够在短时间内生成包含大量页面的 PPT，为我节省了大量手动创建 PPT 所需的时间。它能够自动处理数据和信息，将其转换为可视化的幻灯片，减少了我在设计和布局上的投入。

　　尽管 AI 技术能够高效生成 PPT，但其成品的色彩搭配、字体选择、图片融入、图表展示以及动画效果方面往往显得单一且缺乏创意，难以在视觉上给予观众足够的吸引力。为了提升 PPT 的整体表现力与信息传递效率，我计划在未来应用过程中，倾注更多心思于布局的精妙设计与排版的艺术处理上。通过优化各部分内容的占比，巧妙调整，以突出核心要点，使 PPT 不仅能够清晰传达关键信息，更能以独特的视觉魅力牢牢吸引住观众的视线。

第7章

口述历史访谈提纲的编写
——AI 辅助访谈提纲编写

📖 案例说明：

按照 5E 步骤，针对一个感兴趣的话题——"如何编写出一套口述历史访谈提纲以有效开展人物研究"，在 AI 的协同下设计出具体的访谈提纲。

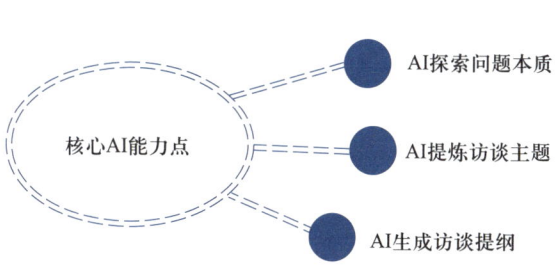

7.1　Excitation——提出感兴趣的话题

在我们的生命中，总有一些"最熟悉的陌生人"，比如，我们的爸爸妈妈、爷爷奶奶、姥姥姥爷，或是那些陪伴我们成长的老师、同窗、兄弟姐妹。说他们"最熟悉"，是因为他们是我们生活中不可或缺的一部分，与我们共同经历了无数个日日夜夜；而说他们"最陌生"，则是因为尽管我们与他们朝夕相处，却往往对他们的内心世界、成长经历、所思所想知之甚少。你真的了解身边最亲近的人吗？关于他们的故事，那些未曾言说的过往历史，你是否渴望知道得更多，以便更加深刻地理解他们，感受他们的喜怒哀乐？如何才能更好地增进彼此之间的理解和共鸣呢？于是，我向 AI 寻求帮助。

我的问题：
有哪些研究方法，可以帮助我们更多地了解一个人的人生故事和历史？

文心一言的回答：
为了更多地了解一个人的人生故事和历史，可以采用以下几种研究方法。

1. 口述历史法

定义：通过访谈当事人或其亲属、朋友等，以口头叙述的方式记录其人生经历和故事。

方法：

进行深入的访谈，引导受访者回忆并讲述自己的生平、重要事件、感受和思考。访谈过程可以录音或录像，以便后续整理和分析。

优势：能够直接获取当事人的第一手资料，了解其内心世界的真实感受和思考过程。

2. 生活史研究法

定义：通过采集和分析个体的生活史材料（如日记、信件、照片、录音、视频等），揭示其生命历程和内在世界。

方法：

采集材料。广泛收集个体的生活史材料，确保其多样性和全面性。

整理和编码。对收集到的材料进行分类、整理和编码，以便后续分析和解读。

分析解读。通过细致阅读和分析材料，理解个体的生命历程、成长经历、人际关系、价值观念等，揭示其背后的故事和意义。

优势：能够深入了解个体的生命轨迹和内心世界，揭示其经历背后的深层次原因和动机。

3. 文献研究法

定义：通过查阅和分析相关文献（如书籍、期刊、档案等），了解一个人的生平事迹和历史背景。

方法：

确定研究主题。明确要研究的人物和主题。

搜集文献。通过图书馆、档案馆、互联网等途径广泛搜集相关文献。

阅读和分析。仔细阅读和分析文献，提取有用信息，形成对研究对象的全面认识。

优势：能够获取丰富的历史资料和学术研究成果，为研究提供坚实的理论基础和背景支持。

4. 心理传记法

定义：结合心理学理论和方法，对历史人物的心理特征、行为动机和人生轨迹进行深入分析的研究方法。

方法：

资料搜集。广泛搜集关于研究对象的传记资料、书信、日记等。

心理分析。运用心理学理论和方法，对研究对象的行为、言语、情感等进行深入分析，揭示其内心世界和动机。

综合解读。将心理分析结果与历史背景、社会环境等因素相结合，形成对研究对象人生故事的全面解读。

优势：能够揭示历史人物的心理特征和动机，帮助我们更深入地理解其人生选择和经历。

5. 跨学科研究法

定义：结合多个学科的理论和方法，对一个人的人生故事和历史进行全面、深入的研究。

方法：

确定研究框架。根据研究主题和目标，确定需要涉及的学科领域和理论框架。

资料搜集与分析。广泛搜集相关学科的资料和研究成果，运用各自学科的研究方法进行分析。

综合解读。将各学科的研究结果相结合，形成对研究对象人生故事和历史的全面、深入解读。

优势：能够融合多个学科的知识和视角，提供更加全面、立体的研究成果。

综上所述，了解一个人的人生故事和历史需要综合运用多种研究方法。通过口述历史法、生活史研究法、文献研究法、心理传记法和跨学科研究法等方法的结合使用，我们可以更加深入地了解一个人的生平事迹、内心世界和人生轨迹。

根据 AI 的提示，经过对比，我认为口述历史法是一个不错的选择，可以通过深入的访谈，直接获取当事人的第一手资料。这让我对使用这种方法产生了兴趣，于是我决定尝试采用口述历史研究法开展我下一步的探索。

7.2 Exploration——探索发现问题本质

口述历史研究法需要进行面对面的访谈，但是如何开展一场深入的访谈，如何通过访谈走进他人的心灵世界，这又为我带来了新的问题。面对一位"最熟悉的陌生人"，要成功开展一场深入的口述历史访谈，需要准备什么？我再次向 AI 发出提问。

我的问题：

做好口述历史访谈，需要准备哪些材料？

文心一言的回答：

要做好口述历史访谈，需要准备一系列材料以确保访谈的顺利进行和口述资料的准确记录。以下是需要准备的主要材料。

1. 背景资料

受访人信息：收集受访人的详细背景资料，包括姓名、年龄、职业、经历、与访谈主题相关的个人故事等。这有助于访谈者更好地了解受访人，建立信任关系，并引导访谈深入进行。

历史背景资料：针对访谈主题，收集相关的历史背景资料，包括时代背景、社会环境、重要事件等。这有助于访谈者在访谈过程中准确理解和把握口述资料的历史价值和意义。

2. 访谈提纲

详细访谈提纲：根据访谈目的和主题，设计详细的访谈提纲。提纲应包含开场问题、关键问题、结束问题等，以确保访谈过程有条不紊地进行。同时，访谈提纲应根据受访人的实际情况和访谈进展灵活调整。

3. 辅助工具

录音设备：准备高质量的录音设备，如录音笔或智能手机等，以确保能够清晰、准确地录制受访人的口述资料。同时，应备有备用电池或充电宝，以防设备电量不足。

录像设备（可选）：如果条件允许，可以准备录像设备进行拍摄，以捕捉受访人的表情、动作等非言语信息，为口述资料提供更加丰富的背景和情境。

纸笔记录工具：准备纸笔等记录工具，以便在访谈过程中随时记录关键信息、要点或自己的思考。这有助于后期整理和补充口述资料。

4. 法律文件

访谈协议或授权书：准备访谈协议或授权书，明确双方的权利和义务，确保访谈内容的合法性和合规性。访谈协议或授权书应包含访谈目的、访谈内容、访谈资料的使用方式等条款，并需双方签字确认。

5. 其他材料

小礼物（可选）：在拜访访谈对象时，可以适当准备一些小礼物（如水果、糖果等），以表达访谈者的诚意和尊重，有助于建立良好的访谈氛围。

访谈环境布置：根据访谈需要，适当布置访谈环境，如调整光线、温度、座椅舒适度等，以确保受访人在舒适的环境中接受访谈。

6. 专业知识与技能

虽然不属于具体的"材料"，但访谈者还需要具备以下专业知识和技能。

史学知识：访谈者应具备一定的史学知识，以便在访谈过程中能够准确理解和把握口述资料的历史价值和意义。

访谈技巧：掌握有效的访谈技巧，如倾听、引导、提问等，以便在访谈过程中能够深入挖掘受访者的记忆和经历，获取有价值的口述资料。

综上所述，做好口述历史访谈需要准备背景资料、访谈提纲、辅助工具、法律文件以及其他相关材料。同时，访谈者还需要具备专业知识和技能，以确保访谈的顺利进行和口述资料的准确记录。

根据 AI 的指导，我了解到除了背景资料、辅助工具和法律文件之外，开展口述历史研究至关重要的一环是需要编写出一套高质量的访谈提纲，这也是我们走进一位"最熟悉的陌生人"的内心世界必不可少的钥匙。访谈提纲不仅是口述历史研究的路线图，更是挖掘被访者内心世界、捕捉那些稍纵即逝的历史瞬间的关键工具。通过精心设计的访谈提纲，我们能够引导被访者回溯过往，分享那些或许从未向他人透露过的故事和感受，从而让历史不仅仅是冷冰冰的文字记载，而是充满了温度和情感的鲜活记忆。

我觉得 AI 给出的这一套指导意见是合理且有用的。但是，人是复杂且多面的个体，记忆的长河往往包罗万象，如何有的放矢地编写出一套带有吸引力和针对性的访谈提纲，这个困惑依旧吸引着我的探索欲。

7.3 Enhancement——拓展学习求解问题必备的知识和能力

7.3.1 根据人物特点确定访谈主题

我认为，高质量的对话一定不是泛泛而谈，要编写出有吸引力和针对性的口述历史访谈提纲，肯定离不开根据人物特点来确定研究主题，再依据主题开展对话。然而，当面对一个访谈对象时，如何能尽快抓住人物特点以明确访谈的重点和主题？我再一次向 AI 寻求帮助。

我的问题：

当面对一个访谈对象时，如何能尽快抓住人物特点以明确访谈的重点和主题？

文心一言的回答：

当面对一个访谈对象时，要尽快抓住其人物特点以明确访谈的重点和主题，你可以采取以下策略。

1. 预先了解与准备

在访谈前，尽量收集关于访谈对象的背景信息，包括职业经历、教育背景、个人成就等。

通过社交媒体、公司网站、新闻报道等途径，获取更多关于访谈对象的公开信息。

2. 观察与倾听

在访谈开始时，仔细观察访谈对象的外貌、神态、肢体语言等，这些可以为你提供关于其性格和态度的初步线索。

倾听访谈对象的言谈，注意其语速、语调、用词以及讲述中的重点和情感倾向。

3. 提问与引导

设计一些开放式问题，鼓励访谈对象分享更多关于自己的信息，如"您能谈谈您的职业经历中最具挑战性的一件事吗？"

根据访谈对象的回答，灵活调整后续问题，以进一步探索其人物特点和相关经历。

4. 归纳总结与明确重点

在访谈过程中，不断归纳总结访谈对象的特点，并思考这些特点如何与你的访谈目的相关联。

基于以上，确定访谈的重点和主题，确保它们既符合你的研究需求，又能充分展现访谈对象的特点。

5. 保持敏感性和灵活性

意识到每个人都有自己的独特性和复杂性，避免过早下结论或贴标签。

在访谈过程中保持敏感性，随时准备根据新发现调整访谈的重点和主题。

6. 确认与调整

在访谈的某个阶段，可以与访谈对象确认你对其特点的理解是否准确，并询问对方是否希望在某些特定领域深入探讨。

根据访谈对象的反馈，对访谈的重点和主题进行必要的调整。

通过综合运用这些策略，你可以更快地抓住访谈对象的人物特点，并明确访谈的重点和主题。这将有助于你在访谈过程中更有效地引导讨论，并收集到更有价值的信息。

总体而言，我认为 AI 给出的这套方案比较全面可行，给了我相对具体的方法指导。我要依据这套方案，结合我的实际需要进一步推进下面的工作。

7.3.2 根据访谈主题编写访谈提纲

在确定访谈主题后，如何编写一套完整的访谈提纲就成了关键环节。从宏观抽象的访谈主题到微观具象的访谈提纲是一次重要的转化和飞跃，这个过程如何实现，有哪些核心事项需要处理和把握好，我心里还不是很有底，为此，我向 AI 寻求指导，学习如何基于访谈主题编写出一套完整详细的访谈提纲。

我的问题：

在访谈主题已经确定的情况下，如何编写访谈提纲？

文心一言的回答：

在访谈主题已经确定的情况下，编写访谈提纲需要围绕该主题展开，确保提纲内容紧密相关、逻辑清晰。以下是一个编写访谈提纲的步骤指南。

1. 明确访谈目标和主题

重申主题：确认访谈的主题，确保所有内容都围绕这一主题展开。

设定目标：明确访谈旨在探索的具体方面、了解的观点或经验以及期望达成的目标。

2. 设计访谈问题

核心问题：围绕访谈主题，设计几个核心问题，这些问题将构成访谈的主要框架。

细节问题：为每个核心问题设计一些细节问题，用于深入挖掘访谈对象的观点、经历或感受。

递进式问题：考虑设计一些递进式问题，逐步引导访谈对象深入探讨主题。

3. 构建访谈结构

开场白：设计一段开场白，介绍访谈目的、主题和流程，以建立良好的访谈氛围。

问题顺序：根据逻辑和重要性，安排问题的顺序，确保访谈流畅进行。

过渡语：准备一些过渡语，用于平滑地引导访谈从一个问题过渡到另一个问题。

结束语：设计一段结束语，感谢访谈对象的参与，并简要总结访谈要点或提及后续步骤。

4. 考虑访谈环境和技术准备

环境安排：根据访谈主题和对象，选择合适的访谈地点和环境。

技术设备：确保所有必要的技术设备（如录音笔、摄像机等）准备就绪。

5. 制定备用方案

时间备用：为访谈留出额外时间，以应对意外情况或深入探讨某些话题。

问题备用：准备一些备用问题，以应对访谈中出现的未预见话题或需要进一步澄清的点。

6. 编写提纲文档

清晰格式：使用清晰的格式和编号系统，使提纲易于理解和跟随。

> 逻辑顺序：确保提纲中的问题和子主题按照逻辑顺序排列。
>
> 审查与修改：在最终确定前，仔细审查提纲，确保其逻辑清晰、问题准确，并根据需要进行修改。

我认为 AI 给出的这套指导方案非常细致，给了我很多启发，也让我对一些细节问题有了更多的关注。下面我要结合我的实际情况，根据 AI 给出的方案，最终完成一套完整可行的访谈提纲。

7.4　Execution——实际动手解决问题

接下来，我将运用前面所学到的方法，在 AI 的辅助下，来具体实施"最熟悉的陌生人"口述历史研究的访谈提纲编写。我会向 AI 提供必要的关于人物的基本信息，例如，姓名、年龄、职业、教育背景、社会经历等。我将按照"确定访谈主题、编写访谈提纲"这两个步骤逐一推进，我希望我的探索之旅能在 AI 的帮助下更加高效与优质。

7.4.1　AI 辅助提炼访谈主题

我的访谈对象是我的小学班主任。

按照 7.3.1 节中 AI 教我的方法，我通过预先了解与准备，获知如下基本信息：我的小学班主任是 1950 年生人，女性，语文特级教师，生于知识分子家庭，育有一儿一女，她的教学经验非常丰富，对转学生、插班生、后进生等特殊学生群体能做到无微不至的关怀，引导他们快速融入班集体。老师尤其擅长教授学生写作文，培养我们细心观察生活、书写真情实感的作文思维。在老师的培养下，我曾获得过全国中小学生作文大赛三等奖。老师从教数十年，培养出了许多优秀毕业生升入重点初中，虽然小学毕业已经三十年了，但我仍然对班主任老师的教诲铭记于心。我通过观察与倾听，获知如下基本信息：退休后老师因为身体原因深居简出，我曾去家中拜访看望老师，老师告知我刚退休的时候曾经有一段时间帮助儿子创业，从老师两鬓斑白的容颜我看到了一位一生兢兢业业教书育人的教师最宝贵的坚守与品格。我通过提问与引导，获知如下基本信息：虽然距离我的小学阶段已经三十余年，但是老师对我们班许多同学的个性特点、家庭情况、成长发展等依旧记忆犹新，老师对一届届学生的培育与关心是非常深入的。通过归纳总结与明确重点，我认为，可以以"我的好老师"为重点去深入挖掘口述史料。在保持敏感性和灵活性以及确认与调整这两个步骤上，我打算随着访谈进程的深入再适时调整。

根据以上信息，我希望 AI 能够帮我提炼出此次访谈主题。

我的问题：

请你根据我提供的信息，为我提炼出一个访谈主题。

文心一言的回答：

基于你提供的信息，访谈主题可以提炼为——

"岁月悠悠，师恩难忘：我的小学语文特级教师口述史"

这个主题既突出了你与班主任老师之间的深厚情感，又强调了老师作为一位特级教师，在教育事业上的卓越贡献和对学生无微不至的关怀，特别是她对特殊学生群体的关注以及在教学方面的独特方法和显著成效。同时，也隐含了老师退休后依然保持着对教育事业的热爱和对学生的深切关怀，体现了其宝贵的坚守与品格。通过这个主题，可以深入挖掘和展现一位兢兢业业、影响深远的优秀教师形象。

我觉得 AI 给出的这个主题比较符合我的需求，我决定依照这个主题继续推进我的下一步环节。

7.4.2 AI 辅助生成访谈提纲

按照 7.3.2 节中 AI 教我的方法，我首先明确了我的访谈目标和主题：对我的小学班主任老师进行口述历史研究，以"岁月悠悠，师恩难忘：我的小学语文特级教师口述史"为主题，编写一份访谈提纲。其次，我需要从核心问题、细节问题、递进式问题三个层次设计访谈问题。第三，我需要一段开场白，还需要安排好问题顺序，准备过渡语和结束语。第四，我还需要准备一些备用问题，并以清晰的格式和逻辑最后生成提纲文档。为此，我向 AI 提出了我的设计步骤，并试图请它辅助我生成一份合格的访谈提纲。

我的问题：

请根据我提供的基本信息和访谈主题，按照编写访谈提纲的步骤指南，为我生成一份访谈提纲。

文心一言的回答：

"岁月悠悠，师恩难忘：我的小学语文特级教师口述史"访谈提纲

1. 明确访谈目标和主题

重申主题：本次访谈以"岁月悠悠，师恩难忘：我的小学语文特级教师口述史"为主题，旨在深入挖掘和记录访谈对象的教育生涯、教学经验以及对学生产生的深远影响。

设定目标：

了解访谈对象的教育背景、教学理念及特殊学生关怀经验。

探索其在作文教学方面的独特方法和经验。

收集访谈对象对学生成长发展的长期影响的案例。

挖掘访谈对象退休后的生活状态及其对教育事业的坚守与感悟。

2. 设计访谈问题

核心问题：

① 您能分享一下您的教育背景和教学经历吗？

② 您的教学理念是什么？您是如何关怀特殊学生群体的？

③ 您在作文教学方面有哪些独特的方法和经验？

④ 您的教学对学生成长发展有哪些长期影响？能否分享一些具体案例？

⑤ 退休后，您是如何保持对教育事业的热爱和坚守的？

细节问题：

在您的教学生涯中，有哪些特别的经历或挑战让您印象深刻？

您的家庭背景对您的教学事业有哪些影响？

您是如何发现并关怀特殊学生的？有哪些具体的关怀措施？

您认为，对于特殊学生群体，教师应该具备哪些素质和能力？

您是如何培养学生细心观察生活和真实表达情感的作文思维的？

您能分享一些成功的作文教学案例吗？比如，某个学生在您的指导下取得了显著的进步。

您认为，教育对学生成长的最大影响是什么？

您有哪些学生让您特别骄傲或印象深刻？他们现在的发展如何？这与您的教学有哪些关联？

退休后，您是如何适应生活的变化的？您是如何保持对教育事业的关注的？

您认为，一名优秀的教师应该具备哪些品质？您是如何做到这些的？

递进式问题：

在您的教学生涯中，有哪些经历或事件让您的教学理念发生了重要的变化？

您觉得，随着时代的发展，教育应该如何变革以适应学生的需求？您对此有哪些建议或期望？

对于未来的教育事业，您有哪些寄语或期望想对年轻教师或学生说？

3. 构建访谈结构

开场白：感谢访谈对象接受访谈，介绍访谈的目的、主题和流程。强调访谈的重要性和意义以及对访谈对象的尊重和敬意。

问题顺序：按照逻辑和重要性，先询问教育背景和教学经历，再探讨教学理念、作文教学方法和对学生的影响，最后讨论退休后的坚守和品格。在每个核心问题之后，跟进相关的细节问题和递进式问题。

过渡语：使用平滑的过渡语，如"非常感谢您分享了这么多宝贵的经验，接下来我们想了解一下您在作文教学方面的独特方法和经验""您的教学生涯对学生产生了深远的影响，能否分享一些具体的案例？"等。

结束语：感谢访谈对象的参与和分享，简要总结访谈要点，并提及后续可能的研究或合作机会。同时，表达对访谈对象的敬意和祝福。

4. 考虑访谈环境和技术准备

环境安排：选择访谈对象家中或学校等舒适、安静的环境进行访谈，确保访谈过程不受干扰。

技术设备：确保录音笔、摄像机等技术设备准备就绪，并测试其正常工作。同时，准备备用的录音设备以防万一。

5. 制定备用方案

时间备用：为访谈留出额外时间，以应对意外情况或深入探讨某些话题。

问题备用：准备一些备用问题，如"您在教育生涯中遇到的最大挑战是什么？""您有哪些特别的教学方法或技巧可以分享？"等，以应对访谈中出现的未预见话题或需要进一步澄清的点。

6. 编写提纲文档

使用清晰的格式和编号系统，使提纲易于理解和跟随。

确保提纲中的问题和子主题按照逻辑顺序排列。

在最终确定前，仔细审查提纲，确保其逻辑清晰、问题准确，并根据需要进行修改。同时，与访谈对象进行沟通，确认提纲的可行性和适用性。

不得不承认，AI 给我带来了惊喜。在我按部就班地根据它的提示进行了相关环节的准备和沟通之后，它的确按照我的需求为我生成了一份完整的访谈提纲，这让我对顺利完成口述历史研究充满了信心。

✖ 动手实践

根据以上，建议你也不妨试试与 AI 互动，去编写一份访谈提纲，走进令你好奇的"最熟悉的陌生人"。

请你以类似的方法，对你的一位祖辈开展一次口述历史研究，并生成一套访谈提纲。

7.5 Evaluation——评价与反思

采用 AI 的方式辅助生成口述历史访谈提纲，无疑是一次充满创新与探索的有趣尝试。它不仅展现了技术在人文社科研究领域的应用潜力，更为研究者提供了一种全新的视角和工具，以更加系统化、科学化的方式去构建访谈框架。通过这一过程，我不仅对口述历史研究方法有了更为深入的理解，更在实践层面，对如何编写一份高质量的访谈提纲有了切身的体会和认识。

从走进"最熟悉的陌生人"的内心世界这个话题开始，我选择将小学班主任老师作为访谈对象，这一设定本身就充满了温度和情感色彩，是每个人都可以涉猎的领域。在 AI 的指导下，我回到问题的本质，并逐步推进访谈提纲的制定，最终收获了一份既完整又可行的提纲，这无疑是一份令人欣喜的成果。而更令我惊喜的是，AI 在这个过程中展现出了其强大的数据处理和逻辑构建能力，足以为一个从未进行过访谈的人提供坚实的指导与支撑。

然而，在借助 AI 完成访谈提纲编写的过程中，我也注意到了一些不能回避的问题，那就是尽管 AI 在规范性、科学性操作方面表现出色，但在面对需要深入人物内心、捕捉细微情感变化的访谈对话时，其局限性还是无以遁藏。毕竟，口述历史研究的魅力，恰恰在于那些非预设的、充满人性光辉的瞬间，而这些都是无法仅仅依靠技术来捕捉和呈现的。人与人之间的情感交流与心灵碰撞，才是口述历史研究最为宝贵的部分，也是其作为质性研究方法之一所追求的"道不远人"的真谛。

因此，这次尝试不仅是一次技术应用的实践，更是一次对口述历史研究方法本质的深刻反思。它提醒我们，在享受技术带来的便利的同时，更要珍视和发挥人类在情感理解、深度交流方面的独特优势。未来的口述历史研究，或许正是需要在这两者之间找到最佳的平衡点，让科技与人文在相互补充中共同推动研究的深入与发展。

✖ 动手实践

> 　　在 7.1 节给出的 5 种方法中，还有哪些方法是你感兴趣并且愿意尝试的？可以在 AI 的辅助下使用这些方法走近"最熟悉的陌生人"，好好体验一把科技与人文交汇的感受吧！　

第8章

短视频对青少年的健康影响分析

——AI 辅助调查问卷数据获取及分析

📖 **案例说明：**

按照 5E 步骤，在 AI 的协同下解决一个短视频对青少年健康影响分析的问题。

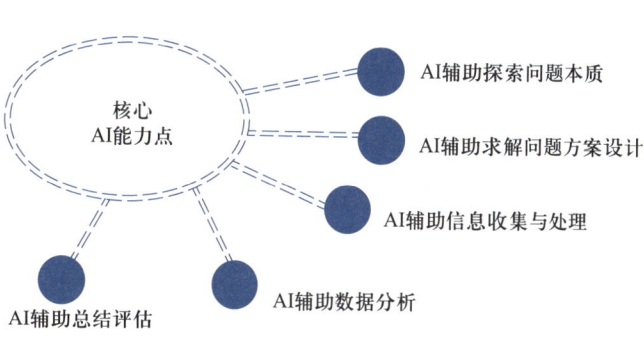

8.1　Excitation——提出感兴趣的话题

随着智能手机和互联网技术的快速发展，短视频平台如抖音、快手、TikTok 等在全球范围内迅速崛起，受到广泛欢迎。但同时，我们也发现很多青少年逐渐沉迷于短视频，健康受到了严重的影响。青少年为什么会沉迷于短视频呢？我们不妨咨询一下 Kimi 智能助手。下面是与 Kimi 的一次对话场景。

我的问题：

短视频什么会吸引青少年?

Kimi 的回答：

① 内容丰富多样：短视频平台提供了丰富多彩的内容，满足了青少年的好奇心和探索欲。

② 低参与门槛：青少年不仅可以观看短视频，还可以成为内容的创作者和传播者，这种参与性和互动性满足了他们的表达需求。

③ 个性化推荐：短视频平台通过算法推荐系统，根据用户的兴趣和行为推送个性化内容，这种沉浸式体验容易让青少年产生持续的观看兴趣。

④ 即时反馈：短视频平台的社交属性让青少年能够获得即时反馈，如点赞和评论，这种及时的认可和互动增强了他们的参与感。

⑤ 满足心理需求：短视频满足了青少年在休闲放松、信息获取和社会交往等方面的需求。

⑥ 技术多巴胺效应：短视频平台的设计迎合了青少年追求快感的心理，通过不断的新鲜内容刺激，激发了他们的持续探索欲望。

⑦ 缺乏自制力：青少年相对缺乏自制力，容易沉迷于短视频带来的即时满足和娱乐体验。

⑧ 社会和家庭教育的影响：家庭环境、学校教育和社会文化等多方面因素共同作用，影响青少年对短视频的使用行为和偏好。

可以看出短视频内容丰富多样、更新速度快且易于消费，非常符合青少年的媒介使用习惯。因此，青少年对短视频的接受程度和使用频率都很高。短视频在为青少年提供娱乐和学习新渠道的同时，也引发了许多健康相关的问题。

那么，我们能否借助先进的 AI 技术和功能强大的 AI 辅助工具，具体分析短视频对青少年的健康影响呢？如果可以的话，该如何实施呢？

8.2 Exploration——探索发现问题本质

为了分析短视频对青少年的健康影响，我们需要探究这个问题的本质。借助大语言模型，我们将得到更全面、更准确的描述。下面是与 Kimi 的一次对话场景。

我的问题：

"短视频对青少年的健康影响分析"问题的本质是什么？请使用第一性原理来探索。

Kimi 的回答：

使用第一性原理来探索"短视频对青少年的健康影响分析"问题的本质，我们可以从最基本的事实和规律出发，通过逻辑推理来深入分析。

① 定义问题：短视频对青少年的影响是多方面的，包括心理健康、身体健康、社交能力、认知发展等。

② 识别基本事实：青少年是成长发展的关键阶段，对外界信息的接受和处理能力有其特殊性。短视频是一种新媒体形式，具有内容多样、传播迅速、用户参与度高等特点。

③ 分析短视频特性：短视频的"短"是其基本特征，满足了用户在碎片化时间内获取信息和娱乐的需求。短视频平台的算法推荐系统可能会造成信息茧房效应。

④ 青少年发展需求：青少年需要构建自我认同、寻求社会认可，渴望更丰富的自我表达以及与同龄人互动的渠道。

⑤ 短视频使用的影响因素：包括环境因素（如同伴影响、家庭环境）、个体因素（如人格特质、自尊水平），以及短视频媒体本身的特性（如内容质量、互动性）。

⑥ 逻辑推理：基于上述基本事实和特性，我们可以推理出短视频对青少年健康可能产生的影响。

积极影响：短视频可以作为学习和信息获取的渠道，丰富青少年的知识视野，提供创造性表达的平台，有助于社交技能的发展。

消极影响：过度使用短视频可能导致注意力分散、时间管理问题、学业成绩下降，以及由于内容同质化导致的信息茧房效应，影响青少年的多元思维和批判性思维能力。

⑦ 探索本质：短视频作为一种工具，其对青少年健康的影响取决于使用方式和内容质量。青少年需要在成人的引导下，学会合理使用短视频，避免其潜在的消极影响。

⑧ 提出解决方案：基于以上分析，我们可以提出一些解决方案，比如加强青少年的媒介素养教育，引导他们识别和选择有益的内容；短视频平台可以提供家长监控功能，帮助家长管理青少年的使用时间和内容；同时，平台也应承担社会责任，提供更多有益青少年成长的内容。

> 　　通过上述分析，我们可以得出"短视频对青少年的健康影响分析"问题的本质是，短视频作为一种新媒体工具，其对青少年健康的影响是双刃剑，关键在于如何平衡其积极作用与潜在风险，通过教育、监管和平台责任来引导青少年合理使用，促进其健康成长。

　　我们对 Kimi 提供的解答进行归纳，可以发现问题的本质和核心要素。

　　① 问题的本质是探究短视频使用与青少年健康之间的关系，并量化这种影响（包括积极影响和消极影响）。

　　② 核心要素是短视频使用行为（如使用频率、时长、内容类型等）和青少年健康指标（如注意力、情绪稳定性、睡眠质量、身体健康状况、社交能力、学习效率、认知能力、学业成绩等）。

8.3　Enhancement——拓展学习
求解问题必备的知识和能力

8.3.1　方法与步骤

　　我们再追问一下 Kimi，确定如何开展分析吧。下面是与 Kimi 的一次追问对话。

> **我的问题：**
> 那么，要实现准确分析，有哪些关键的步骤呢？
>
> **Kimi 的回答：**
> 要实现对"短视频对青少年健康影响"的准确分析，可以遵循以下关键步骤。
> ① 明确研究目标：确定分析的具体方面，例如，心理健康、身体健康、社交能力等。
> ② 文献回顾：收集和分析现有研究，了解短视频使用行为和青少年健康之间的关系。
> ③ 定义变量：确定分析中的自变量（如短视频的使用频率、类型、时长）和因变量（如心理健康指标、生理健康指标）。
> ④ 样本选择：确定研究对象，选择合适的青少年样本，确保样本具有代表性。
> ⑤ 数据收集方法：设计问卷调查、访谈、观察等方法来收集数据。
> ⑥ 实验设计：如有必要，设计实验来测试短视频使用对青少年健康影响的假设。
> ⑦ 数据收集：根据设计的方法收集数据，确保数据的质量和完整性。
> ⑧ 数据预处理：清洗数据，处理缺失值和异常值。
> ⑨ 数据分析方法选择：根据研究目标和数据类型选择合适的统计方法或模型。

⑩ 实施数据分析：运用统计软件或编程语言进行数据分析。

⑪ 结果解释：对分析结果进行解释，联系理论和实际情况。

⑫ 讨论与结论：根据分析结果讨论其对青少年健康的影响，并得出结论。

⑬ 政策建议：提出基于研究结果的政策建议或干预措施。

⑭ 撰写报告：将研究过程和结果整理成报告或论文。

⑮ 同行评审：让其他专家评审研究方法和结果，确保研究的严谨性。

⑯ 公开发表：发表研究结果，供其他研究者参考和验证。

⑰ 持续监测：对短视频平台和青少年使用行为的持续变化进行监测，以便及时更新研究结果。

通过这些步骤，可以系统地分析短视频对青少年健康的影响，并提供科学的见解和建议。

Kimi 给出了解决本问题的关键步骤和常用方法。我们进一步整理该回答，可以发现关键步骤为收集数据、整理数据、分析数据、解释数据、总结与讨论。

同时，可以看出解决本问题会涉及多种技术方案，主要体现在数据收集、数据预处理、数据分析以及数据解释等方面。为了简化解决方案，我们采用调查问卷的技术路线，其优势主要体现在以下方面。

① 成本低：与传统的面对面访谈相比，问卷调查通常成本较低，更适合大规模调查。

② 时间短：问卷可以快速分发给大量受访者，缩短了数据收集的时间。

③ 匿名性：问卷调查可以提供匿名或半匿名的环境，这有助于受访者更真实地表达自己的观点和感受。

④ 标准化：问卷调查可以确保所有受访者回答相同的问题，保证数据的一致性。

⑤ 易于量化和分析：问卷调查便于收集可量化的数据，便于进行统计分析，简化了数据整理和分析过程。

⑥ 覆盖广泛：问卷调查可以覆盖广泛的地理区域，不受地理位置的限制。

⑦ 易于分享和传播：问卷链接可以轻松通过电子邮件、社交媒体等渠道分享，增加受访者的参与度。

⑧ 技术集成：现代问卷调查工具通常与数据分析软件和其他技术集成，提高了数据处理的自动化水平。

8.3.2 工具选择

我们使用百度或者其他搜索网站检索常用的问卷调查工具，发现目前主流的调查问卷设计工具有问卷星、腾讯问卷 AI 助手、SurveySlack AI 调查问卷生成器等，如图 8.1 所示。这些工具能够根据用户提供的信息或自然语言描述，自动创建问卷。在设计问卷问题时，借助于 AI，可以确保问题的有效性和合理性。生成的问卷可以通过电子邮件、社交媒体等渠道自动分发。并且能够自动收集问卷数据，进行初步的数据处理。还可以应用统计分析和机器学习技术，对收集的数据进行深入分析。最后将分析结果以图表等形式可视化，便于调查者理解和分享。这些工具极大地提高了问卷调查的效率和质量，同时降低了人为错误和偏见，为用户提供有价值的洞察和决策支持。

图 8.1　几种常见的问卷调查工具

经过检索和分析，我们发现问卷星是一个专业的在线问卷调查、考试、测评、投票平台，专注于为用户提供功能强大、人性化的在线设计问卷、调查结果分析等系列服务，已经被大量企业和个人广泛使用。这里，我们选择免费的问卷星个人版，完成问卷设计、分发回收以及统计分析。

✖ AI 实践

登录问卷星网址，自己动手建立一份问卷吧。

8.4　Execution——动手解决问题

8.4.1　设计问卷

在实践中，可以采用多种方式访问问卷星平台。这里使用浏览器登录问卷星平台。问卷星提供了 AI 创作问卷题目的功能，应用 AI 能力可以一键创建问卷，解决了不知道如何开始设计问卷题目的难点。

在应用场景中选择"调查"选项，从空白创建调查，选择"AI 创建问卷"选项，如图 8.2 所示。这样，借助大语言模型可以生成问卷的基本题目，然后再根据生成效果编辑题目。

很显然，我们应当设定调研主题为"短视频对青少年的健康影响"。题目数量暂且设置为 15，后续可以调整，如图 8.3 所示。

单击"开始创作"按钮，生成的问卷雏形如图 8.4 所示。

选择应用场景
调查
考试
投票
表单流程
360度评估
测评
民主评议
创建调查 72种题型，强大逻辑设置，支持红包抽奖等功能 了解更多→
从空白创建调查
请输入调查标题
创建调查
AI创建问卷
文本导入调查
批量导入，自由编辑
自动生成问卷
Excel导入答卷
从 Excel 批量导入题
目和答卷
EXCEL
人工录入服务
客服协助录入
便捷省事

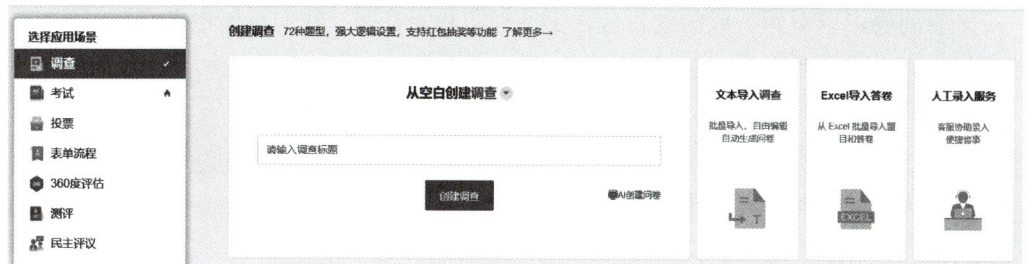

图 8.2 设计调查问卷（图片来源：问卷星）

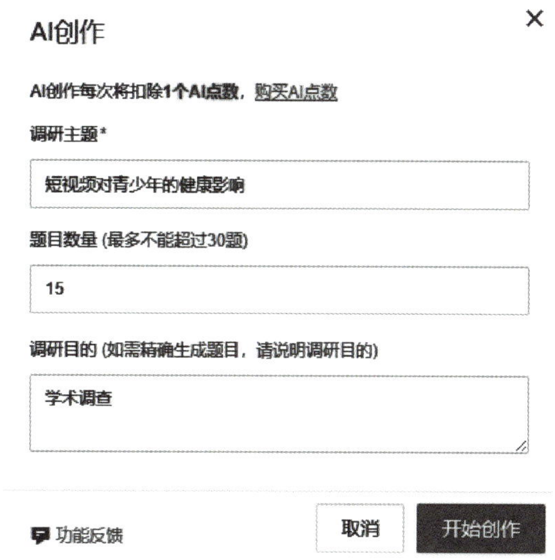

AI创作
AI创作每次将扣除1个AI点数，购买AI点数
调研主题*
短视频对青少年的健康影响
题目数量 (最多不能超过30题)
15
调研目的 (如需精确生成题目，请说明调研目的)
学术调查
功能反馈
取消
开始创作

图 8.3 确定主题

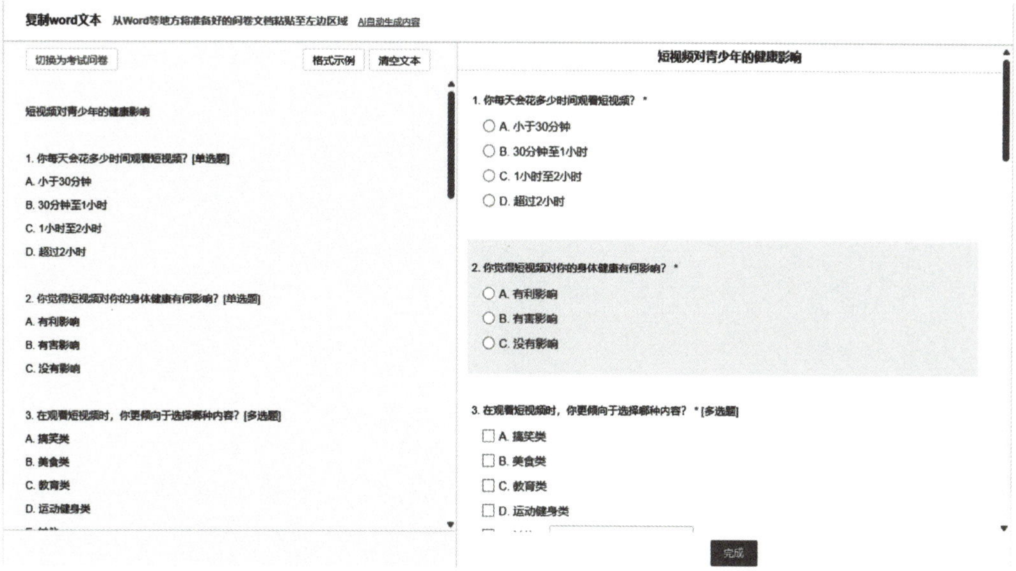

复制word文本 从Word等地方将准备好的问卷文档粘贴至左边区域 AI自动生成内容
切换为考试问卷
格式示例
清空文本
短视频对青少年的健康影响
1. 你每天会花多少时间观看短视频？[单选题]
A. 小于30分钟
B. 30分钟至1小时
C. 1小时至2小时
D. 超过2小时
2. 你觉得短视频对你的身体健康有何影响？[单选题]
A. 有利影响
B. 有害影响
C. 没有影响
3. 在观看短视频时，你更倾向于选择哪种内容？[多选题]
A. 搞笑类
B. 美食类
C. 教育类
D. 运动健身类
短视频对青少年的健康影响
1. 你每天会花多少时间观看短视频？*
A. 小于30分钟
B. 30分钟至1小时
C. 1小时至2小时
D. 超过2小时
2. 你觉得短视频对你的身体健康有何影响？*
A. 有利影响
B. 有害影响
C. 没有影响
3. 在观看短视频时，你更倾向于选择哪种内容？*[多选题]
A. 搞笑类
B. 美食类
C. 教育类
D. 运动健身类
完成

图 8.4 生成的部分题目

查看问卷可以看到生成的题目包含了选择题和问答题。我们可以根据需要对这些原始题目进行修改或者删除，也可以添加新题目，如图 8.5 所示。

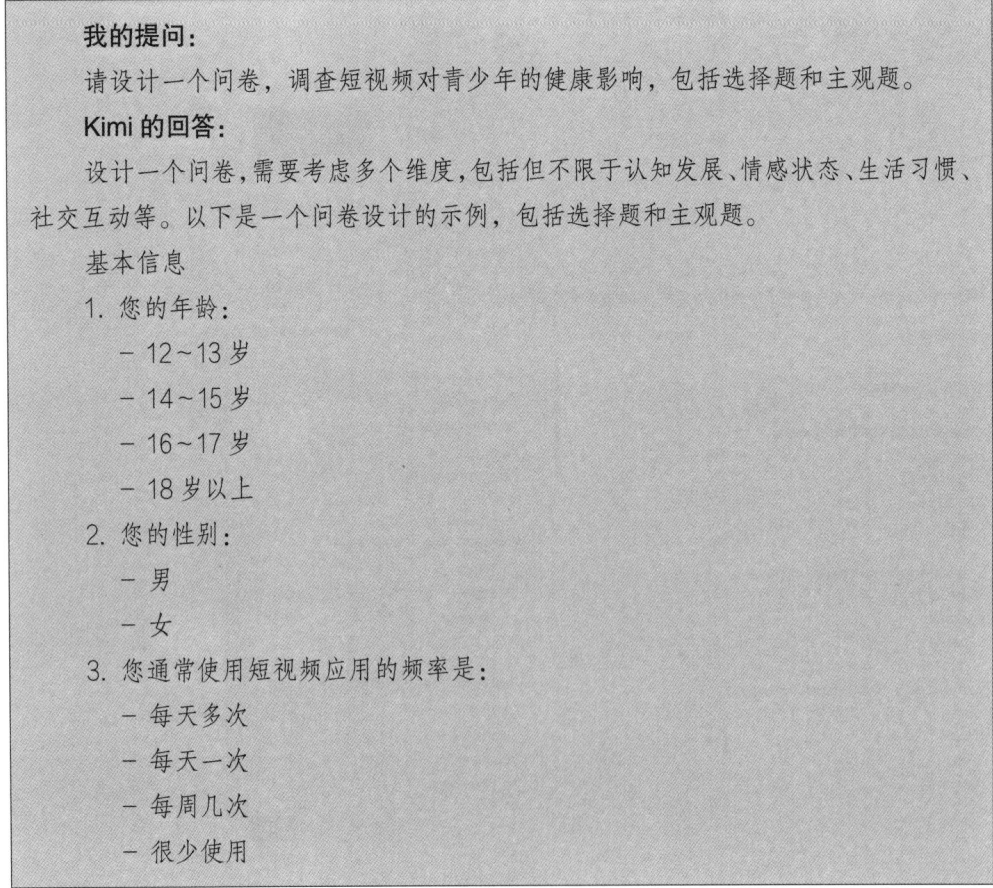

图 8.5　编辑题目

功能强大的 Kimi 也提供了试题生成功能，不但提高了出题效率，还能保证试题的准确性和应用性。我们再次询问一下 Kimi，来完善问卷调查的题目。下面是与 Kimi 的一次对话场景。

我的提问：
请设计一个问卷，调查短视频对青少年的健康影响，包括选择题和主观题。
Kimi 的回答：
设计一个问卷，需要考虑多个维度，包括但不限于认知发展、情感状态、生活习惯、社交互动等。以下是一个问卷设计的示例，包括选择题和主观题。
基本信息
1. 您的年龄：
－ 12~13 岁
－ 14~15 岁
－ 16~17 岁
－ 18 岁以上
2. 您的性别：
－ 男
－ 女
3. 您通常使用短视频应用的频率是：
－ 每天多次
－ 每天一次
－ 每周几次
－ 很少使用

– 从不使用

认知与学习

4. 您认为短视频对您的学习注意力有何影响？
   – 非常积极
   – 积极
   – 没有影响
   – 消极
   – 非常消极

5. 您是否使用短视频作为学习工具？
   – 是
   – 否

6. 如果是，请列出您使用短视频学习的主要领域（可多选）：
   – 语言学习
   – 科学知识
   – 艺术欣赏
   – 生活技能

情感与心理健康

7. 您认为短视频对您的情绪状态有何影响？
   – 总是让我感到快乐
   – 有时让我感到快乐
   – 没有影响
   – 有时让我感到沮丧
   – 总是让我感到沮丧

8. 当您感到压力或不快时，您会如何使用短视频？
   – 用来放松和缓解压力
   – 用来分散注意力
   – 加深了我的不快
   – 没有用来应对情绪问题

生活习惯

9. 您每天使用短视频的时间大约是多久？
   – 少于30分钟
   – 30分钟到1小时
   – 1到2小时
   – 超过2小时

10. 短视频使用是否影响了您的睡眠时间？
    – 是，导致我晚睡
    – 是，导致我早起
    – 没有影响
    – 不确定

社交互动
11. 您认为短视频对您的社交技能有何影响？
    – 非常积极
    – 积极
    – 没有影响
    – 消极
    – 非常消极

主观题
12. 您认为如何平衡短视频的使用与健康生活？请提供您的建议。

案例素材 8–1：短视频对青少年健康的影响

可以看到 Kimi 从 4 个维度讨论了短视频对青少年健康的影响，为我们提供了 11 道选择题和 1 道主观题。接下来，我们整理问卷星 AI 生成的题目、Kimi 生成的题目以及手工编辑的题目。最终确定本问卷共有 18 道题目，包含 17 道选择题和 1 道主观题。具体的题目内容在这里不再赘述，详见案例素材 8–1。

8.4.2　问卷发送与回收

调查问卷生成后，我们可以借助问卷星，以多种方式发布问卷。包括生成链接和二维码进行私发或群发，嵌入微信公众号或小程序，通过短信或邮件一对一发送，或者通过自定义链接参数进行系统对接，如图 8.6 和图 8.7 所示。

图 8.6　选择问卷发送途径

图 8.7 问卷链接与二维码

问卷发送后，受访者填写的答卷将自动被问卷星平台回收，问卷数据详见案例素材 8-2。我们可以在后台查看和管理答卷，包括单个答卷的详细信息，如图 8.8 所示。

案例素材
8-2：
问卷数据

图 8.8 回收问卷

8.4.3 数据统计与分析

回收问卷后，我们接下来进行数据分析。数据分析能帮助研究者和决策者从收集到的数据中提炼出有价值的信息和见解，可以验证某些假设的正确性或者推测的合理性，可以发现受访者群体中的趋势、模式和关联性，从而揭示问题的根源。问卷星提供了数据报表功能，单击"下载答卷数据"按钮，可以下载问卷数据，如图 8.9 所示。

序号	提交答卷时间	所用时间	来源	来源详情	来自IP(?)	1.您的年龄:	2.你的性别	3.你每天观看短视频的平均时长是多久?	4.你是否觉得短视频会影响你的睡眠
1	2024/6/28 17:02:33	46秒	微信	N/A	天津天津	D.18岁以上	A.男	A.少于1个小时	B.否
2	2024/6/28 17:02:38	51秒	微信	N/A	湖北武汉	D.18岁以上	B.女	B.1小时-2小时之间	A.是
3	2024/6/28 17:02:45	47秒	微信	N/A	天津天津	D.18岁以上	A.男	C.多于2个小时	C.不确定
4	2024/6/28 17:03:00	49秒	微信	N/A	天津天津	D.18岁以上	B.女	A.少于1个小时	B.否
5	2024/6/28 17:03:13	84秒	微信	N/A	福建福州	D.18岁以上	B.女	A.少于1个小时	C.不确定

图 8.9 问卷数据下载与浏览

从图 8.9 中可以查看问卷的提交时间、来源、地区或 IP，这有助于我们判断采集到的数据是否真实可信。我们可以将问卷以不同格式（例如 Excel、Word、PDF 等）导出，再使用专门的数据分析工具进行分析解释。这里，我们直接采用问卷星平台提供的数据分析功能。

单击“统计 & 分析”按钮，可以看到每道题目的回答情况。这里以题目“2. 你的性别”为例，如图 8.10 所示。

2. 你的性别 [单选题]
选项
小计
比例
B.女
42
61.76%
A.男
26
38.24%
本题有效填写人次
68
表格
饼状
圆环
柱状
条形
折线
A.男: 38.24%
B.女: 61.76%

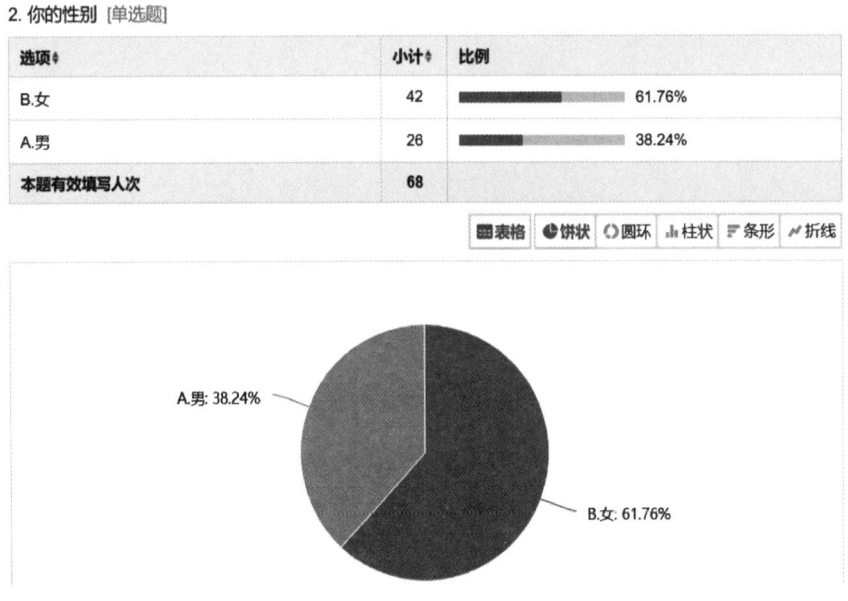

图 8.10　性别问题的回答数据

使用分类统计功能可以以问卷中任何一道或多道选择题的选项、填写者 IP 所在省份或城市、答卷来源渠道等为依据进行分类从而得到每一类答卷的统计报告。这里以“3. 你每天观看短视频的平均时长是多久？”为例，如图 8.11 所示。

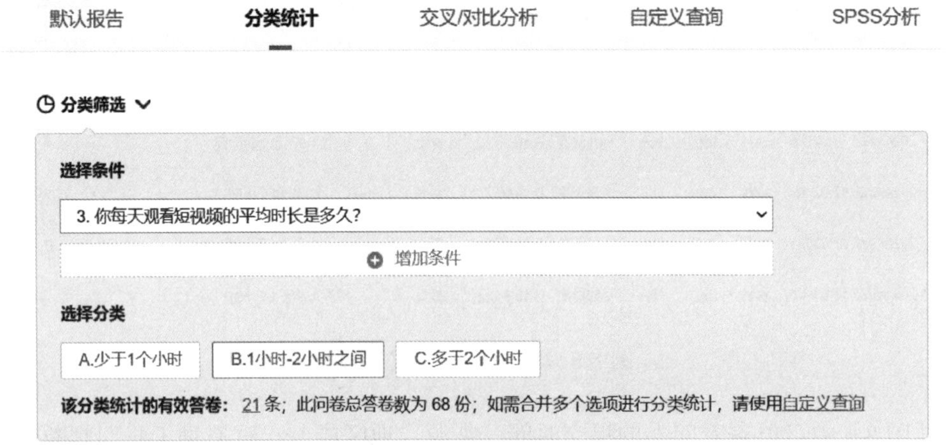

默认报告
分类统计
交叉/对比分析
自定义查询
SPSS分析
分类筛选
选择条件
3. 你每天观看短视频的平均时长是多久?
增加条件
选择分类
A.少于1个小时
B.1小时-2小时之间
C.多于2个小时
该分类统计的有效答卷: 21 条; 此问卷总答卷数为 68 份; 如需合并多个选项进行分类统计，请使用自定义查询

图 8.11　分类统计示例

对于开放性的主观题目，我们可以查看答案的词频图，以发现关键性的元素。这里以"17. 你认为应该采取什么措施来减少短视频对青少年健康的负面影响？"为例，如图 8.12 所示。

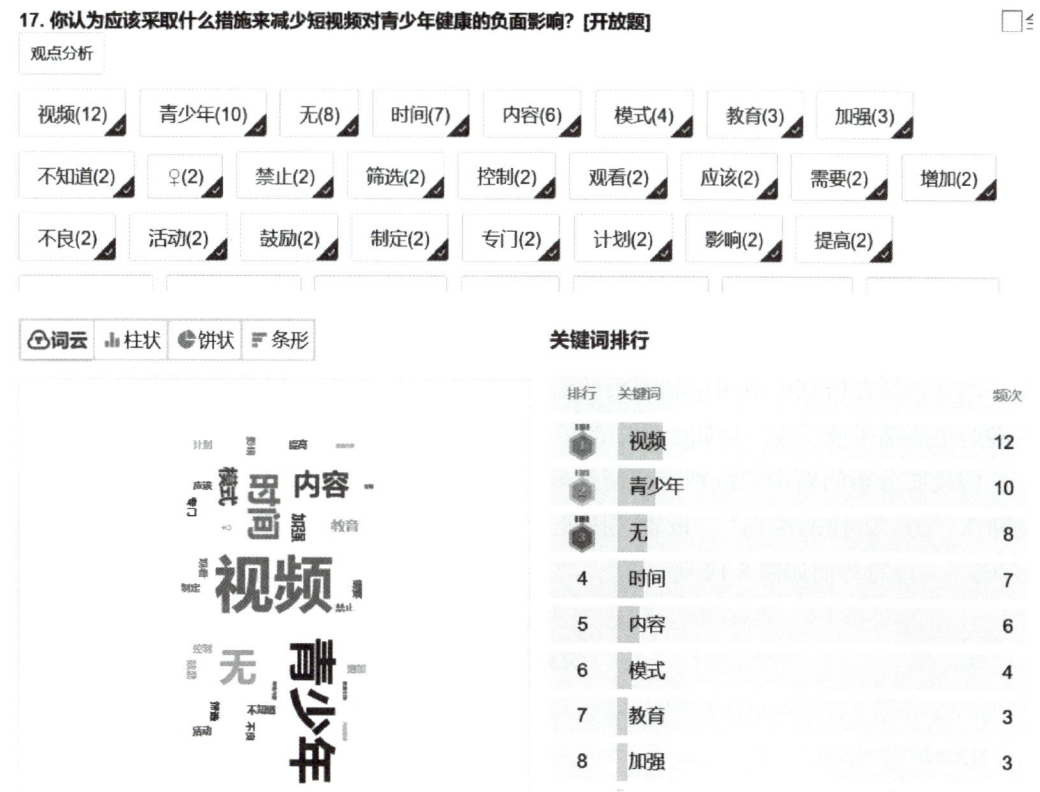

图 8.12　第 17 题的关键词分析

上面的词云图直观地展示了本题目答案中的关键词，通过字体大小、颜色等方式突出显示出现频率较高的词语，例如，"视频""青少年"。显然，这两个高频词代表了题目的核心内容或者讨论的焦点。其中，"无"出现了 8 次，是因为部分受访者未回答本问题。这应该与题目的类型有关，一般而言，受访者更倾向于回答选择类型的题目。

为了更直观地查看各个题目的作答情况，问卷星可以将问卷"统计 & 分析"页面的分题统计、答案来源分析、完成率分析等数据集中汇总在一个大屏幕上。单击"数据大屏"按钮，可以看到题目作答的全貌，效果如图 8.13 所示。

除了以上直观的数据统计和展示外，我们要分析短视频对青少年的健康影响，还需要分析各个因素之间的关联性，即交叉分析。例如，性别与视频时长的关系，性别与情绪波动的关系等。

单击"交叉/对比分析"按钮，设置"自变量 X"和"因变量 Y"，即可以查看两个变量（因素）之间的关系。在数据分析中，自变量是研究者设定或者控制的因素，通常用来观察对因变量的影响。例如，研究气温对植物生长的影响，气温就是自变

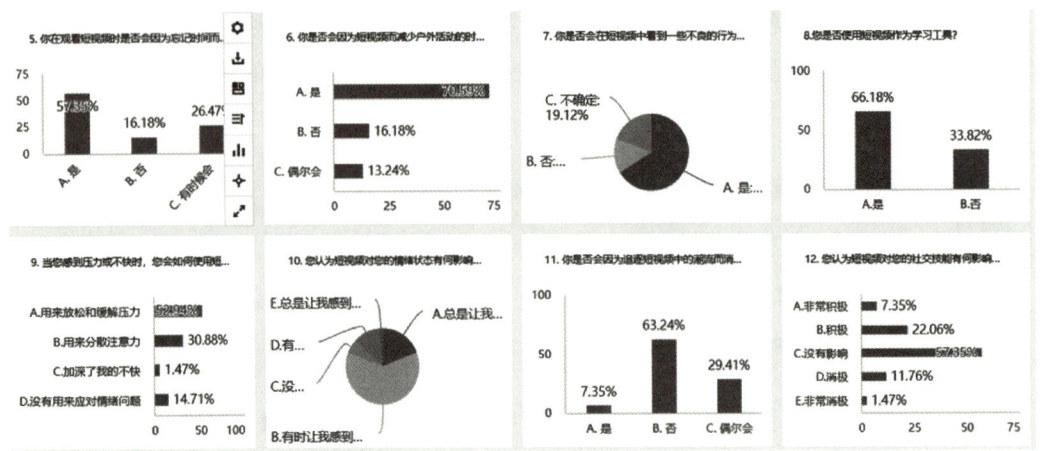

图 8.13　第 1~4 题的数据大屏展示

量。因变量是在研究中被测量和观察的变量，其取决于自变量的变化，通常是研究者感兴趣的主要结果或反应。例如上例中的植物生长情况。

假设要分析问卷中"性别"如何影响"短视频的观看时长"，那么，需要设置"自变量 X"为"2.你的性别"，设置"因变量 Y"为"3.你每天观看短视频的平均时长是多久？"。设置界面如图 8.14 所示。

默认报告　　　分类统计　　　**交叉/对比分析**　　　自定义查询　　　SPSS分析

交叉分析　对比分析

◆交叉分析（数据计算说明）

我的交叉分析▾

自变量 X（一般为样本属性，例如性别，年龄等。限2题）

2. 你的性别　　　　　　　　　　▾

⊕ 增加条件

因变量 Y（您要分析的目标题目，限10题）

3. 你每天观看短视频的平均时长是多久？　▾

⊕ 增加条件

数据源

新建数据源

交叉分析　保存

图 8.14　交叉分析变量设置

设置完成后，单击"交叉分析"按钮，问卷星自动显示交叉分析的结果，如图 8.15 所示。

从图 8.15 可以看出，性别差异对短视频的观看时长几乎没有影响。当我们把因变量 Y 设置为"12.您认为短视频对您的社交技能有何影响？"时，交叉分析如图 8.16 所示。可以看出，不同性别的受访者对"短视频对社交技能的影响"的看法存在明显差异。男性更加肯定短视频对社交技能的"积极"影响，少数认为"非常消极"。女性则全部否认"非常消极"的影响，而男女双方都大比例认为"没有影响"。类似地，我们可以分析其他因素之间的关联性。

3. 你每天观看短视频的平均时长是多久？[单选题]

X\Y	A.少于1个小时	B.1小时-2小时之间	C.多于2个小时	小计
A.男	6(23.08%)	9(34.62%)	11(42.31%)	26
B.女	12(28.57%)	12(28.57%)	18(42.86%)	42

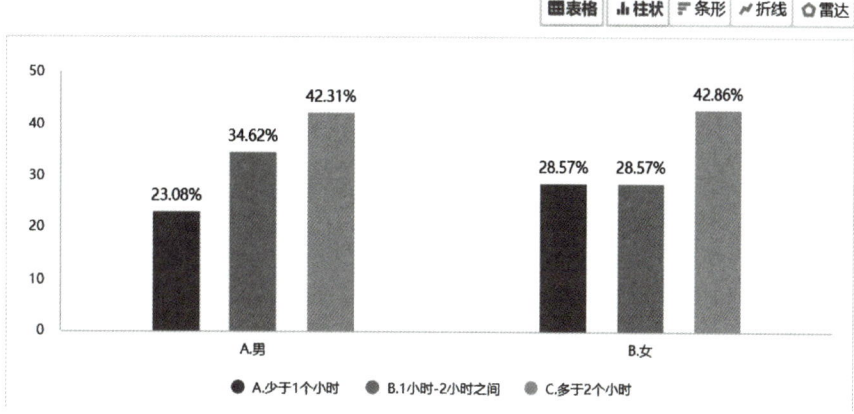

图 8.15　性别和视频时长的交叉分析

12. 您认为短视频对您的社交技能有何影响？[单选题]

X\Y	A.非常积极	B.积极	C.没有影响	D.消极	E.非常消极	小计
A.男	3(11.54%)	4(15.38%)	14(53.85%)	4(15.38%)	1(3.85%)	26
B.女	2(4.76%)	11(26.19%)	25(59.52%)	4(9.52%)	0(0.01%)	42

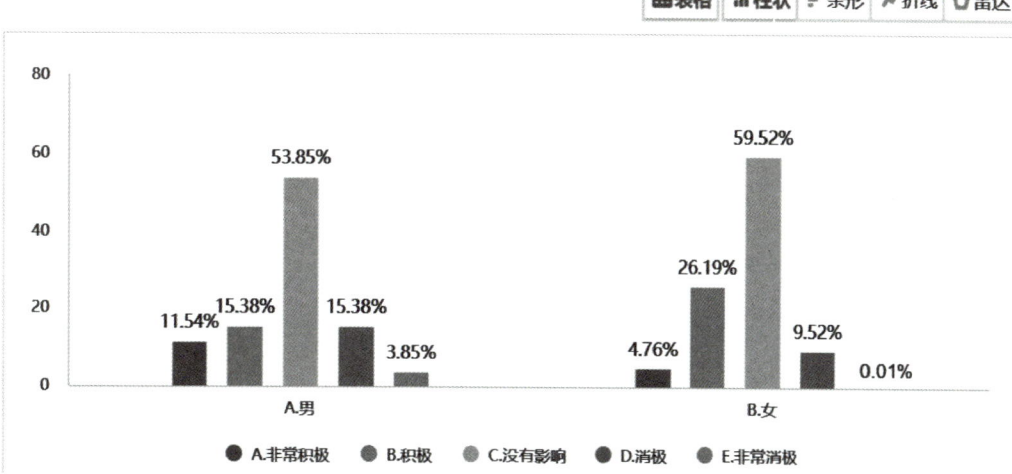

图 8.16　性别和视频社交技能影响的交叉分析

8.4.4　数据解释和结论

数据统计和分析之后，我们要进行数据解释并给出结论，从而为决策和行动提供支持。基于数据分析的结论有助于决策者在不同选择之间做出明智的决策。我们可以基于以上问卷星的数据分析，挖掘有价值的信息，撰写问卷调查报告。当然，我们也可以借助专业的 AI 数据分析工具，完成数据的深度挖掘。这里，我们使用 Kimi 的数据分析功能。将问卷导出为 Excel 文件，然后上传给 Kimi，再与 Kimi 进行对话。

> **我的提问：**
> 这是一份问卷调查，请写一份数据分析和解释的报告。
>
> **Kimi 的回答：**
> 1. 样本概况
> - 样本数量：68 份有效答卷。
> - 年龄分布：主要集中在 3 和 4 两个年龄段，表明受访者多为青少年。
> - 性别比例：男女比例相对均衡。
> 2. 问卷数据分析
> 2.1　观看短视频的频率和时长
> - 大部分受访者每天观看短视频时长为 1～3 小时，其中 3 小时以上的占一定比例。
> 2.2　短视频对睡眠质量的影响
> - 多数受访者认为短视频不会（1）或稍微（2）影响他们的睡眠质量，但仍有一定比例的受访者认为有显著（3）影响。
> 2.3　短视频对日常活动的影响
> - 多数受访者表示观看短视频可能会导致延迟作业或学习（问题 5），并减少户外活动时间（问题 6）。
> 2.4　短视频内容的负面影响
> - 有受访者在短视频中看到不良行为或内容（问题 7），这可能对青少年产生不良影响。
> 2.5　短视频作为学习工具的使用情况
> - 多数受访者偶尔使用短视频作为学习工具（问题 8）。
> 2.6　短视频对情绪状态的影响
> - 受访者普遍认为短视频对情绪有正面或中性影响（问题 10）。
> 2.7　短视频对消费行为的影响
> - 部分受访者表示会因为短视频中的潮流而消费过多（问题 11）。
> 2.8　短视频对社交技能的影响
> - 多数受访者认为短视频对社交技能有正面或中性影响（问题 12）。

2.9 短视频对家庭、朋友关系的影响

－ 部分受访者表示因为短视频而忽略了家庭、朋友或其他重要关系（问题13）。

2.10 对短视频健康影响的主动控制

－ 多数受访者表示会主动控制观看短视频的时间（问题15）。

2.11 对短视频健康影响教育的接受度

－ 大部分受访者愿意接受针对短视频健康影响的教育和指导（问题16）。

2.12 减少短视频负面影响的建议

－ 开放题中，受访者提出了多种建议，包括时间控制、内容审核、增加户外活动、提供心理疏导等。

3. 结论与建议

短视频在青少年中广泛流行，对日常生活和情绪有显著影响。需要对短视频内容进行更严格的审核和监管，以减少不良内容的传播。家庭和学校应提供更多关于如何健康使用短视频的教育和指导。鼓励青少年参与户外活动和社交活动，以平衡短视频带来的影响。

可以看出，Kimi 的报告是基于问卷数据的摘要分析，没有展示具体数值和图表。到此，我们可以结合问卷星丰富的可视化图表以及前面章节学习到的 AI 技能完成一份高质量的问卷调查分析报告了。

✖ AI 实践

汇总以上步骤得到的资料，利用 AI 助手撰写一份总结报告吧。

8.5 Evaluation——评价与反思

我们借助问卷星和 Kimi 助手解决了"短视频对青少年的健康影响分析"这一命题。优点是，问题直接关联短视频使用与青少年健康之间的关系，针对性明确。问卷覆盖了短视频使用频率、时长、内容影响、情绪影响等多个维度。同时，问题设计简洁明了，便于受访者理解和回答。调查基于微信平台进行，覆盖了不同地区和年龄段的受访者，并且在线问卷便于填写和收集数据。

不足之处：样本量较小，可能影响结果的普遍性和可信度。问题选项较为单一，部分问题可以增加更多选项以覆盖更广泛的意见。同时，受访者的自我报告可能受个人主观感受的影响。

进一步改进的方向：问卷设计和调查过程中需要更多考虑受访者的多样性和样本的代表性。例如，增加样本量、多元化抽样、结合定量和定性研究方法，如深度访谈或案例研究，以获得更全面的理解。

问卷星提供了"AI 追问"新功能，当填写者回答了一个填空题后，利用 AI 的能力，针对填写的内容进行进一步的深入追问，以充分挖掘填写者在这个题目上更多的事实和观点。AI 追问可以在有限的样本数条件下，获取更多、更丰富的用户反馈。后续，我们可以尝试使用问卷星的 AI 追问和样本服务进一步完善问卷。AI 追问的示例如图 8.17 所示。

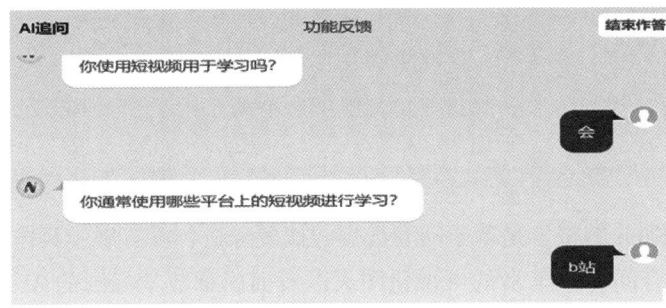

图 8.17　AI 追问示例

第9章

中国新能源汽车主要品牌销量分析

——AI 辅助数据收集与分析

📖 **案例说明：**

按照 5E 步骤，在 AI 的协同下解决一个关于中国新能源汽车主要品牌销量数据收集与分析的问题。

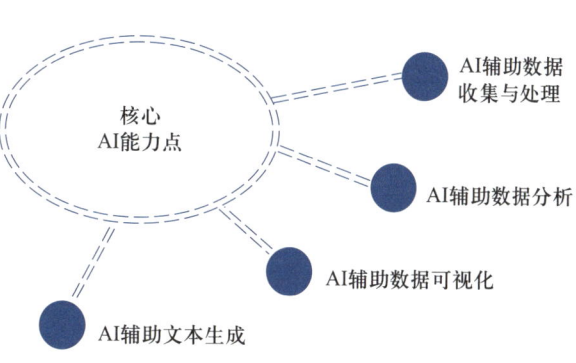

9.1　Excitation——提出感兴趣的话题

近年来，中国在新能源汽车领域的发展取得了令人瞩目的成果，其发展速度和规模均处于全球领先地位。中国新能源汽车市场已成功跻身全球最大市场之列。为持续推动新能源汽车技术的快速发展，政府也给予了大量的政策扶持与资金投入。在这样的大背景下，无论是投资者、政策制定者、行业从业者，还是普通的消费者，深入了解中国新能源汽车行业的主要品牌都至关重要。

通过文心一言这样的 LLM 工具，我们可以迅速概览当前中国新能源汽车行业的主要品牌。

我的问题：

现在中国新能源汽车行业主要的品牌有哪些？介绍 5 个具有代表性的，每个品牌用一句话总结，并说明是本土品牌还是国外品牌。

文心大模型 3.5 的回答节选：

目前中国新能源汽车行业主要的品牌包括多个本土和国际品牌。以下是 5 个具有代表性的品牌及其一句话总结，同时注明它们是本土品牌还是国外品牌：

1. 比亚迪（BYD）：中国新能源汽车市场的佼佼者，拥有完整的电池、电机、电控系统产业链。品牌类型：本土品牌。

2. 特斯拉（Tesla）：全球豪华智能电动汽车行业知名品牌，以其先进的电池技术、电动驱动系统和自动驾驶功能而著称。品牌类型：国外品牌。

3. 蔚来（NIO）：中国高端豪华高性能电动车品牌，以高品质的服务和创新的换电模式脱颖而出。品牌类型：本土品牌。

4. 理想（Lixiang One）：注重家庭用户实际需求的新能源汽车品牌，以增程式电动技术为特色。品牌类型：本土品牌。

5. 小鹏汽车（XPENG）：致力于为用户提供智能化出行解决方案的新能源汽车品牌。品牌类型：本土品牌。

以上 5 个品牌在中国新能源汽车行业中具有较高的知名度和市场份额，分别代表了不同的技术特点和市场定位。

中国本土的新能源汽车制造商，例如比亚迪、蔚来、理想、小鹏等，均在技术创新和产品更迭上取得了显著成就，并在市场上占据重要地位。同时，一些国外或合资品牌，如特斯拉、宝马、丰田等，凭借其先进技术和品牌影响力，也在中国市场上表现出强劲的竞争力。深入剖析中国新能源汽车主要品牌的销量数据，对我们了解各品牌在消

费者心中的定位、市场占有率以及洞察市场的发展趋势和需求变化至关重要。这不仅有助于企业灵活调整产品和市场策略，更能为政策制定者提供宝贵的决策参考，从而进一步促进新能源汽车行业的稳健发展。

那么，如何利用 AI 工具辅助我们高效地搜集和分析销量数据，并将分析结果以文字的形式精练准确地呈现出来呢？

9.2   Exploration——探索发现问题本质

首先，需要深入探索这类"数据分析"问题的核心本质，我们还是来咨询一下文心一言大模型。

我的问题：

根据第一性原理，"分析新能源汽车主要品牌的销量数据并以文字报告的形式呈现"，这个问题的本质是什么？

文心大模型 3.5 的回答节选：

要根据第一性原理来分析"分析新能源汽车主要品牌的销量数据并以文字报告的形式呈现"这个问题的本质，我们首先需要理解第一性原理的核心思想。第一性原理是指从问题的最本质、最基础的层面出发，进行逻辑推理和思维分析，而不是依赖于类比或过去的经验。

针对这个问题，"分析新能源汽车主要品牌的销量数据并以文字报告的形式呈现"，其本质可以分解为以下几个部分。

① 数据的收集与整理：这是分析过程的起点。需要搜集各大新能源汽车品牌的销量数据，确保数据的准确性和完整性。同时，对数据的格式和类型进行统一化处理，以便后续分析。

② 数据的本质解读：从第一性原理的角度来看，分析这些数据不只是看数字本身，而是要探究这些数字背后的原因和趋势。例如，某个品牌销量增长的原因是什么？是技术进步、市场策略调整还是消费者需求变化？

③ 逻辑分析与推理：在解读数据的基础上，进行逻辑分析和推理。这包括对比不同品牌之间的销量差异，分析市场格局的变化，预测未来的发展趋势等。

④ 文字报告的撰写：将上述分析过程和结果以文字报告的形式呈现出来。这要求报告内容条理清晰、逻辑严密、论据充分，同时还需要考虑报告的阅读对象和目的，以确保报告的有效性和实用性。

综上所述，这个问题的本质是从最基础的销量数据出发，通过逻辑分析和推理，

揭示数据背后的深层含义和趋势，并将这些分析和结果以文字报告的形式清晰、准确地呈现出来。这不仅需要扎实的数据分析能力，还需要对新能源汽车市场和行业有深入的了解和洞察。

基于文心一言的回答，我们可将"新能源汽车主要品牌的销量数据分析"问题的本质归纳为 4 个关键环节，这 4 个环节也正是解决这类问题的基本流程：首先是数据的收集与处理，接着是对数据的深入分析和直观的可视化呈现，然后是对市场动态的准确解读与逻辑严密的推断，最后是撰写详尽的文字报告。

从上面的回答中也能发现销量数据分析角度的多样化。在本次探索中，我们将结合所收集的数据特点，聚焦市场份额分析和销量趋势分析及预测这两个方面，详细阐述如何利用 AI 工具助力数据收集与分析的完整流程。

9.3　Enhancement——拓展学习
求解问题必备的知识和能力

9.3.1　评估和选择 AI 工具

中国新能源汽车主要品牌销量分析是一个比较复杂的过程，涉及数据收集与处理、数据分析、数据可视化、分析解读、撰写报告等多个环节。每一个环节都可能需要具备特定功能的 AI 工具来辅助完成。因此，如何迅速且精准地挑选出适合的 AI 工具，无疑成为我们需要首先掌握的关键能力。

一些 AI 工具导航网站广泛收录了国内外多种类型的 AI 工具、AI 框架与模型以及 AI 学习资源网站等丰富资源。我们只需在百度、360 等搜索引擎中输入"AI 工具导航"这一关键词，即可轻松找到这些导航网站。图 9.1 展示了某个 AI 工具导航网站的界面，可以直观地看到该网站汇集了各种不同功能的 AI 工具，极大地方便了我们挑选和使用。

我们可以根据实际需求，通过了解各 AI 工具的特点和优势、参考他人评价和经验、考虑兼容性和扩展性以及试用等步骤，从中挑选出合适的 AI 工具，以助我们更自动化、更高效地完成各项任务。

除了可以从 AI 工具导航网站中选择 AI 工具之外，还可以利用 LLM 为我们推荐具备特定功能的工具，下面还是以文心一言为例。

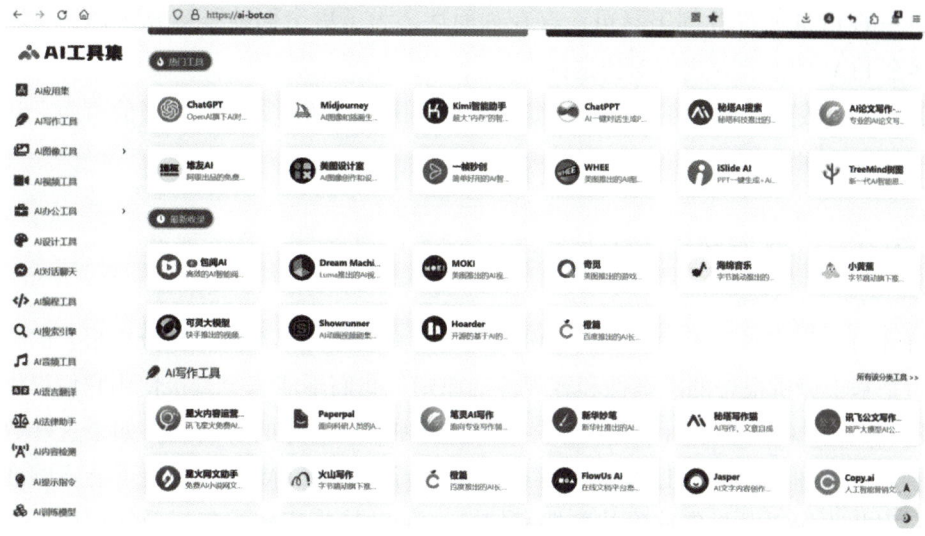

图 9.1　某 AI 工具导航网站截图

我的问题：

　　为零基础的新手推荐几款常用的数据分析工具，要求：零代码，操作简单，方便使用，具有 AI 分析能力。每个工具用一句简短的话介绍。

文心大模型 3.5 的回答节选：

　　① Tableau：是一个直观易用的数据分析和可视化平台，无须编码即可通过拖放操作快速创建交互式图表和仪表板，支持复杂的数据分析和 AI 驱动的洞察发现。

　　② Microsoft Power BI：是微软公司的商业智能解决方案，提供一站式的数据提取、转换、建模和可视化功能，通过简单的拖拽操作即可实现数据分析，同时内置 AI 功能以支持智能推荐和预测分析。

　　③ ChatExcel/AskExcel：这两款工具通过文字聊天或简单提示语实现 Excel 的交互控制，无须学习复杂的 Excel 操作或公式，大大简化了数据分析流程，特别适合 Excel 初学者或寻求更高效数据分析方式的用户。

　　④ DataRobot：是一款 AI 驱动的自动化机器学习平台，虽然它可能不完全符合"零代码"的严格定义（因为它涉及机器学习模型的构建），但它极大地简化了数据建模过程，允许用户通过简单配置即可快速构建和优化数据模型，具备强大的 AI 分析能力。

　　⑤ IBM Watson Analytics：是基于 AI 的数据分析解决方案，通过自然语言处理、机器学习和数据可视化技术，帮助用户轻松发现数据中的隐藏模式，实现高效决策，特别适合需要快速从数据中获取洞察的用户。

　　请注意，虽然 DataRobot 和 IBM Watson Analytics 在功能上非常强大，但它们在"零代码"方面的定位可能不如前三款工具直接。然而，它们通过简化复杂的数据分析流程，使得即使是非专业人士也能利用 AI 进行数据分析，因此也值得零基础的数据分析新手考虑。

单一的 LLM 所推荐的工具可能存在片面性，为了更全面地了解和选择，我们可以参考多个 LLM 的推荐并进行对比选择。

下面将从数据收集与处理以及数据分析与可视化方面，详细介绍当前市面上几款广泛使用的 AI 辅助工具。

9.3.2　AI 辅助数据收集与处理

LLM 可以很容易地为我们提供一份关于中国新能源汽车销量数据分析报告的解决方案，但是基于分析报告的准确性和客观性的原则，我们不能完全直接使用它们提供的信息。这是因为 LLM 提供的回答依赖于训练数据和输入信息的准确性，如果这些数据或信息有误，再加上当前的 LLM 仍然存在技术的局限性，LLM 的回答也可能不够准确或全面。因此我们需要收集准确的数据和信息，为 LLM 指定数据集以及知识库，再利用 LLM 辅助整合和分析这些信息。

1. LLM 辅助收集数据

收集数据可以借助于具备"联网搜索"功能的 LLM，例如，天工 AI、秘塔 AI 搜索、智谱清言、Kimi 等。利用这些 LLM 提供的解决方案，我们能够迅速掌握相关数据的基础概况以及各种可能的数据来源。随后，我们需要人工核实这些数据来源的可靠性，并根据需求利用其他工具进一步获取更为精确和详尽的原始数据。

2. 零代码爬取网页数据

使用带有 AI 智能采集功能的数据采集工具，如八爪鱼采集器、后羿采集器、集搜客等，不需要编写代码，通过可视化点击就可以轻松地完成特定网页的内容爬取工作。这种类型的工具内置多种人工智能算法与自动化行为操作，只需要输入网址和简单的参数设置，就可以自动识别采集各种复杂网站场景，还支持文字、图片、文档、表格等文件采集下载。例如，我们可以利用八爪鱼采集器爬取懂车帝、汽车之家等网站提供的汽车销量数据。

3. LLM 辅助编写爬虫代码

如果零代码采集工具不能满足数据爬取的需求，我们还可以在 LLM 的帮助下编写 Python、R 等编程语言的爬虫代码来采集特定网页的数据。现在许多软件和服务都会提供 API 接口，允许开发者收集数据或与其他软件进行交互，比如百度地图、支付宝、新浪微博等。即使没有太多编程经验，也可以借助 LLM 实现通过 API 接口收集数据的任务。

4. LLM 辅助整合数据

具备"文档解读"能力的 LLM，能够协助我们更加高效、深入地理解和运用文档中的数据或信息，从而提升工作效率。这种技术特别适用于需要处理海量文档或数据的场合，如学术研究、市场分析以及法律审查等领域。以 Kimi 为例，作为处理长文档和多文档的得力助手，它能提供文本解析、语言翻译、信息提取、内容梳理、问题回答、多文档对比、长文本生成等功能。

9.3.3 AI 辅助数据分析与可视化

1. 零代码分析数据

在数据分析工具选择方面，除了传统的统计分析软件，如 Excel、SPSS、Tableau 等，还可以使用具备 AI 智能算法的数据分析工具，实现零代码数据分析。例如，前面文心一言推荐的 Microsoft Power BI、ChatExcel 等几款工具。此外，SPSSAU 这一在线数据科学分析平台也是比较常用的，它可以智能化搜索研究方法，快速定位研究算法，用户通过鼠标单击就能得到智能分析结果和分析建议，还可以智能生成可视化图表，极大地提升了数据分析的便捷性和效率。

2. LLM 辅助分析数据

有些 LLM 也支持数据文件上传与数据分析功能。例如，智谱清言的"数据分析"智能体功能强大，能直接生成分析代码和直观的可视化图表；讯飞星火的"数据分析助手"也能处理 Excel 文件，提供 Python 代码及其执行结果；文心一言则擅长提供文本形式的数据分析结果。这些 AI 工具的功能各有特色，我们可以使用多个 AI 工具共同辅助完成复杂的数据分析任务。

以智谱清言的"数据分析"智能体为例，它不仅能够深入解析用户上传的数据文件或数据说明，还能借助简洁的 Python 编码技术为用户提供精准的数据分析服务，并将结果以直观的图表形式展现出来。该智能体可以实现的功能包括数据读取、清洗、预处理、分析和可视化以及执行各种数据科学任务，如构建预测模型、进行统计分析等。该智能体支持多种类型文件，如表格数据文件（Excel、CSV、SQL 数据库文件等）、文本文件、图像文件、统计软件文件等。

9.4 Execution——动手解决问题

9.4.1 数据收集

1. 确认数据源

中国新能源汽车主要品牌的零售销量这类数据的来源可以是政府或机构发布的统计数据、公开的行业报告和年鉴、新闻报道等。我们可以使用 AI 检索工具快速地检索到获取这些数据的途径，然后再多渠道对比、交叉验证，以核实数据的准确性和可靠性。

　　由于篇幅限制，我们仅以"2024 年 1–5 月中国新能源汽车主要品牌的零售销量"分析为例，详细地阐述相关数据的收集与分析过程。图 9.2 是利用天工 AI 以"2024 年 1–5 月的中国新能源汽车主要品牌的零售销量"为关键词，检索到数据结果的部分截图。从图 9.2 中可以看到，天工 AI 在展示具体数据的同时，还会提供相应的数据链接，我们可以通过这些链接进一步追溯数据的来源。

图 9.2　天工 AI 快速检索数据示例

　　我们在数据溯源时发现，天工 AI 提供的数据来源主要为中国汽车流通协会乘用车市场信息联席分会（简称"乘联分会"）发布的统计数据。再通过进一步调研发现，乘联分会的数据主要依赖于各乘用车企业自愿上报的多样化销售数据，涵盖国内外综合销售、批发销售、零售销售等多个维度。鉴于其数据的准确性和可靠性已得到业界的广泛认可，我们决定采纳乘联分会的数据作为本次探索的重要数据来源之一。

　　2. 从数据源收集数据

　　乘联分会网站提供的新能源汽车月度销量数据是以图片格式呈现的，如图 9.3 所示。为了便于后续分析，我们需要利用 AI 工具将这些图片中的数据识别成文本，并整合到一个数据表格中。

2024年4月新能源厂商 销量排行榜 单位：辆					
NO.	NEV厂商	2024.4	2023.4	同比	份额
1	比亚迪汽车	254,131	193,902	31.1%	37.5%
2	吉利汽车	49,155	27,889	76.3%	7.3%
3	长安汽车	40,507	18,494	119.0%	6.0%
4	上汽通用五菱	32,003	33,903	-5.6%	4.7%
5	特斯拉中国	31,421	39,956	-21.4%	4.6%
6	广汽埃安	26,109	41,012	-36.3%	3.9%
7	理想汽车	25,787	25,681	0.4%	3.8%
8	赛力斯汽车	25,075	3,037	725.7%	3.7%
9	奇瑞汽车	22,640	8,280	173.4%	3.3%
10	长城汽车	20,352	13,729	48.2%	3.0%

2024年5月新能源厂商 销量排行榜 单位：辆					
NO.	NEV厂商	2024.5	2023.5	同比	份额
1	比亚迪汽车	268,226	220,735	21.5%	33.4%
2	吉利汽车	56,172	22,622	148.3%	7.0%
3	特斯拉中国	55,215	42,508	29.9%	6.9%
4	长安汽车	48,777	24,346	100.3%	6.1%
5	上汽通用五菱	42,491	36,253	17.2%	5.3%
6	广汽埃安	37,148	45,003	-17.5%	4.6%
7	理想汽车	35,020	28,277	23.8%	4.4%
8	赛力斯汽车	32,226	5,450	491.3%	4.0%
9	奇瑞汽车	30,630	7,653	300.2%	3.8%
10	长城汽车	21,644	20,847	3.8%	2.7%

图 9.3　乘联分会网站提供的月度销量排行榜数据

目前，市面上有一些工具，如 Kimi、WPS、迅捷 OCR 文字识别等可以通过 OCR（光学字符识别）技术直接将图片中的数据转换成文本或 Excel 文件。这里以具有"图片解读"功能的 Kimi 为例，展示了将图片转换成文本形式的表格的详细过程，如图 9.4 所示。具体步骤如下。

① 首先从乘联分会网站上获取每个月的新能源汽车零售销量排行榜图片，如图 9.3 所示。

② 打开 Kimi 网站，上传需要识别的数据图片，并输入"图片转换成表格"的指令。

③ Kimi 会将图片中的内容转换成图 9.4 中的文本表格的形式，之后我们只需将这些文本表格复制到 Excel 表格中即可。

④ 根据分析需求，分别对 2024 年 1～5 月的销量表格进行优化，删除多余的列，并对标题进行适当修改。表 9.1 是调整后的 2024 年 1 月新能源汽车厂商的销量数据表格。

⑤ 重复上面的步骤，将每个月份的数据都转换成表格。最后整理好的 Excel 文件"2014 年 1 月 -5 月 NEV 零售销量原始数据 .xlsx"，详见案例素材 9-1，其中有 5 个 Sheet 表，每个 Sheet 表对应一个月份的销量数据。

案例素材 9-1：2024 年 1 月—5 月 NEV 零售销量原始数据

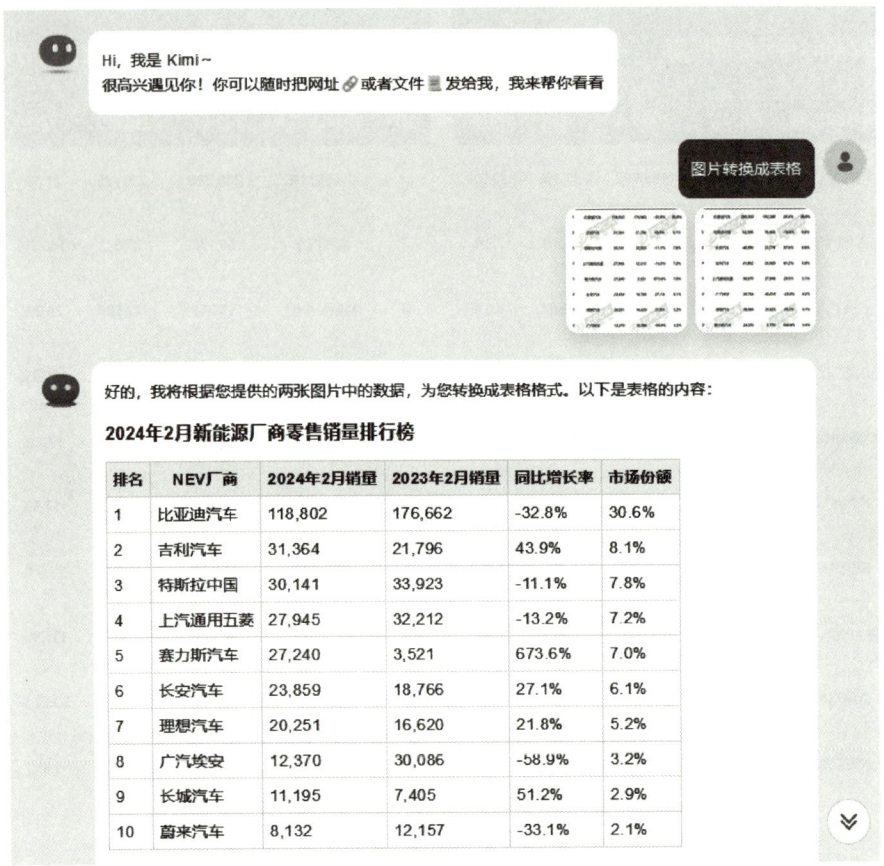

图 9.4　Kimi 将图片转换成表格示例

表 9.1　2024 年 1 月 NEV 产商销量数据

NEV 厂商	2024 年 1 月排名	2024 年 1 月销量 / 辆	2024 年 1 月同比增长率	2024 年 1 月市场份额
比亚迪汽车	1	206 904	48.00%	31.00%
吉利汽车	2	64 286	632.10%	9.60%
长安汽车	3	51 109	181.90%	7.70%
上汽通用五菱	4	41 066	132.80%	6.20%
特斯拉中国	5	39 881	48.60%	6.00%
理想汽车	6	31 165	105.80%	4.70%
赛力斯汽车	7	30 854	590.40%	4.60%
长城汽车	8	23 491	363.40%	3.50%
广汽埃安	9	21 938	167.30%	3.30%
东风汽车	10	12 973	142.90%	1.90%

9.4.2 数据处理

1. 数据整合

数据收集工作完成后，还需要对数据进行整合和预处理等工作，以便进行后续的分析工作。本次探索主要聚焦于每个月份的销量数据分析，因此，我们需要将之前收集的 5 个表格中的销量数据列汇总到一个表格中，以便进行更深入的分析。这个工作我们借助 Kimi 的"文档处理"功能实现，具体步骤如下。

① 打开 Kimi 网站，上传要处理的原始数据文件"2014 年 1 月 –5 月 NEV 零售销量原始数据 .xlsx"。

② 向 Kimi 输入提示词，例如，"根据这个表格中的 5 个 sheet，总结成一个表格，包括：NEV 厂商、2024 年 1 月销量、2024 年 2 月销量、2024 年 3 月销量、2024 年 4 月销量、2024 年 5 月销量"，通过指定数据标题的方式明确我们的需求。

③ Kimi 会快速地按照要求反馈出整合后的文本表格，如图 9.5 所示，之后我们将这些文本表格复制到 Excel 表格中。最后的汇总结果如表 9.2 所示。

图 9.5　Kimi 整合表格数据的部分截图

表 9.2　Kimi 整合后的销量数据

NEV 厂商	2024 年 1 月销量 / 辆	2024 年 2 月销量 / 辆	2024 年 3 月销量 / 辆	2024 年 4 月销量 / 辆	2024 年 5 月销量 / 辆
比亚迪汽车	206 904	118 802	260 300	254 131	268 226
吉利汽车	64 286	31 364	41 802	49 155	56 172
长安汽车	51 109	23 859	46 990	40 507	48 777

续表

NEV 厂商	2024 年 1 月销量/辆	2024 年 2 月销量/辆	2024 年 3 月销量/辆	2024 年 4 月销量/辆	2024 年 5 月销量/辆
上汽通用五菱	41 066	27 945	36 070	32 003	42 491
特斯拉中国	39 881	30 141	62 398	31 421	55 215
理想汽车	31 165	20 251	28 984	25 787	35 020
赛力斯汽车	30 854	27 240	24 353	25 075	32 226
长城汽车	23 491	11 195	19 651	20 352	21 644
广汽埃安	21 938	12 370	30 704	26 109	37 148
东风汽车	12 973	（未提供）	（未提供）	（未提供）	（未提供）
蔚来汽车	（未提供）	8132	（未提供）	（未提供）	（未提供）
奇瑞汽车	（未提供）	（未提供）	17 816	22 640	30 630

同样的处理方式，我们还可以根据分析需求，将"排名""同比增长率""市场份额"这些字段进行同样方式的汇总，这里不再赘述。需要注意的是，Kimi 提供的数据合并结果中可能存在数据错误的情况，我们不能完全依赖它的结果，需要仔细核实以确保数据的准确性。

2. 缺失值处理

从表 9.2 中可以发现，某些品牌的月份销量数据存在缺失的情况。这是因为我们最初从乘联分会网站获取的数据是"月度销量排行榜数据"，只有当品牌跻身排行榜前 10 名时，其销量数据才会被记录。因此，对于那些未进入前 10 名的品牌，其销量数据就会出现缺失的情况。

对于这些缺失值有以下三种常用的处理办法。

① 使用 9.3.2 节提到的 AI 数据收集工具，尝试从其他渠道收集缺失的相关信息。例如，下面我们利用智谱清言 ChatGLM 来获取蔚来汽车 2024 年 1 ~ 5 月的销量数据。

> **我的问题：**
>
> 现在你是一个数据检索程序，你需要找到并梳理 [蔚来汽车 2024 年 1-5 月的每个月的零售销量] 相关的数据，注意你需要附上数据对应的来源。此外请注意你需要在输出结果中标明部分生成的数据可能存在的偏差。

智谱清言 ChatGLM 的回答：

ChatGLM AI

✅ 查询 1 次，打开 6 个网页并总结 ∧

🌐 联网查询：蔚来汽车 2024 年 1-5 月零售销量

🔖 打开网页

> 1. "没有全新车型"的 2024 年，蔚来为什么卖得越来越...
> https://new.qq.com/rain/a/20240605A04KH300
>
> 2. 5 月车企销量出炉：理想反超问界，蔚来逆风翻盘 - 观...
> https://www.guancha.cn/qiche/2024_06_03_736940.shtml
>
> 3. 蔚来 5 月交付新车 20,544 台，同比增长 233.8% | NIO
> https://www.nio.cn/news/20240602001
>
> 4. 【图】创交付新高！蔚来汽车 5 月交付 20544 辆_汽车之...
> https://www.autohome.com.cn/news/202406/1297349.html
>
> 5. 蔚来汽车销量排行榜_蔚来汽车历史销量数据_SUV汽车...
> https://www.cnsuv.com/sales/b/126372/
>
> 6. 2024 年蔚来销量靠什么逆转？- 腾讯网
> https://new.qq.com/rain/a/20240213A002MJ00

🔄 读取网页并总结

根据网络上的多个来源，蔚来汽车在 2024 年 1~5 月的零售销量数据如下。

2024 年 1 月：销量为 10 055 辆[⑤]。

2024 年 2 月：销量数据未明确提及，但从 1~2 月累计销量来看，2 月销量应低于 1 月[⑥]。

2024 年 3 月：销量为 11 866 辆[⑤]。

2024 年 4 月：销量为 15 620 辆[⑤]。

2024 年 5 月：销量为 20 544 辆[①③④⑤]。

这些数据显示出蔚来汽车在 2024 年初的销量逐渐增长，特别是在 5 月份达到了一个历史新高。总体来看，2024 年 1~5 月蔚来汽车累计交付新车 66 217 辆，同比增长 51%[④]。

需要注意的是，这些数据可能存在一定的偏差，因为它们来自不同的来源，且在数据收集和处理过程中可能存在误差。此外，销量数据可能受到多种因素的影响，包括市场条件、竞争环境、公司战略等。因此，在分析这些数据时应考虑到这些潜在的因素。

从上面的回答中我们可以直接得到蔚来汽车具体的销量数据以及数据来源网址，然后再人工去判断数据来源的准确性和权威性。鉴于当前 AI 搜索工具的技术限制，单一工具的检索结果可能不够精确或全面。因此，我们可以采取多个工具结合的策略，通过交叉验证和互补，以确保所收集数据的准确性和完整性。

采用同样的处理方法，我们在网络上检索到奇瑞新能源 2024 年 1 月销量为 7 315 辆，2 月销量为 2 333 辆，并且这些数据经过了数据源的确认和交叉验证。

② 如果无法获取缺失信息，可以考虑借助 LLM 辅助数据分析和 Python 编程的功能，来填充这些缺失数据。需要强调的是，在数据准确性有严格要求的情况下，不能使

用填充的数据。

③ 若某个品牌的月份销量数据存在过多缺失，这可能表明该品牌的销量数据难以收集，或者其销量在市场中排名较低。针对这种情况，可以考虑剔除该品牌的数据，不将其纳入重点分析范畴。

例如，在本次探索中，我们发现"东风汽车"的月度销量数据在不同的数据来源之间存在不一致性。经过分析，我们认为这可能是由于东风汽车旗下拥有众多新能源汽车子品牌，导致存在统计范围不够明确的问题。鉴于这种情况，我们决定剔除该汽车厂商的数据，以确保当前分析的准确性和可靠性。在实际情况下，我们还可以尝试通过电话访谈的方式与企业相关人员（如销售人员或客服代表）进行沟通，获取更真实可靠的一线销售数据。

案例素材 9-2：2024 年 1 月 –5 月 NEV 销量汇总数据

表 9.3 是预处理完成后的销量数据，读者可在本书配套网站上获取数据文件"2024 年 1–5 月 NEV 销量汇总数据 .xlsx"，详见案例素材 9-2。

表 9.3　预处理后的销量数据

NEV 厂商	2024 年 1 月销量 / 辆	2024 年 2 月销量 / 辆	2024 年 3 月销量 / 辆	2024 年 4 月销量 / 辆	2024 年 5 月销量 / 辆
比亚迪汽车	206 904	118 802	260 300	254 131	268 226
吉利汽车	64 286	31 364	41 802	49 155	56 172
长安汽车	51 109	23 859	46 990	40 507	48 777
上汽通用五菱	41 066	27 945	36 070	32 003	42 491
特斯拉中国	39 881	30 141	62 398	31 421	55 215
理想汽车	31 165	20 251	28 984	25 787	35 020
赛力斯汽车	30 854	27 240	24 353	25 075	32 226
长城汽车	23 491	11 195	19 651	20 352	21 644
广汽埃安	21 938	12 370	30 704	26 109	37 148
蔚来汽车	10 055	8 132	11 866	15 620	20 544
奇瑞汽车	7 315	2 333	17 816	22 640	30 630

9.4.3　数据分析与总结

数据处理好了就可以开展更深入的分析工作，这个过程可在前面 9.3.3 节提及的 AI 工具的辅助下高效地进行。这里我们以表 9.3 数据为例，利用智谱清言"数据分析"智能体完成数据分析与报告总结的工作。

1. 市场份额分析

我们可以通过计算每个新能源汽车厂商在 1 月至 5 月期间的总销量来分析市场份

额。具体操作步骤如下。

① 首先打开智谱清言官网，在左侧"智能体中心"中搜索"数据分析"，然后找到与图 9.6 相符的数据分析智能体，单击启动与该智能体的对话，开始数据分析的工作。

② 在与智能体的对话框中上传文件"2024 年 1–5 月 NEV 销量汇总数据 .xlsx"，并输入下面的提示词。数据分析智能体则能按照我们的要求进行数据分析，并提供可直接运行的 Python 代码以及可视化图表结果。

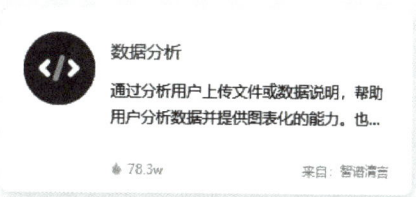

图 9.6　智谱清言"数据分析"智能体介绍

我的问题：

根据这个文件，分析每个厂商的市场份额，按照从高到低排序，并可视化成图表，图表要求直观、美观。

智谱清言"数据分析"智能体的回答：

好的，我会首先读取你上传的文件，然后分析每个厂商的市场份额，并按照从高到低排序。最后，我会将这些数据可视化成图表。

首先，我需要读取文件并查看数据结构。让我开始这个过程。

代码生成……

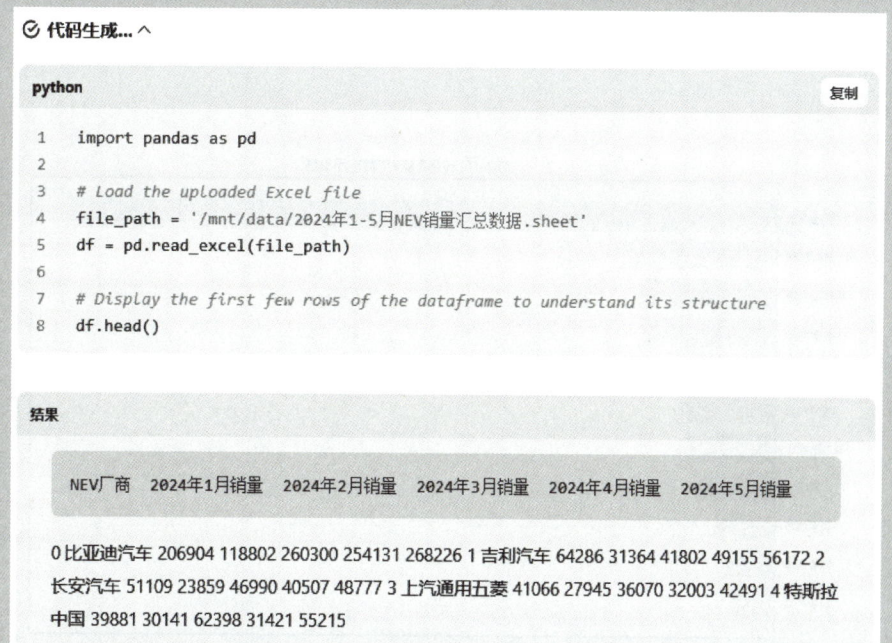

文件已成功读取。该数据集包含了不同厂商在 2024 年 1 月至 5 月的销量数据。现在我将计算每个厂商在这 5 个月内的总销量，以确定它们的市场份额，并按照从高到低的顺序排列。然后，我会将这些数据可视化成图表。

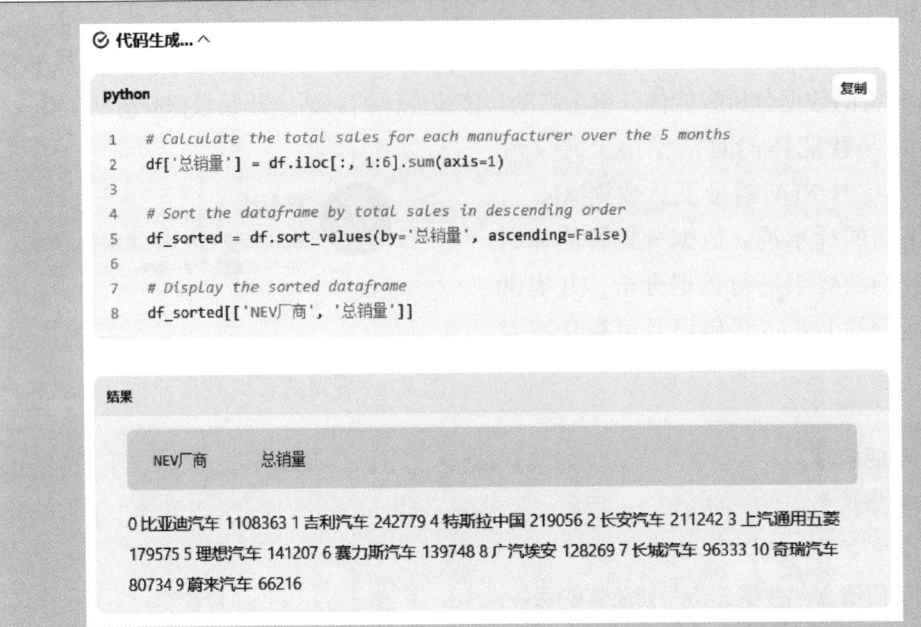

各厂商的市场份额已经计算并按总销量从高到低排序。接下来，我将这些数据可视化成图表，以便更直观地展示市场份额分布。

（说明：由于篇幅限制，此处智能体提供的生成图表的 Python 代码省略，实际使用中，我们可以直接查看和复制这些代码。）

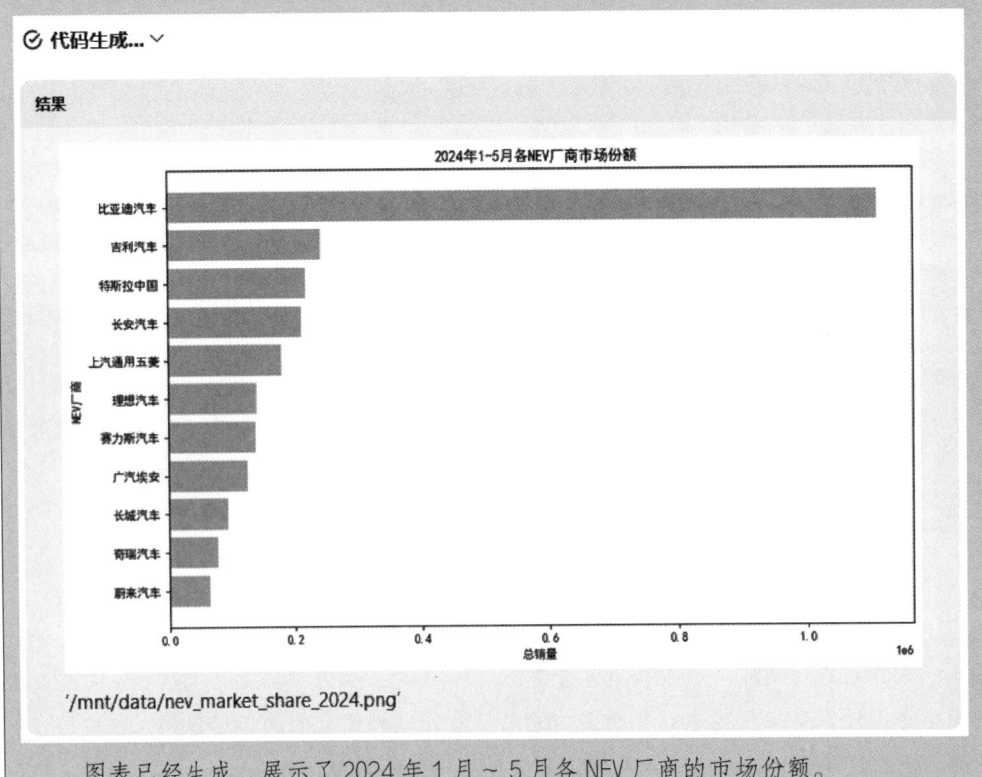

图表已经生成，展示了 2024 年 1 月～5 月各 NEV 厂商的市场份额。

③ 上面的对话结果中的图表上没有标注每个厂商总销量数据，图中的字体也偏小，不太直观。因此我们可以继续追问，让数据分析智能体完善图表的绘制。

我的追问：

将上面图表中的字体大小设为12，并在图中标注每个厂商的总销量数据。

智谱清言"数据分析"智能体的回答：

（说明：由于篇幅限制，此处智能体提供的生成图表的Python代码省略。）

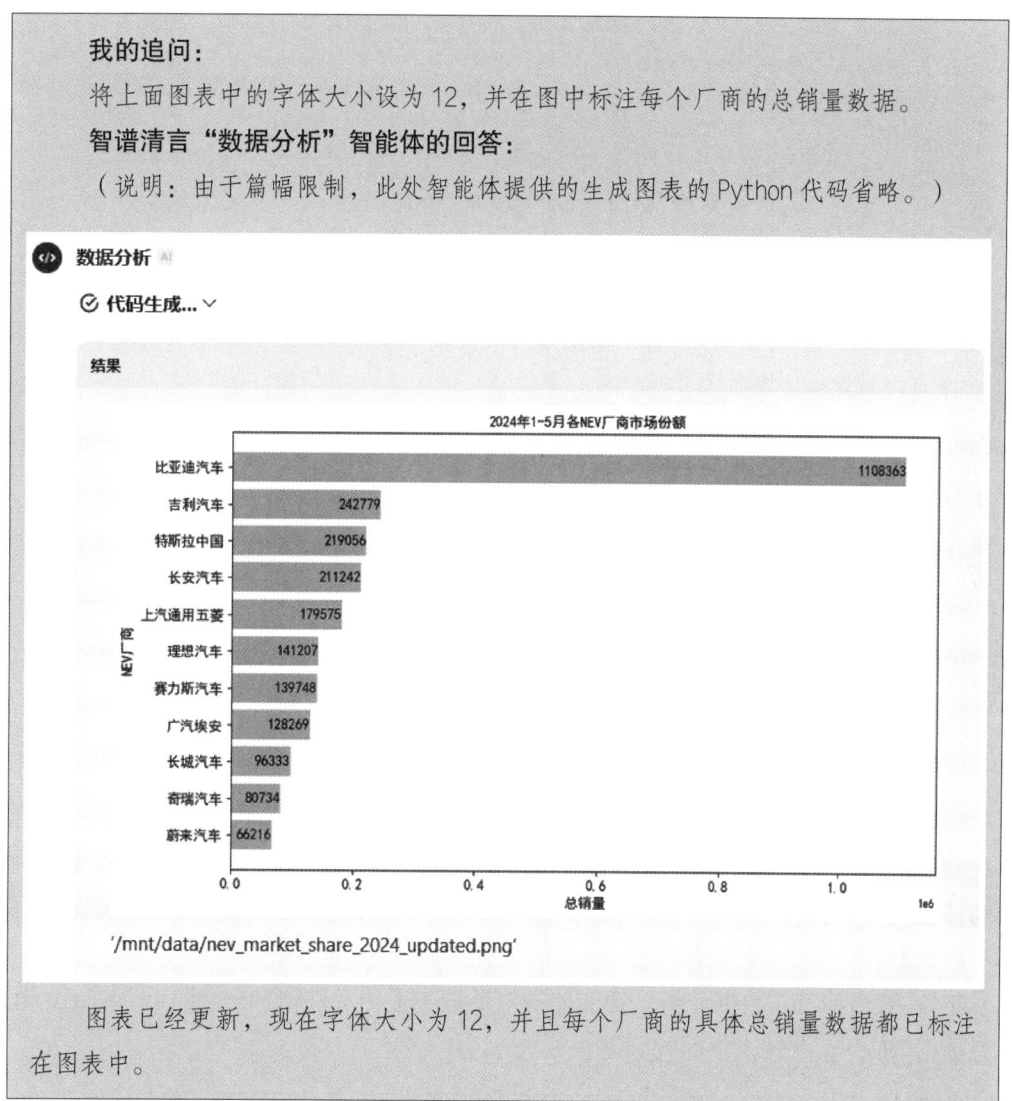

'/mnt/data/nev_market_share_2024_updated.png'

图表已经更新，现在字体大小为12，并且每个厂商的具体总销量数据都已标注在图表中。

④ 得到满意的图表后，我们还可以继续追问，让智能体帮助我们根据分析结果总结成文字报告。

我的追问：

根据上面的图表，写一段关于销量情况和市场份额的报告。

智谱清言"数据分析"智能体的回答：

根据生成的图表，我们可以看到2024年1月～5月期间，中国新能源汽车（NEV）市场的销量情况和各厂商的市场份额分布。以下是对销量情况和市场份额的分析报告。

① 市场领导者：比亚迪汽车以 1 108 363 辆的总销量遥遥领先，占据了市场的主导地位。这表明比亚迪在新能源汽车领域具有较强的竞争力和市场影响力。

② 竞争激烈的第二梯队：吉利汽车、特斯拉中国、长安汽车和上汽通用五菱构成了市场的第二梯队，销量在 179 575 至 242 779 辆之间。这些厂商之间的竞争非常激烈，市场份额差距不大。

③ 市场多样性和竞争：除了上述主要厂商外，还有其他几个品牌如理想汽车、赛力斯汽车、广汽埃安等在市场上也有一定的份额。这反映了新能源汽车市场的多样性和竞争性。

④ 整体市场增长：从这些数据中可以看出，新能源汽车市场整体呈现出增长的态势。随着消费者对环保和新能源车型的接受度提高以及政府政策的支持，新能源汽车市场预计将继续增长。

⑤ 未来展望：考虑到新能源汽车的技术进步、成本降低和环保意识的提高，预计未来新能源汽车市场将继续扩大。主要厂商可能需要通过技术创新、市场扩张和品牌建设来巩固和提升其市场份额。

综上所述，2024 年 1 月～5 月中国新能源汽车市场呈现出快速增长的趋势，比亚迪汽车作为市场领导者，而其他厂商之间的竞争也非常激烈。未来，新能源汽车市场预计将继续扩大，为各厂商提供了巨大的发展机遇。

2. 销量趋势分析及预测

市场份额分析完成后，我们还可以分析 2024 年 1 月～5 月新能源汽车厂商的月销量变化趋势，以观察市场的季节性趋势以及市场对于政策、技术创新、营销策略等不同事件的波动情况。在此基础上，我们还可以预测 6 月份的销量，为后续决策提供支撑。具体步骤如下。

① 在智谱清言"数据分析"智能体的对话框中上传文件"2024 年 1-5 月 NEV 销量汇总数据 .xlsx"，并输入下面的问题。

我的问题：

根据这个文件，分析每个厂商的月销量变化趋势，并预测每个厂商在 6 月份的销量。提供合适的可视化图表。

智谱清言"数据分析"智能体的回答：

（说明：由于篇幅限制，此处智能体加载数据的 Python 代码省略。）

文件已成功加载，并且我查看了数据的前几行以了解其结构。数据包含了不同电动汽车（NEV）厂商在 2024 年 1 月至 5 月的销量数据。接下来，我将进行数据分析，绘制每个厂商在这 5 个月中的销量变化趋势图，并尝试预测 6 月份的销量。

为了预测6月份的销量，我会使用一个简单的线性回归模型，基于前5个月的数据来预测6月份的销量。让我们先绘制销量变化趋势图。

（说明：由于篇幅限制，此处智能体提供的生成图表的Python代码省略。）

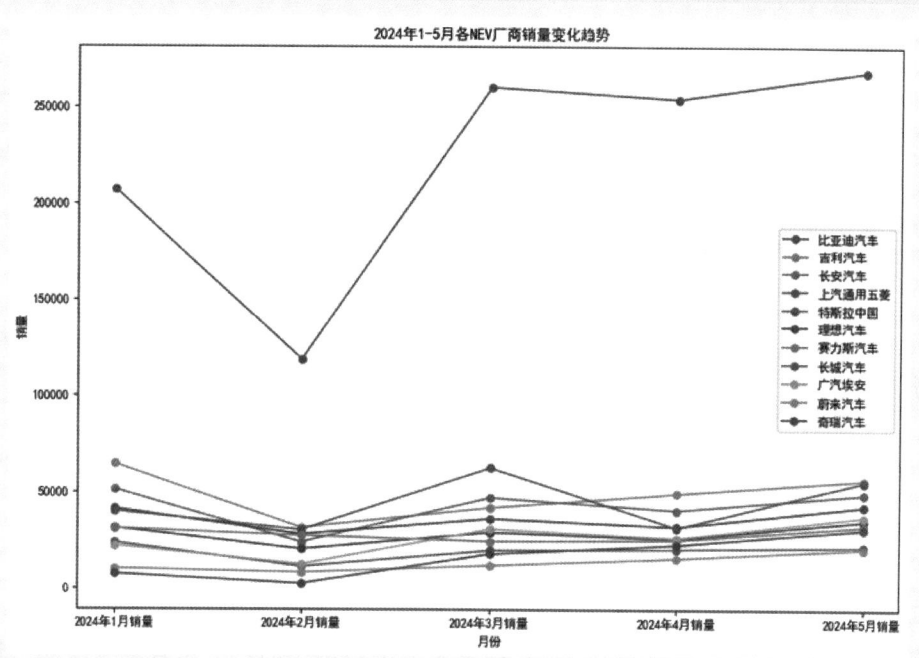

上图展示了2024年1月至5月各新能源汽车（NEV）厂商的销量变化趋势。每个厂商的销量都按照月份绘制，可以看出不同厂商的销量变化情况。

接下来，我将使用线性回归模型来预测每个厂商在6月份的销量。由于数据量较小，线性回归可能不是最精确的预测方法，但它可以提供一个基本的预测趋势。让我们进行预测。

（说明：由于篇幅限制，此处智能体提供的线性回归预测的Python代码省略。）

✓ 代码生成... ∨

结果

{'比亚迪汽车': 299064.5, '吉利汽车': 49024.7, '长安汽车': 45843.6, '上汽通用五菱': 37987.399999999994, '特斯拉中国': 53395.59999999999, '理想汽车': 32215.2, '赛力斯汽车': 28123.299999999996, '长城汽车': 20905.5, '广汽埃安': 38901.5, '蔚来汽车': 21783.0, '奇瑞汽车': 36227.899999999994}

　　根据线性回归模型的预测，以下是各电动汽车（NEV）厂商在 2024 年 6 月份的销量预测。

　　比亚迪汽车：约 299 065 辆

　　吉利汽车：约 49 025 辆

　　长安汽车：约 45 844 辆

　　上汽通用五菱：约 37 987 辆

　　特斯拉中国：约 53 396 辆

　　理想汽车：约 32 215 辆

　　赛力斯汽车：约 28 123 辆

　　长城汽车：约 20 906 辆

　　广汽埃安：约 38 902 辆

　　蔚来汽车：约 21 783 辆

　　奇瑞汽车：约 36 228 辆

　　请注意，这些预测是基于前 5 个月的数据趋势，并使用简单的线性回归模型得出的。实际销量可能会受到多种因素的影响，因此这些数字应被视为大致估计。

　　数据分析智能体按照我们的需求，鉴于提供数据的特征，采用了简单的线性回归，基于 2024 年 1 月 ~ 5 月各品牌的销量数据对 6 月份的销量进行了预测分析。但需要说明的是，此预测方法只作为一个参考，因为实际销售情况可能会受到市场需求波动、竞争格局变化以及政策调整等多重因素的共同影响。

　　② 上面的解决方案中预测结果是以文本的形式给出的，不太直观。因此，我们可以进一步追问，让智能体将 6 月份的预测销量与前 5 个月的销量数据共同绘制在同一个折线图中，方便我们对比查看。

我的追问：

　　将上面预测的 6 月份销量和 Excel 文件中的数据合并，绘制出 1 ~ 6 月份各个品牌的销量趋势折线图，字体大小设置为 14。

智谱清言"数据分析"智能体的回答：

　　（说明：由于篇幅限制，此处智能体提供的生成图表的 Python 代码省略。）

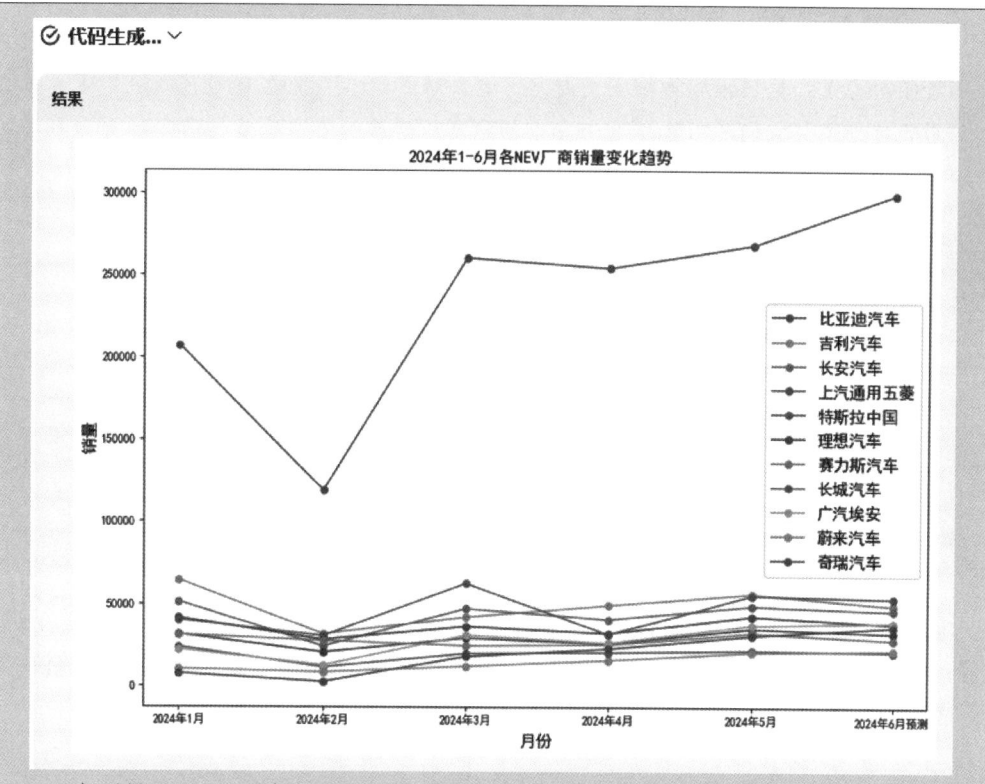

上图展示了 2024 年 1 月至 6 月（6 月为预测数据）各新能源汽车（NEV）厂商的销量变化趋势。每个厂商的销量都按照月份绘制，包括了 6 月份的销量预测。图表中的字体大小已设置为 14，以便于阅读。

③ 得到满意的可视化图表后，我们继续追问让智能体根据分析结果总结文字报告。

我的追问：

根据上面的图表，分析新能源厂商 1～5 月份的销量趋势变化，并深入剖析这种趋势变化背后的市场原因，写一段分析报告。

智谱清言"数据分析"智能体的回答：

在 2024 年 1 月～5 月的新能源汽车（NEV）市场中，我们可以观察到不同厂商的销量趋势呈现出多样化的变化。以下是对各厂商销量趋势的分析及可能的市场原因。

① 比亚迪汽车：比亚迪在这 5 个月中展现出了显著的增长趋势，特别是在 3 月和 5 月，销量有大幅提升。这可能与比亚迪在技术创新、产品多样化和市场推广方面的持续努力有关。比亚迪不断推出新技术和新款车型，满足不同消费者的需求，同时积极拓展销售渠道，增强品牌影响力。

② 特斯拉中国：特斯拉在中国市场的销量波动较大，但整体呈上升趋势。特斯拉的品牌效应和其在智能驾驶技术方面的领先地位是其主要竞争优势。此外，特斯拉在中国市场的本土化策略，如在上海建立超级工厂，也对其销量增长产生了积极影响。

③ 吉利汽车、长安汽车和上汽通用五菱：这些传统汽车制造商在新能源领域的销量相对稳定，呈现出缓慢增长的趋势。这反映了这些企业在新能源领域的逐步布局和稳健发展。它们利用在传统汽车市场积累的品牌和渠道优势，逐步扩大在新能源市场的份额。

④ 其他厂商：如理想汽车、蔚来汽车等，它们在高端市场和新势力市场中表现出较强的竞争力。这些厂商通常采用直销模式，注重用户体验和服务，通过创新的产品设计和营销策略吸引了一群忠实的消费者。

总体来看，新能源汽车市场的竞争日益激烈，各大厂商都在积极布局，争夺市场份额。技术创新、产品多样化和市场策略的差异化是影响销量的关键因素。此外，政府政策的支持、消费者环保意识的提升以及新能源汽车相关基础设施的完善也是推动市场增长的重要因素。展望未来，新能源汽车市场将继续保持快速增长态势，各大厂商需要不断创新和优化，以适应市场的变化和消费者的需求。

最后我们将前面收集的数据、数据分析的结果、直观的图表展示以及文字总结进行整合，再结合我们的专业知识、行业背景和市场动态，提出有针对性的见解和建议，从而形成一份条理清晰、内容充实、见解独到的完整分析报告。

⚒ 动手实践

请在 AI 辅助数据分析工具的帮助下，基于附件"2024 年 1 月 ~5 月 NEV 零售销量原始数据 .xlsx"，分析新能源汽车厂商每月销量的同比增长率的变化情况，以观察市场的发展趋势，识别出可能的增长机会或潜在问题。

9.5　Evaluation——评价与反思

本次探索聚焦于"2024 年 1 月 ~ 5 月中国新能源汽车主要品牌的零售销量"分析。首先，借助具有"联网检索"能力的 AI 工具，快速地确定权威的数据获取渠道，并获取原始数据。接着，在具有"文档解读"功能的 AI 工具的辅助下，完成数据整合以及缺失值处理。然后，利用具有"数据分析"功能的 AI 工具，实现了零代码的高效数据分析，包括市场份额分析、销售趋势分析以及未来预测，并将分析结果以直观的可视化图表展示出来，便于理解与洞察。最后，借助 LLM 对分析结果进行深入解读与推理，挖掘数字背后的深层原因与市场趋势，并将这些发现以详尽的文字报告的形式呈现出来。

尽管本次探索的数据覆盖范围仅限于 2024 年前 5 个月的销量，且数据分析的流程相对简化，使用的 AI 工具也较为单一，但其核心宗旨是展示我们如何巧妙结合 AI 工具助力数据收集与分析的全流程。

在后续工作中，我们可以进一步拓展数据收集的广度和深度。除了延长数据的时间范围，还可以收集不同车型、不同地区以及不同销售渠道的销售数据，为后续多维度分析提供丰富的数据基础。此外，为了更全面、准确地解析市场格局，还可以积极收集与销量密切相关的各类影响因素数据，例如，政策环境、技术创新动态、充电设施覆盖率以及油价等。

在数据分析方面，我们可以利用多种 AI 数据分析工具以深化分析工作。具体来说，可以从以下几个方面入手：首先，对多维度的销量数据进行综合分析与可视化展现，从而更全面地揭示市场的各种潜在规律；其次，深入探究影响新能源汽车销量的核心因素，剖析它们之间的相关性以及各自的影响权重，为企业未来的战略决策提供有力支撑；最后，还可以尝试运用 AI 工具实现复杂的数据挖掘与机器学习算法，以期从大量的销售数据中发掘隐含模式和规律，从而更精准地预测未来的市场动态和消费者购买行为。

此外，本次探索中的分析报告是完全让智能体生成的。然而，由于 AI 工具目前存在的局限性，我们在实际撰写报告的过程中更需要充分发挥人的逻辑思维和批判性思维，深入地剖析这些数据背后的深层原因与市场趋势。这样，才能确保我们完成的报告不仅仅是数据的简单堆砌，而是具有深度洞察力和实用价值的分析报告。

✖ 请思考

在分析中国新能源汽车主要品牌销量数据的复杂过程中，我们用到了多种不同功能的 AI 工具来辅助，那么，我们人类在这个过程中发挥了哪些不可被 AI 替代的作用？我们该如何培养自己的这些能力和思维？

第 10 章

构建人物关系图谱
——AI 辅助构建实体关系图谱

📖 案例说明：

按照 5E 步骤，在 AI 的协同下解决一个构建人物关系图谱，并进行快速准确检索的问题。

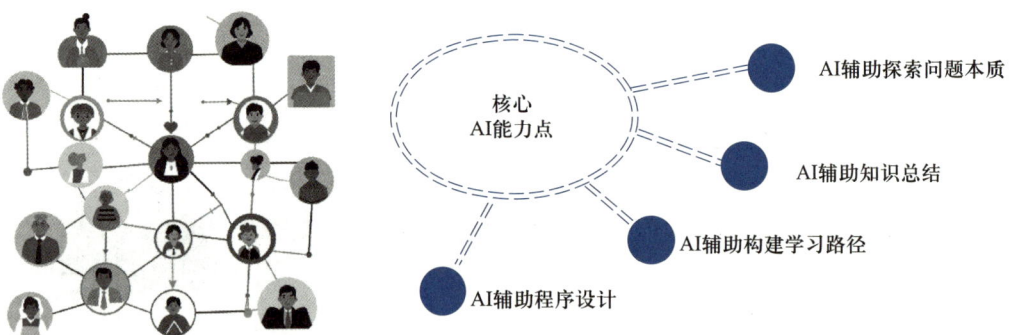

10.1　Excitation——提出感兴趣的话题

　　我在阅读小说、观看影视剧时，发现很多文学作品中人物众多、关系错综复杂，总是弄不清、记不住人物的身份以及人物之间的关系。比如，中国四大名著之一的《红楼梦》中不仅涉及贾、王、史、薛四大家族，每个家族内部还横跨数代，人物众多且辈分复杂；而世界名著《百年孤独》则讲述着家族七代人的兴衰历程，其人物关系的错综复杂更是令人叹为观止。用什么方法能把这些纷繁复杂的人物及其关系进行梳理和组织，并以更直观清晰的方式呈现出来，帮助读者理清人物关系呢？而且在此基础上，还能帮助读者快速准确地检索到特定人物以及人物之间的关联关系。

　　我决定向文心一言大模型寻求帮助，期待它能提供创新的解决方案，帮助我们跨越这一阅读障碍，让文学作品的深邃与魅力得以更加顺畅地传递与感受。

我的问题：

请问如何将红楼梦的人物和关系构建出来，能够快速、智能地查询人物和关系？

文心一言的回答：

为了将《红楼梦》中的人物和关系构建出来，并实现快速智能地查询人物和关系，我们可以遵循以下步骤。

① 数据收集与整理。

② 选择合适的工具与平台。

③ 构建人物关系图谱。

④ 实现智能查询功能。

⑤ 维护与更新。

通过以上步骤，我们可以构建出一个既直观又智能的《红楼梦》人物关系图谱，实现快速智能地查询人物和关系。这样的图谱不仅有助于个人学习和研究《红楼梦》，还可以为其他研究者提供有价值的参考和帮助。

　　看来我可以将名著中的人物及其关系进行整理，然后构建成一个详细的人物关系图谱，就能实现快速智能地查询，从而有助于读者理清人物关系，促进对文学作品更深层次的理解和研究。

　　那么，如何构建人物关系图谱呢？

10.2　Exploration——探索发现问题本质

首先，我要知道人物关系图谱是什么样子的，又由哪些要素组成。我还是来问问文心一言。

我的问题：

请问什么是人物关系图谱，人物关系图谱包括哪些要素?

文心一言的回答：

人物关系图谱以"人物"实体为核心，主要描述和展示人物之间的社会关系、联系和交互。这种图谱在文学作品、影视剧、历史事件等领域有着广泛的应用，旨在帮助读者或观众更好地理解人物之间的复杂关系，从而更深入地理解故事情节或事件发展。

人物关系图谱主要包括以下几个要素。

1. 人物实体

人物关系图谱中的基本单位，代表具有特定身份和属性的个体。

2. 关系类型

描述人物之间联系或交互的类型，如家庭关系(父子、母女)、朋友关系、同事关系、敌对关系等。

3. 关系方向

在某些情况下，人物之间的关系具有方向性，如上下级关系、师徒关系等。这种方向性在图谱中通过箭头或其他符号来表示。

4. 节点与连线

节点：在图形化的人物关系图谱中，人物实体通常被表示为节点(或称为顶点)。每个节点代表一个独立的人物实体。

连线：连线用于连接不同的节点(即人物)，表示他们之间的关系。连线的粗细、颜色等属性可以用于区分不同的关系类型和重要性。

5. 附加信息

定义：除了基本的人物实体和关系类型外，人物关系图谱还可以包含丰富的附加信息，如关系发生的时间、地点、原因、结果等。

综上所述，人物关系图谱是一种通过图形化方式展示人物之间复杂关系的工具。它主要包括人物实体、关系类型、关系方向、节点与连线以及附加信息等要素。通过构建和分析人物关系图谱，我们可以更深入地理解文学作品、影视剧、历史事件等领域中的人物关系和情节发展。

通过文心一言的回答，我得知了，想要构建人物关系图谱，实际上就是将人物以及人物之间的关系进行组织，人物实体用节点来表示，人物之间的关系则用节点之间的连线来表示，这样就构成了一个清晰、直观的人物关系网络图。通过分析图中人物的位置和连线情况，就可以识别定位到某个人物，并了解到人物之间的关联关系。

那么能否在 AI 技术的协同下，构建一个人物关系图谱呢，我继续求助文心一言。

我的问题：

请问可在哪些 AI 技术的协同下构建人物关系图谱？

文心一言的回答：

构建人物关系图时，可以利用多种 AI 技术来辅助完成，这些技术主要包括自然语言处理（NLP）、知识图谱、机器学习等。以下是对这些技术的详细归纳。

1. 自然语言处理（NLP）

实体识别：NLP 技术能够识别文本中的实体，如人名、地名、机构名等，这些实体通常作为人物关系图中的节点。通过 NLP 的命名实体识别技术，可以自动从大量文本数据中提取出关键人物信息。

关系抽取：NLP 还能从文本中抽取实体之间的关系，如亲属关系、朋友关系、职业关系等。这些关系将作为人物关系图中的边，连接起各个节点，形成完整的关系网络。

2. 知识图谱

知识表示：知识图谱技术将人物及其关系以结构化的形式表示出来，构建出完整的知识体系。在人物关系图中，知识图谱技术可以确保数据的准确性和一致性，便于后续的查询和分析。

图谱构建：利用知识图谱构建工具或平台，将实体和关系数据导入图谱中，形成可视化的人物关系图。这些工具通常提供了丰富的图形界面和交互功能，使得图谱的构建过程更加直观和便捷。

3. 机器学习

模型训练：通过机器学习算法，可以对大量的人物关系数据进行训练，构建出能够自动识别和提取人物关系的模型。这些模型可以在实际应用中快速准确地生成人物关系图。

模式识别：机器学习技术还能帮助识别复杂的关系模式，如隐含的社交关系、潜在的利益关联等。这些模式对于深入理解人物关系网络具有重要意义。

......

从文心一言给出的 AI 技术中，我们可以看到自然语言处理和机器学习需要用到复杂的算法和编程技术，而借助于知识图谱的工具或平台，我们只需将数据和关系导入到图谱中，无须大量的编程工作，就能高效地构建所需的人物关系图。因此，我就选用知识图谱来构建人物关系图谱。

下面我还要进一步了解什么是知识图谱。

我的问题：

请问，什么是知识图谱？

文心一言的回答：

知识图谱（knowledge graph）是一种结构化的知识表示方式，它以图的形式展现客观世界中的实体（概念、人、事物）及其之间的关系。以下是关于知识图谱的详细解释。

1. 定义与特点

定义。知识图谱以图的形式表现实体及其之间的关系，是一种知识库。在图书情报界，它也被称为知识域可视化或知识领域映射地图。它利用可视化技术描述知识资源及其载体，挖掘、分析、构建、绘制和显示知识及它们之间的相互联系。

特点。

结构化：知识图谱以结构化的形式描述实体和关系，便于计算机理解和处理。

语义化：通过语义标签和属性，知识图谱能够表达实体之间的丰富语义信息。

图形化：以图形化的方式展示实体和关系，直观易懂。

2. 构成要素

知识图谱通常由实体、关系和属性三个基本要素构成。

实体：表示客观世界中的具体对象，如人、地点、事物等。

关系：表示实体之间的联系，如父子关系、朋友关系、购买关系等。

属性：描述实体的特征或属性，如人的年龄、身高，书的作者、出版日期等。

3. 技术原理

知识图谱的构建涉及多个技术领域，包括自然语言处理（NLP）、机器学习、信息抽取等。

4. 应用场景

知识图谱在多个领域具有广泛的应用场景，包括智能搜索、智能问答、决策支持和社交网络分析等。

综上所述，知识图谱作为一种结构化的知识表示方式，在人工智能领域具有广泛的应用前景和重要的研究价值。

从上面的回答中可以总结出，知识图谱是一种结构化的语义知识库，用于存储实体及其关系的信息，可以帮助计算机理解人类语言，从而实现更智能化的交互和决策。知识图谱通过将复杂的信息以"实体 – 关系 – 属性"形式的三元组进行表示，使信息资源的组织和检索变得更加高效和智能。

社交网络分析是知识图谱的一个典型应用场景，可实现在社交媒体分析、人脉管理、社交网络研究等领域的应用与研究。而人物关系图的构建正是该应用领域的基础工作。

综上，我要探究的问题本质就是，在 AI 工具的辅助下利用知识图谱构建人物关系图谱，实现人物及关系的快速检索。

10.3　Enhancement——拓展学习 求解问题必备的知识和能力

有哪些构建知识图谱的工具或软件呢？我还是来问问文心一言吧。

我的问题：

请推荐几款常用的知识图谱构建工具，最好是开源免费的，适合新手使用。

文心一言的回答：

1. Neo4j

简介：Neo4j 是一款高性能的图形数据库，提供了丰富的图形查询语言 Cypher 和图形数据建模工具，支持大规模知识图谱的存储和查询。

特点：Neo4j 以其强大的图形数据处理能力著称，非常适合用于构建复杂的关系网络。其直观的查询语言和图形界面使得新手也能较快上手。

适用场景：适合需要处理大量关系数据的场景，如社交网络分析、推荐系统等。

2. Protégé

简介：Protégé 是一个开源的知识图谱编辑器和本体构建工具，允许用户创建、编辑和浏览本体和知识库。

特点：提供了丰富的图形界面和插件系统，支持多种本体语言（如 OWL、RDF 和 RDFS）。对于新手来说，其友好的界面和丰富的教程资源能够帮助他们快速掌握。

适用场景：适合研究人员、学者和学生用于构建和编辑知识图谱。

3. VOSviewer

简介：VOSviewer 是一个用于构建和可视化文献计量网络的软件工具。

特点：虽然它主要用于文献计量分析，但其构建和可视化网络的能力也适用于知识图谱的构建。

适用场景：适合科研人员进行文献计量分析和知识图谱构建。

......

根据文心一言给出的回答，Neo4j 是一个开源完善、简单易学的图形数据库系统，具有强大的管理数据和查询数据的能力，尤其适用于构建复杂的关系网络。因此，我决定选取 Neo4j 作为构建知识图谱的工具。

接下来，我想知道利用 Neo4j 进行知识图谱构建的流程。继续请教文心一言吧。

我的问题：

请简单描述利用 Neo4j 构建知识图谱的流程。

文心一言的回答：

利用 Neo4j 构建知识图谱的流程可以简单描述为以下几个步骤。

1. 准备环境

安装 Java 环境（因为 Neo4j 是基于 Java 的）。

下载并安装 Neo4j 数据库。

2. 收集与整理数据

确定需要构建图谱的实体及其关系。

收集并整理这些数据，包括实体的基本信息和它们之间的关系。

3. 创建节点和关系

使用 Cypher 查询语言在 Neo4j 中创建节点和关系。

定义节点的属性和关系的类型。

4. 查询与更新

使用 Cyphter 查询语言对构建的知识图谱进行查询。

对 Neo4j 数据库进行更新、优化等。

依据上述流程，我开始学习有关 Neo4j 的安装与使用方法。Neo4j 官网提供了详细的学习素材，也可以利用博客、论坛、视频网站或 AI 工具等平台进行学习。

10.3.1　Neo4j 环境配置

1. 安装 Java

首先，我要安装 Java 环境，因为 Java 是 Neo4j 运行的必备环境。从 Java 官网下载适合自己系统版本的 Java 并安装即可。

我下载的是 Windows 系统的 x64 Installer 版本。

2. 安装 Neo4j

从 Neo4j 官网的开发者中心下载免费开源的社区版 Neo4j。图 10.1 是 Neo4j 下载界面。

这里我下载的是 COMMUNITY 下面的 Windows Executable 版本。

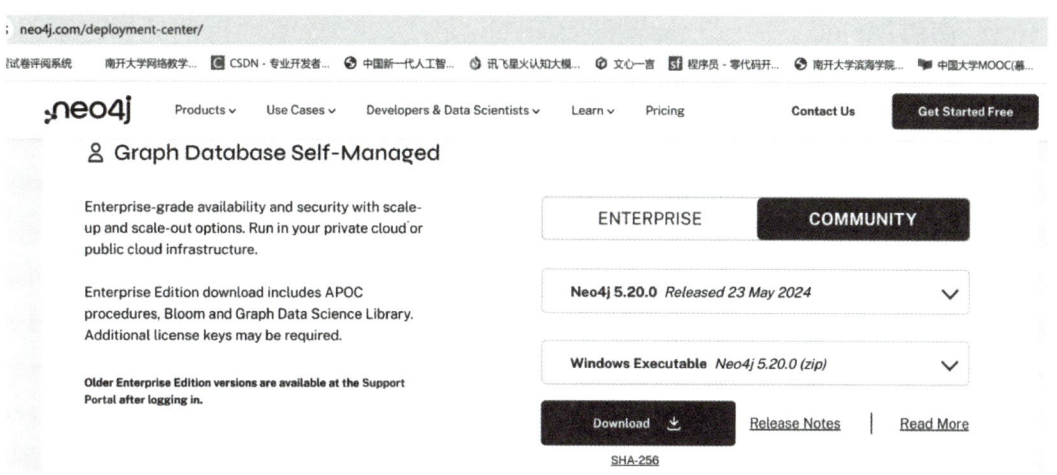

图 10.1　Neo4j 社区版下载界面

注意，下载之后不用安装，直接将下载的文件解压缩至某个文件夹，如 D：\Program Files（x86）\neo4j，然后将 D：\Program Files（x86）\neo4j\bin 添加至环境变量（通过设置环境变量，来更好地运行程序，系统除了在当前目录下面寻找此程序外，还到环境变量中指定的路径去找）。图 10.2 是设置环境变量的界面。具体设置过程请参见拓展阅读 10-1。

拓展阅读
10-1：
设置环境
变量

图 10.2　设置环境变量

3. 启动 Neo4j

安装好 Neo4j 后，我就可以启动软件，开始构建我的人物关系图谱。具体操作如下。

① 在 Windows 系统搜索框中输入 command，运行命令提示符，如图 10.3 所示。

② 在命令提示符中，输入 neo4j.bat console，按 Enter 键，开启 Neo4j 数据库服务器。图 10.4 是启动界面。

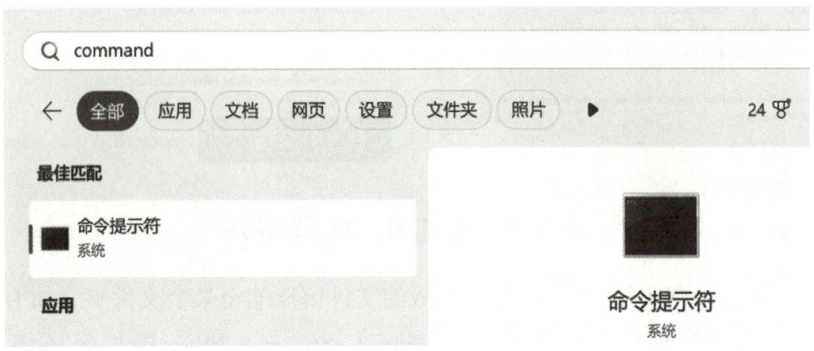

图 10.3 运行命令提示符

```
命令提示符 - neo4j.bat conso   ×   +   ∨                                          —  □  ⨯

Microsoft Windows [版本 10.0.22631.3737]
(c) Microsoft Corporation。保留所有权利。

C:\Users\limin>neo4j.bat console
Directories in use:
home:         D:\Program Files (x86)\neo4j
config:       D:\Program Files (x86)\neo4j\conf
logs:         D:\Program Files (x86)\neo4j\logs
plugins:      D:\Program Files (x86)\neo4j\plugins
import:       D:\Program Files (x86)\neo4j\import
data:         D:\Program Files (x86)\neo4j\data
certificates: D:\Program Files (x86)\neo4j\certificates
licenses:     D:\Program Files (x86)\neo4j\licenses
run:          D:\Program Files (x86)\neo4j\run
Starting Neo4j.
WARNING! You are using an unsupported Java runtime.
* Please use Java(TM) 17 or Java(TM) 21 to run Neo4j.
* Please see https://neo4j.com/docs/ for Neo4j installation instructions.
2024-06-15 10:48:01.334+0000 INFO  Logging config in use: File 'D:\Program Files (x86)\neo4j\conf\user-logs.xml'
2024-06-15 10:48:01.346+0000 INFO  Starting...
2024-06-15 10:48:03.231+0000 INFO  This instance is ServerId{895ffac9} (895ffac9-4138-459e-9b9b-3e5903a6703e)
2024-06-15 10:48:03.989+0000 INFO  ======== Neo4j 5.20.0 ========
2024-06-15 10:48:06.427+0000 INFO  Anonymous Usage Data is being sent to Neo4j, see https://neo4j.com/docs/usage_data/
2024-06-15 10:48:06.480+0000 INFO  Bolt enabled on localhost:7687.
2024-06-15 10:48:06.899+0000 INFO  HTTP enabled on localhost:7474.
2024-06-15 10:48:06.899+0000 INFO  Remote interface available at http://localhost:7474/
2024-06-15 10:48:06.899+0000 INFO  id: 1D5FBBB10B9B607F1D91E7419740C78C9CD02B7E612BDFCCF7C3BF2D6C3E1B0B
2024-06-15 10:48:06.899+0000 INFO  name: system
2024-06-15 10:48:06.899+0000 INFO  creationDate: 2024-06-15T10:48:04.743Z
2024-06-15 10:48:06.899+0000 INFO  Started.
```

图 10.4 启动 Neo4j 服务器

③ 然后在浏览器地址栏中输入 http://localhost:7474，访问服务器，会进入 Neo4j 的登录界面，如图 10.5 所示。初始默认用户名和密码都是 neo4j，输入后单击 Connect 按钮即可登录。登录后修改密码即可。

④ 登录成功后就会进入 Neo4j 的主界面，如图 10.6 所示。需要构建或查询操作时，可以在最上方的命令提示符"neo4j$"后面输入 Cypher 查询语言的命令，再单击右侧的"运行"按钮 ▶ 即可运行。

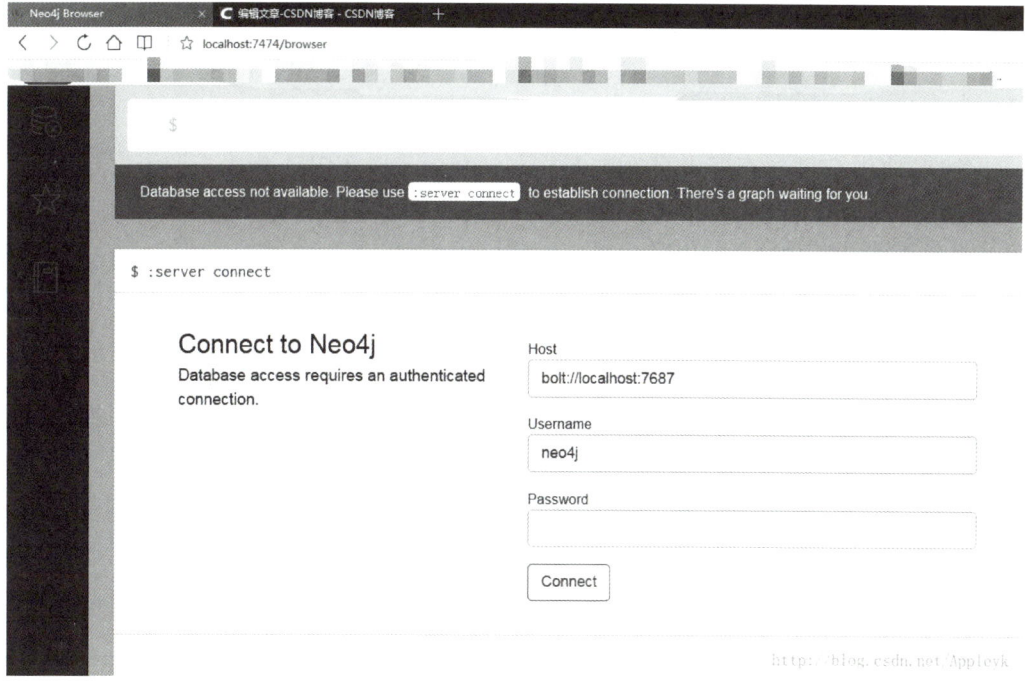

图 10.5　连接 Neo4j 服务器登录界面

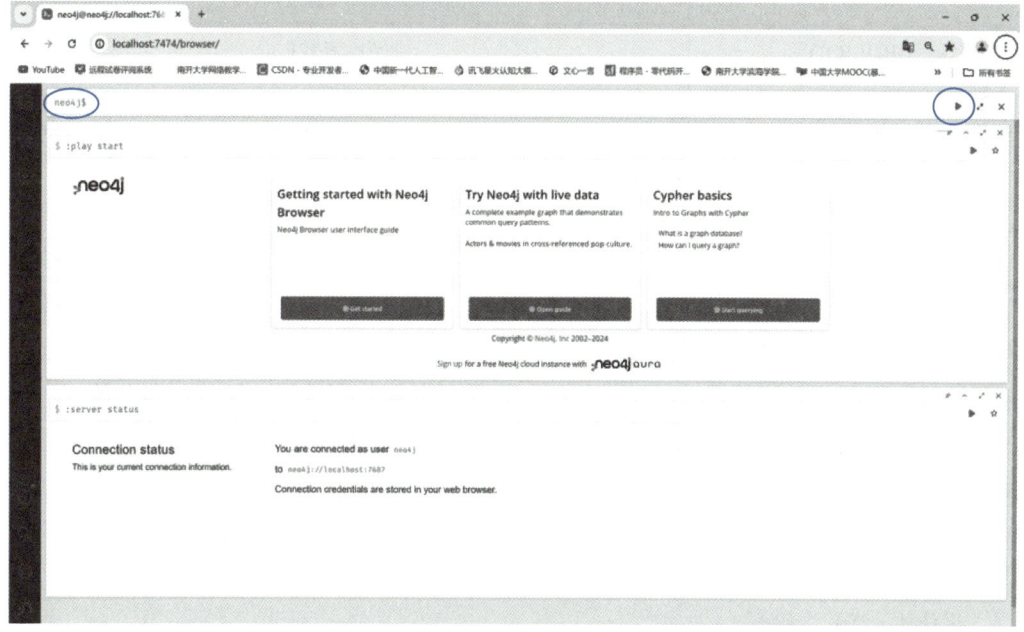

图 10.6　Neo4j 主界面

10.3.2　利用 Neo4j 创建知识图谱

1. Cypher 查询语言简介

拓展阅读
10-2：
CQL 查询
语言

Neo4j 使用 Cypher 查询语言（Cypher query language，CQL）作为查询语言。CQL 是一种简洁的图形数据库查询语言，类似于 Oracle 数据库中的查询语言 SQL。感兴趣的读者请参阅拓展阅读 10-2。

表 10.1 是常用的 Neo4j CQL 命令列表。常用的命令中，CREATE 命令用于创建节点及节点之间的关系，MATCH 命令用于检索有关节点及其关系，DELETE 命令用于节点及关系的删除等维护操作。

表 10.1　常用 CQL 命令

CQL 命令	功能
CREATE	创建节点、关系和属性
MATCH	检索有关节点、关系和属性数据
RETURN	返回查询结果
WHERE	提供条件过滤检索数据
DELETE	删除节点和关系
REMOVE	删除节点和关系的属性
ORDER BY	排序检索数据
SET	添加或更新标签

2. 准备数据

在开始构建知识图谱之前，首先需要确定数据模型，即图谱中包括哪些类型的节点、每类节点包括哪些属性，以及各种类型节点之间存在什么样的关系。以构建一个简单的大学生社会关系图谱为例，主要的节点类型可定义为 Person，Person 类型的节点可包括姓名、年龄、爱好等属性，节点之间的关系可以划分为认识、喜欢、朋友等。

确定好数据模型后，还需要将收集到的数据进行整理。例如，可将大学生社会关系图谱中的节点、属性和关系整理成下面的格式。

节点及属性：

姓名	年龄	爱好
张伟杰	19	围棋
李晓婷	18	绘画
陈浩宇	20	乒乓球

节点之间的关系：

姓名 1　　姓名 2　　关系

张伟杰　李晓婷　认识

李晓婷　陈浩宇　喜欢

张伟杰　陈浩宇　朋友（互为朋友，双向关系）

3. 创建节点与关系

准备好数据之后，就可以在 Neo4j 中利用 CQL 命令创建节点和关系了。CQL 命令提供了丰富的功能和灵活的语法结构，但是我无须去记忆这些复杂的命令语法和细节，因为 AI 大模型工具就可以胜任这些任务，我们完全可以借助 AI 来编写指定功能的 CQL 语句，然后复制到 Neo4j 中执行即可。下面我就求助文心一言试试吧。

（1）创建节点

首先，将我准备好的节点信息提供给文心一言，让它帮助我编写创建知识图谱节点的 CQL 语句。

我的问题：

节点及属性：

姓名　　年龄　　爱好

张伟杰　19　　围棋

李晓婷　18　　绘画

陈浩宇　20　　乒乓球

请根据上述内容，写出在 Neo4j 中使用 CQL 命令创建节点的语句。

文心一言的回答：

在 Neo4j 中，使用 Cypher 查询语言（CQL）创建具有指定属性（姓名、年龄、爱好）的节点，你可以按照以下方式编写命令：

```
// 创建张伟杰节点
CREATE(zhangWeijie:Person{name:' 张伟杰 ',age:19,hobby:' 围棋 '});
// 创建李晓婷节点
CREATE(liXiaoting:Person{name:' 李晓婷 ',age:18,hobby:' 绘画 '});
// 创建陈浩宇节点
CREATE(chenHaoyu:Person{name:' 陈浩宇 ',age:20,hobby:' 乒乓球 '});
```

这里的 Person 是一个标签（Label），用于在图中标识这一类型的节点。在实际应用中，你可以根据需要自定义标签名，但通常选择能够描述节点类型或角色的名称。

每个 CREATE 语句都创建了一个新的节点，并为其分配了 name、age 和 hobby 这三个属性。属性名（如 name、age、hobby）和属性值（如 ' 张伟杰 '、19、' 围棋 '）都是根据你的数据提供的。

文心一言自动识别出这些数据表示的是 Person 类型，并为节点设置了 name、age和 hobby 三个英文属性，这也是比较常见和易于理解的。我将文心一言提供的三条 CREATE 语句复制到 Neo4j 中的提示符 neo4j$ 后面，单击右侧的"运行"按钮即可执行创建节点的操作。图 10.7 为执行后的状态。

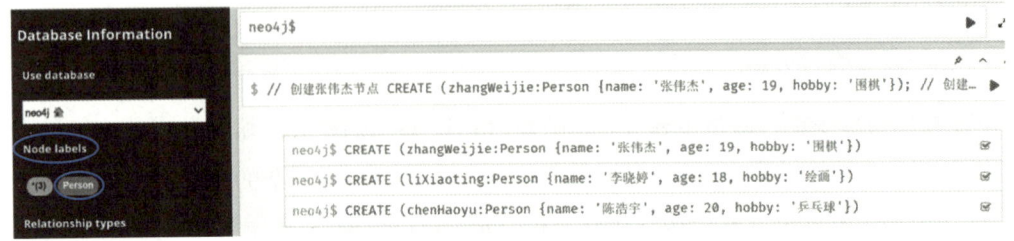

图 10.7　创建节点语句

单击图 10.7 左侧 Node labels 中的 Person 按钮，就可以看到已创建的三个人物节点。单击某个节点，可以看到它的各项属性值，如图 10.8 所示。

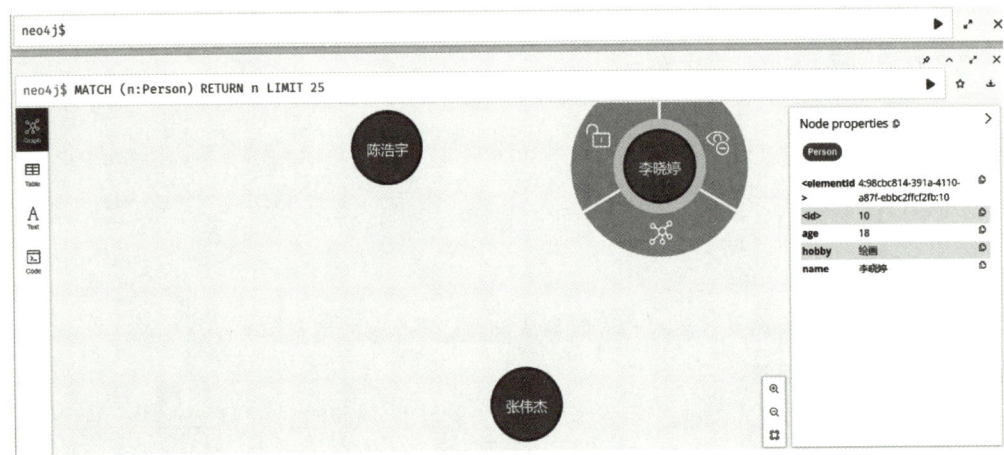

图 10.8　查看节点情况

（2）创建节点之间的关系

节点创建好后，就可以将准备好的人物节点关系信息提供给文心一言，让它继续帮我创建节点之间的关系。

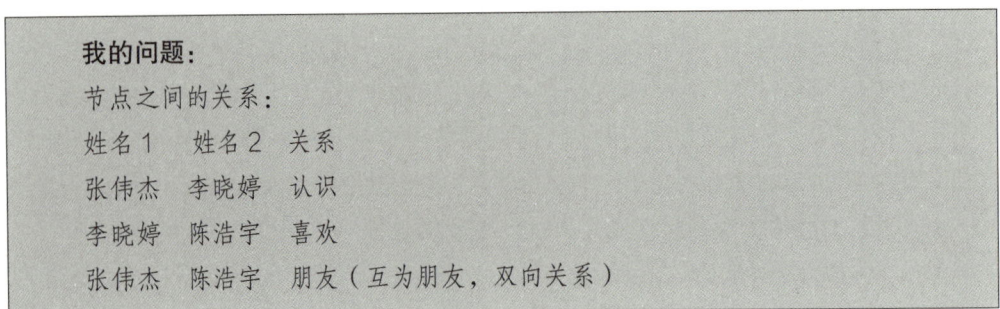

请继续使用 CQL 命令，创建上述节点之间的关系。

文心一言的回答：

在 Neo4j 中，你可以使用 CREATE 语句结合关系语法来创建节点之间的关系。基于你提供的关系数据，以下是使用 CQL 命令创建这些关系的语句。

// 创建张伟杰和李晓婷之间的"认识"关系

MATCH(zhangWeijie:Person{name:'张伟杰'}),(liXiaoting:Person{name:'李晓婷'})

CREATE(zhangWeijie)-[:KNOWS]->(liXiaoting);

// 注意：这里使用了 KNOWS 作为关系类型，你也可以自定义其他名称，如 // ACQUAINTED 等

// 创建李晓婷和陈浩宇之间的"喜欢"关系

MATCH(liXiaoting:Person{name:'李晓婷'}),(chenHaoyu:Person{name:'陈浩宇'})

CREATE(liXiaoting)-[:LIKES]->(chenHaoyu);

// 注意：LIKES 是这里使用的关系类型，它表示单向的喜欢关系

// 创建张伟杰和陈浩宇之间的"朋友"关系（双向，通过两个有向关系）

MATCH(zhangWeijie:Person{name:'张伟杰'}),(chenHaoyu:Person{name:'陈浩宇'})

CREATE(zhangWeijie)-[:FRIEND]->(chenHaoyu)，(chenHaoyu)-[:FRIEND]->(zhangWeijie);

// 注意：这里使用了两个有向的 FRIEND 关系来表示张伟杰和陈浩宇都是对方的朋友

执行上述 CQL 命令后，你应该在 Neo4j 图中看到三个节点（张伟杰、李晓婷、陈浩宇）以及它们之间定义的关系（认识、喜欢、朋友）。

文心一言自动识别了关系数据，并给出建立单向关系和双向关系的 CQL 语句，我将这些语句复制到 Neo4j 中执行，图 10.9 为执行后的状态。

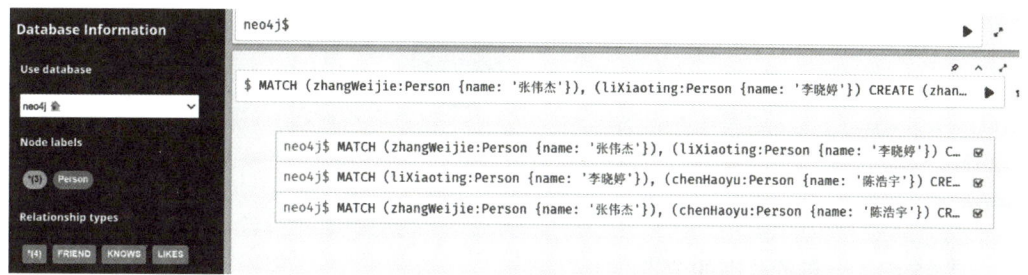

图 10.9　创建关系语句

单击图 10.9 左侧 Node labels 中的 Person 按钮，就可以直观地看到创建的所有节点及其关系，如图 10.10 所示。其中，KNOWS 表示单向"认识"的关系，LIKES 表示单向"喜欢"的关系，FRIEND 表示双向"朋友"的关系。

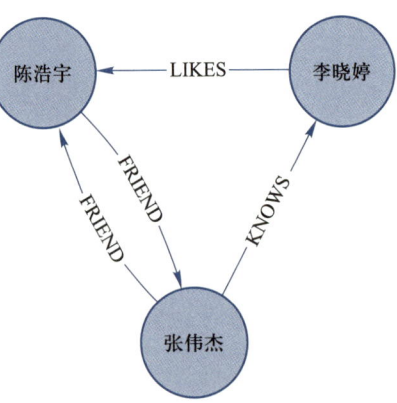

4. 查询

如果想在人物关系图谱中进行快速查询操作，可以利用 MATCH 命令来实现。我还是让文心一言帮助我完成查询工作。

（1）按节点属性进行查询

① 查询指定姓名的节点。

图 10.10　节点及其关系

我的问题：

请写出查询姓名为张伟杰的节点的 CQL 语句。

文心一言的回答：

查询姓名为"张伟杰"的节点的 CQL（Cypher query language）语句如下：

MATCH（p:Person{name:'张伟杰'}）

RETURN p；

这条语句会在图数据库中查找所有标签为 Person 且其 name 属性值为"张伟杰"的节点，并返回这些节点的完整信息。

将该 MATCH 语句复制到 Neo4j 中，执行后的效果如图 10.11 所示。

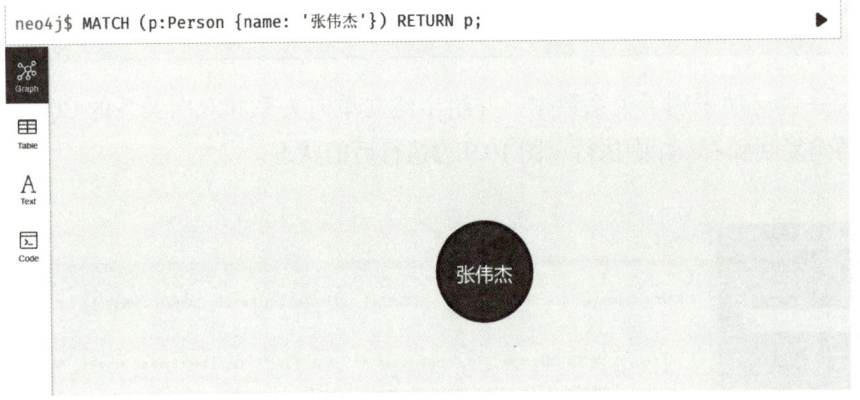

图 10.11　查询姓名为张伟杰的节点

② 查询某个年龄范围的节点。

我的问题：

请写出查询年龄小于 20 岁节点的 CQL 语句。

文心一言的回答：

查询年龄小于 20 岁节点的 CQL（Cypher query language）语句如下：

MATCH（n:Person）

WHERE n.age<20

RETURN n;

这条语句会在图数据库中查找所有标签为 Person 且其 age 属性值小于 20 的节点，并返回这些节点的完整信息。

如果你只想获取这些节点的名字和年龄，可以修改 RETURN 子句来仅返回这些属性：

MATCH（n:Person）

WHERE n.age<20

RETURN n.name AS name,n.age AS age;

这将返回年龄小于 20 岁的所有 Person 节点的名字和年龄。

将上面两个 MATCH 语句分别复制到 Neo4j 中，执行后的效果分别为图 10.12 和图 10.13 所示。年龄小于 20 的人物有李晓婷和张伟杰。图 10.12 返回两个人物节点；图 10.13 返回两个人物的姓名和年龄。

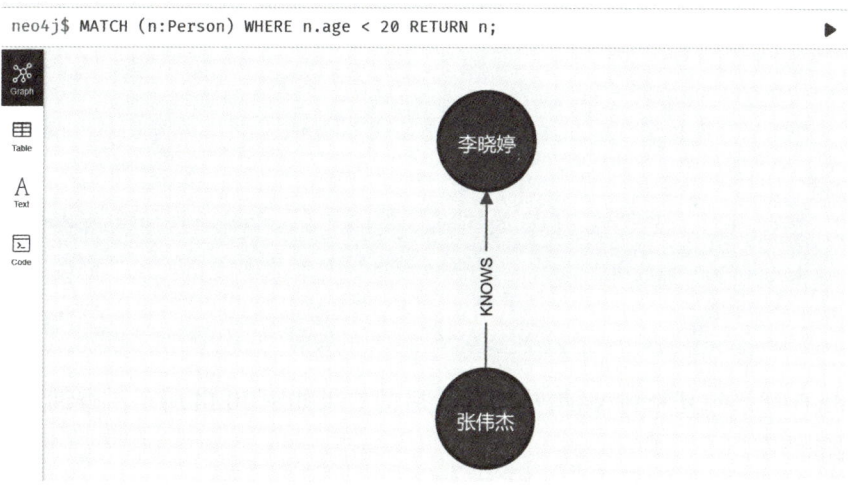

图 10.12　返回年龄小于 20 的节点

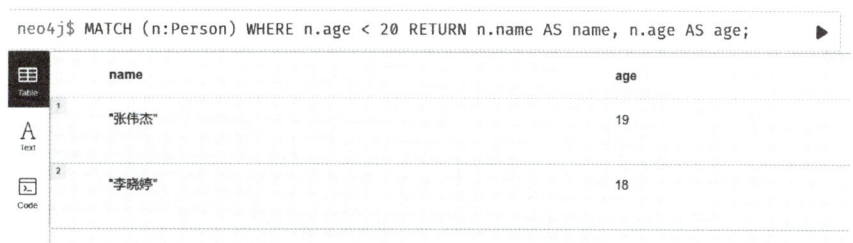

图 10.13　返回年龄小于 20 的节点的姓名和年龄

（2）按人物关系进行查询

我们还可以按照人物关系进行查询，举例如下。

① 查询某个节点喜欢的人。

> **我的问题：**
> 利用 CQL 命令查询李晓婷喜欢的人。
>
> **文心一言的回答：**
> 在 Neo4j 中，如果你想要查询李晓婷喜欢的人，你需要知道李晓婷节点与表示"喜欢"关系的其他节点之间的连接。通常，这种关系会通过一个有向边来表示，其中一个节点（李晓婷）指向另一个节点（被喜欢的人）。
>
> 以下是一个 CQL 命令的示例，它查询了李晓婷节点并通过"喜欢"关系找到与之相连的另一个节点（即她喜欢的人）：
>
> ```
> // 查询李晓婷喜欢的人
> MATCH(liXiaoting:Person{name:' 李晓婷 '})-[:LIKES]->(likedPerson:Person)
> RETURN liXiaoting.name AS 李晓婷, likedPerson.name AS 喜欢的人;
> ```
>
> 这个查询做了以下几件事。
>
> a. MATCH 子句查找标签为 Person 且属性 name 为 '李晓婷' 的节点，记作 liXiaoting。
>
> b. 然后，它查找从 liXiaoting 出发，通过: LIKES 关系指向的另一个 Person 节点，记作 likedPerson。
>
> c. 最后，RETURN 子句返回李晓婷的名字（liXiaoting.name）和她所喜欢的人的名字（likedPerson.name），并为它们分别指定了别名"李晓婷"和"喜欢的人"以使结果更易于理解。

将 MATCH 语句复制到 Neo4j 中，执行后的效果如图 10.14 所示，查询到李晓婷喜欢的人是陈浩宇。

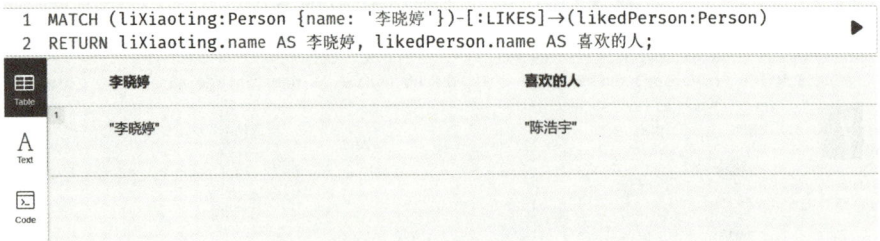

图 10.14　查询李晓婷喜欢的人

② 查询互相为朋友关系的节点。

我的问题：

利用 CQL 命令查询互相为朋友关系的节点。

文心一言的回答：

在 Neo4j 中，查询互相为朋友关系的节点（即两个节点之间都存在指向对方的朋友关系）稍微复杂一些，因为你需要确保两个方向上的关系都存在。以下是一个 CQL 命令的示例，用于查询互相为朋友关系的节点对：

// 查询互相为朋友关系的节点对

MATCH(p1:Person)-[:FRIEND]->(p2:Person)<-[:FRIEND]-(p1)

RETURN p1.name AS 朋友 1, p2.name AS 朋友 2;

然而，上面的查询实际上在 Cypher 中是不合法的，因为它试图在同一个 MATCH 子句中重复使用 p1 来同时表示关系的起点和终点。为了解决这个问题，可以使用不同的变量名来表示这两个方向上的关系，并通过某种方式（如名字或 ID）来确保它们是同一对节点：

// 更正后的查询，使用不同的变量名

MATCH(person1:Person)-[:FRIEND]->(person2:Person)

WHERE(person2)-[:FRIEND]->(person1)

RETURN person1.name AS 朋友 1, person2.name AS 朋友 2;

这个查询首先找到所有从 person1 到 person2 的 FRIEND 关系，然后通过 WHERE 子句确保也存在从 person2 到 person1 的 FRIEND 关系。这样，你就得到了所有互相为朋友关系的节点对。

将更正后的 MATCH 语句复制到 Neo4j 中，执行后的效果如图 10.15 所示。张伟杰和陈浩宇之间是互为朋友的双向关系，因此查询结果返回了两行信息，体现了这一对朋友关系的双向性。

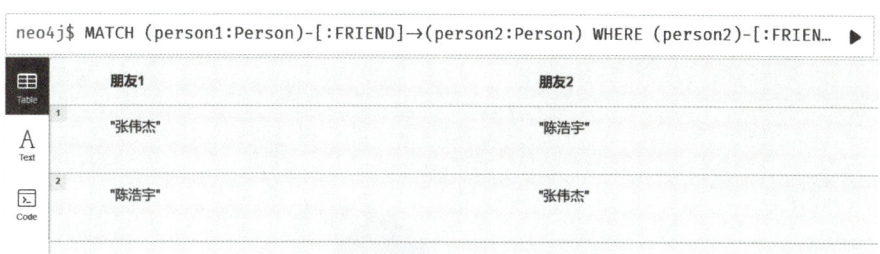

图 10.15　查询有朋友关系的节点

我发现上面的查询仅展示了互为朋友关系的节点的姓名，而我期望的是能够直观地获取到这两个节点之间完整的关系图。于是，我追问文心一言，请它修改现有的

MATCH 语句，以便在查询结果中直接呈现出这些互为朋友节点的关系图。

> **我的问题：**
> MATCH(person1:Person)-[:FRIEND]->(person2:Person)
> WHERE(person2)-[:FRIEND]->(person1)
> RETURN person1.name AS 朋友 1, person2.name AS 朋友 2;
> 请修改上述 MATCH 语句，查询结果返回互为朋友关系的节点关系图，而不是仅仅返回节点的姓名。
>
> **文心一言的回答：**
> 如果你想要查询结果返回互为朋友关系的节点以及它们之间的关系，但又不仅仅是返回节点的姓名。你可以这样写查询，尽管它看起来与原始查询非常相似，但重要的是理解查询结果是如何在图形界面中展示的：
> MATCH(person1:Person)-[:FRIEND]->(person2:Person)
> WHERE(person2)-[:FRIEND]->(person1)
> RETURN person1, person2
> 在这个查询中，RETURN person1, person2 语句告诉 Cypher 返回 person1 和 person2 这两个节点。然后，在 Neo4j 的图形界面中查看 person1 和 person2 之间的连接。这样，你就能看到它们之间的双向 FRIEND 关系，并且可以通过图形界面进一步探索这些关系。

我将文心一言修改后的 MATCH 语句复制到 Neo4j 中，执行后的效果如图 10.16 所示。图中显示了张伟杰和陈浩宇两个节点及其关系的完整关系图。

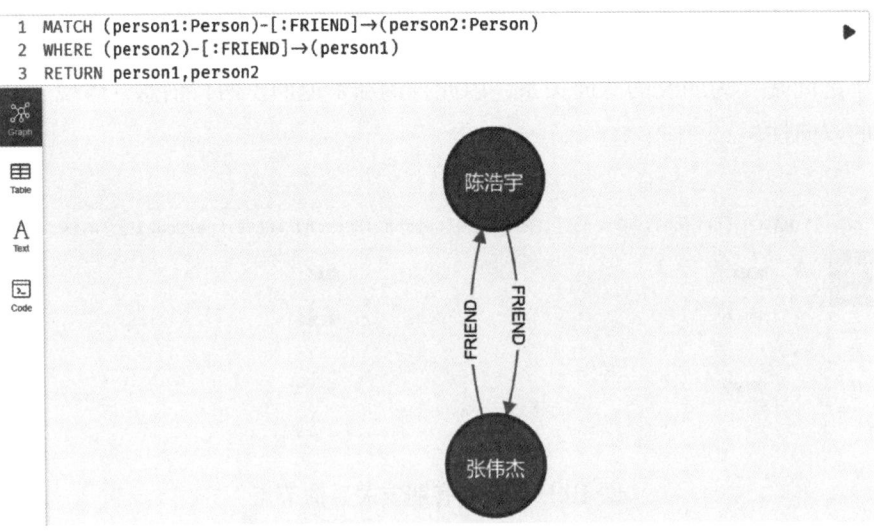

图 10.16　查询有朋友关系的节点（返回节点）

10.4　Execution——动手解决问题

在学习了相关的知识和方法后，我就可以开始动手建立人物关系图谱了。本书第2章中图2.12展示了深度学习领域重要人物间的关系，我决定先小试牛刀，先构建一个这样的关系图谱，并实现在关系图谱中进行快速、精准地检索，让我能够对科学家之间的关系一探究竟！

根据前面的学习，我决定利用知识图谱工具Neo4j来构建深度学习科学家的关系图谱，并在AI工具文心一言的协助下，完成CQL语句的编写。

我首先按照10.3.1节的方法进行环境安装和配置，接下来就是准备数据、创建节点和关系、查询等操作了。

10.4.1　准备数据

现在，我根据图2.12确定图谱中的人物及其关系，包括5位科学家Hinton、LeCun、Jordan、Bengio和Andrew Ng，他们之间共有6条关系连线，表示博士生、博士后、曾经是同事、曾经申请博士生等关系，而其中的曾经是同事应该是双向关系。

将这些人物、人物属性和人物之间的关系进行整理组织成合适的文本形式，以便于文心一言帮助我快速地完成人物关系图谱的构建任务。

需要说明的是，在组织数据时，我在图2.12的基础上增加了科学家国籍和主要成就两方面的信息，也就是说科学家节点具有姓名、国籍和主要成就三个属性。具体的数据描述如下。

科学家节点及属性：

姓名，国籍，主要成就

Geoffrey Hinton，加拿大，反向传播算法、AlexNet神经网络

Michael I.Jordan，美国，概率图模型、机器学习先驱

Yann LeCun，法国，卷积神经网络之父

Yoshua Bengio，加拿大，神经概率语言模型、生成对抗网络

Andrew Ng，美国，逆向自动编码器、谷歌大脑、TensorFlow

节点之间的关系：

人物1，人物2，关系

Yann LeCun，Geoffrey Hinton，博士生

Andrew Ng，Michael I.Jordan，博士生

Yoshua Bengio，Michael I.Jordan，博士后

Michael I.Jordan，Geoffrey Hinton，曾经申请博士生

Yann LeCun，Yoshua Bengio，曾经是同事（双向关系）

10.4.2　创建节点与关系

准备好数据后，就可以请文心一言协助我完成节点和关系的创建了。

1. 创建节点

我的问题：

姓名，国籍，主要成就

Geoffrey Hinton，加拿大，反向传播算法、AlexNet 神经网络

Michael I.Jordan，美国，概率图模型、机器学习先驱

Yann LeCun，法国，卷积神经网络之父

Yoshua Bengio，加拿大，神经概率语言模型、生成对抗网络

Andrew Ng，美国，逆向自动编码器、谷歌大脑、TensorFlow

请根据上述内容，写出在 Neo4j 中使用 CQL 命令创建节点的语句。

文心一言的回答：

在 Neo4j 中，你可以使用 Cypher query language（CQL）来创建节点和关系。根据你提供的信息，以下是使用 CQL 命令创建上述提到的科学家（作为节点）的语句。请注意，在 Neo4j 中，每个节点通常会有一个标签（label）用于标识节点的类型，这里我们可以假设所有的科学家节点都有一个共同的标签 Scientist。

```
// 创建 Geoffrey Hinton 节点
CREATE(hinton:Scientist{name:'Geoffrey Hinton',nationality:'加拿大',main-Achievements:'反向传播算法、AlexNet 神经网络'})

// 创建 Michael I.Jordan 节点
CREATE(jordan:Scientist{name:'Michael I.Jordan',nationality:'美国',main-Achievements:'概率图模型、机器学习先驱'})

// 创建 Yann LeCun 节点
CREATE(lecun:Scientist{name:'Yann LeCun',nationality:'法国',mainAchievements:'卷积神经网络之父'})

// 创建 Yoshua Bengio 节点
CREATE(bengio:Scientist{name:'Yoshua Bengio',nationality:'加拿大',main-Achievements:'神经概率语言模型、生成对抗网络'})

// 创建 Andrew Ng 节点
CREATE(ng: Scientist{name:'Andrew Ng',nationality:'美国',mainAchievements:
```

'逆向自动编码器、谷歌大脑、TensorFlow'}）

以上 CQL 语句分别创建了 5 个节点，每个节点都有三个属性：name（姓名）、nationality（国籍）和 mainAchievements（主要成就）。节点通过标签 Scientist 来标识他们都是科学家。

将这些 CREATE 语句复制到 Neo4j 中，执行后创建的 5 个科学家节点如图 10.17 所示。

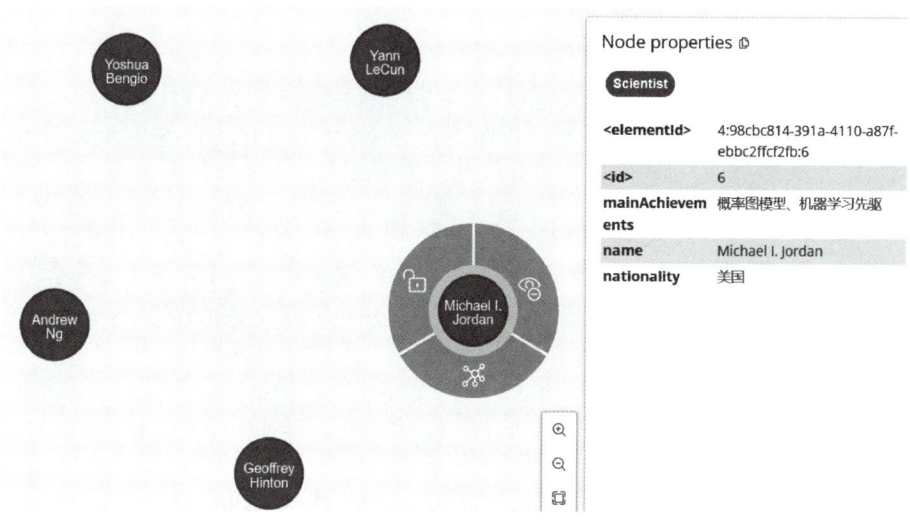

图 10.17　创建科学家节点

2. 创建关系

继续让文心一言帮我创建节点之间的关系。

我的问题：

人物 1，人物 2，关系

Yann LeCun，Geoffrey Hinton，博士生

Andrew Ng，Michael I.Jordan，博士生

Yoshua Bengio，Michael I.Jordan，博士后

Michael I.Jordan，Geoffrey Hinton，曾经申请博士生

Yann LeCun，Yoshua Bengio，曾经是同事（双向关系）

请继续使用 CQL 命令，创建上述节点之间的关系。

文心一言的回答：

在 Neo4j 中，你可以使用 cypher query language（CQL）来创建节点之间的关系。根据你提供的人物和关系数据，以下是相应的 CQL 命令，用于在已存在的节点之间创建关系：

　　// 创建 Yann LeCun 和 Geoffrey Hinton 之间的博士生关系

　　MATCH(lecun:Scientist{name:'Yann LeCun'}), (hinton:Scientist{name:'Geoffrey Hinton'})

　　CREATE(lecun)-[:博士生 _OF]->(hinton)；

　　// 创建 Andrew Ng 和 Michael I.Jordan 之间的博士生关系

　　MATCH(ng:Scientist{name:'Andrew Ng'}), (jordan:Scientist{name:'Michael I.Jordan'})

　　CREATE(ng)-[:博士生 _OF]->(jordan)；

　　// 创建 Yoshua Bengio 和 Michael I.Jordan 之间的博士后关系

　　MATCH(bengio:Scientist{name:'Yoshua Bengio'}), (jordan:Scientist{name:'Michael I.Jordan'})

　　CREATE(bengio)-[:博士后 _OF]->(jordan)；

　　// 创建 Michael I.Jordan 和 Geoffrey Hinton 之间的曾经申请博士生关系

　　MATCH(jordan:Scientist{name:'Michael I.Jordan'}), (hinton:Scientist{name:'Geoffrey Hinton'})

　　CREATE(jordan)-[:曾经申请 _ 博士生 _OF]->(hinton)；

　　// 创建 Yann LeCun 和 Yoshua Bengio 之间的曾经是同事关系（双向）

　　MATCH(lecun:Scientist{name:'Yann LeCun'}), (bengio:Scientist{name:'Yoshua Bengio'})

　　CREATE(lecun)-[:曾经是同事]->(bengio)

　　CREATE(bengio)-[:曾经是同事]->(lecun)；

　　请注意，我稍微修改了关系类型的命名，以使其更符合 Neo4j 中通常使用的命名约定。例如，我使用了"博士生 _OF"和"博士后 _OF"来表示 Yann LeCun 和 Geoffrey Hinton、Andrew Ng 和 Michael I.Jordan 之间的博士生和博士后关系。同样，我使用了"曾经申请 _ 博士生 _OF"来表示 Michael I.Jordan 曾经申请成为 Geoffrey Hinton 的博士生的关系。

　　对于 Yann LeCun 和 Yoshua Bengio 之间的曾经是同事关系，我创建了一个双向关系，因为"曾经是同事"这一关系是相互的。

　　将这些语句复制到 Neo4j 中，执行后创建的关系如图 10.18 所示。

　　至此，深度学习领域的科学家关系图谱已基本构建完成。可以拖动各节点，调整它们的位置，将图谱整理为类似图 2.12 的关系图。图 10.19 是整理之后的效果。

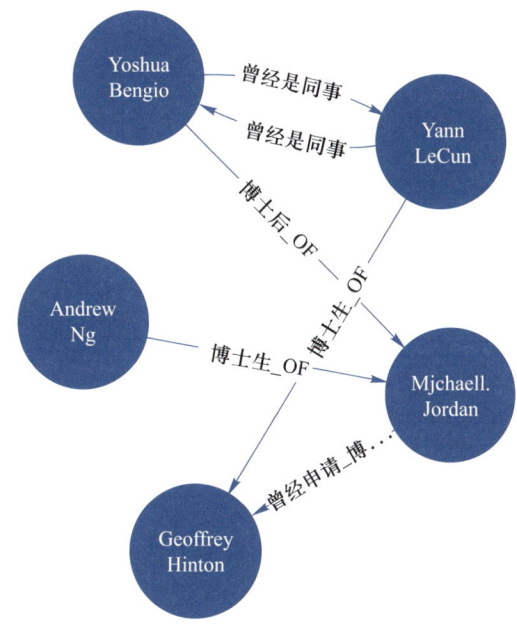

图 10.18 创建科学家之间的关系

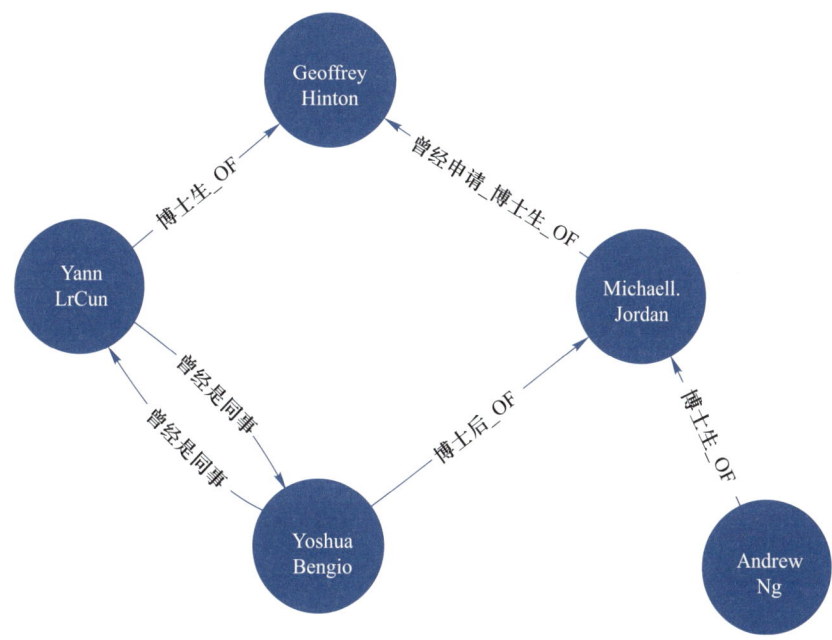

图 10.19 整理之后的人物关系图谱

10.4.3 查询

接下来,我继续借助文心一言,利用 CQL 命令对前面构建的人物关系图谱进行查询,以快速、准确地了解深度学习领域科学家之间的人物关系。

1. 查询曾经是同事关系的节点

> **我的问题:**
>
> 写出 CQL 语句，在上述科学家人物关系图谱中，查询曾经是同事关系的节点。
>
> **文心一言的回答:**
>
> 在 Neo4j 中，要查询具有特定关系（如"曾经是同事"）的节点，你可以使用 MATCH 子句来指定节点和它们之间的关系。由于"曾经是同事"是一个双向关系，并且你想要找到所有具有这种关系的节点对，你可以使用以下 CQL 语句：
>
> MATCH(p1:Scientist)-[:曾经是同事]-(p2:Scientist)
> RETURN p1,p2
>
> 然而，这个查询会返回结果中的重复节点对，因为"曾经是同事"是双向的，所以（p1，p2）和（p2，p1）会被视为不同的结果对。
>
> 如果你想要避免节点对的重复，并且只关心节点本身（而不是它们之间的关系），你可以使用 DISTINCT 关键字，但你需要小心处理，因为 DISTINCT 在这里会应用于整个结果行（即节点对），而不是单独的节点。
>
> 如果你想要返回所有唯一的科学家节点，这些节点至少与另一个科学家有"曾经是同事"的关系，你可以使用以下查询：
>
> MATCH(p:Scientist)-[:曾经是同事]-(:Scientist)
> RETURN DISTINCT p AS scientist
>
> 这个查询会匹配所有至少有一个"曾经是同事"关系的 Scientist 节点 p，并使用 DISTINCT 来确保每个节点只被返回一次。注意，这里的关系模式中的第二个节点（:Scientist）是一个占位符，因为我们只关心 p 节点。

将文心一言给出的两个 MATCH 语句之一复制到 Neo4j 中，执行后的结果如图 10.20 所示。Yann LeCun 和 Yoshua Bengio 互相曾经是同事关系。

2. 查询与 Michael I.Jordan 具有关系的所有节点

> **我的问题:**
>
> 写出 CQL 语句，在上述科学家人物关系图谱中，查询与 Michael I.Jordan 具有关系的所有节点。
>
> **文心一言的回答:**
>
> 要查询与 Michael I.Jordan 具有关系的所有节点（不论这些节点的类型或关系的类型），你可以使用以下 CQL 语句。这个命令会找到所有与 Michael I.Jordan 直接相连的节点，并返回这些节点：
>
> MATCH(gj:Scientist{name:'Michael I.Jordan'})-[]-(other:Scientist)
> RETURN gj,other

将该语句复制到 Neo4j 中，执行结果如图 10.21 所示。Michael I.Jordan 与其他三个节点具有关系，其中，Andrew Ng 和 Yoshua Bengio 分别是他的博士生和博士后，而他曾经申请 Geoffrey Hinton 的博士生。

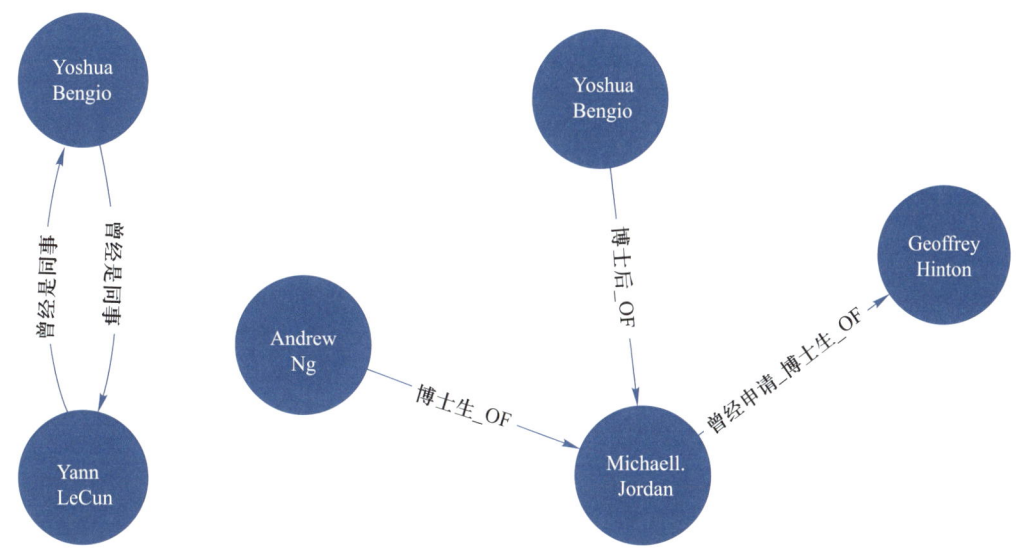

图 10.20　查询曾经是同事关系的节点　　图 10.21　查询与 Michael I.Jordan 具有关系的所有节点

3. 查询 Geoffrey Hinton 的博士生

我的问题：

请根据上述科学家关系图谱,写出CQL语句,查询Geoffrey Hinton的博士生是谁。

文心一言的回答：

要查询 Geoffrey Hinton 的博士生是谁，你可以使用以下 CQL 语句。这个语句将匹配所有与 Geoffrey Hinton 有博士生 _OF 关系（即是 Geoffrey Hinton 的博士生）的科学家节点，并返回他们的名字：

MATCH(student:Scientist)-[:博士生 _OF]->(geoffrey:Scientist{name:'Geoffrey Hinton'})

RETURN student.name AS studentName

在这个查询中：

① MATCH 子句用于查找与模式匹配的节点和关系。

（student:Scientist）是一个模式，它匹配任何标记为 Scientist 的节点，并将其别名设为 student。

② -[:博士生 _OF]-> 是一个关系模式，它匹配类型为博士生 _OF 的关系，表示"是……的博士生"。

③（geoffrey:Scientist{name:'Geoffrey Hinton'}）是另一个模式，它匹配标记为 Scientist 且 name 属性为 Geoffrey Hinton 的节点，并将其别名设为 geoffrey。

④ RETURN student.name AS studentName 指定了查询的返回结果，即 student 节点的 name 属性，并将其列标题设置为 studentName。

如果你已经按照之前的说明在 Neo4j 中创建了这些节点和关系，那么执行这个查询将返回 Geoffrey Hinton 的博士生的名字。在你的例子中，这将返回 Yann LeCun（假设没有其他未被提及的博士生）。

将 MATCH 语句复制到 Neo4j 中，执行结果如图 10.22 所示。Geoffrey Hinton 的博士生是 Yann LeCun。

上面查询仅提供了 Geoffrey Hinton 博士生的姓名作为结果，但我希望获取他指导的博士生节点在图形数据库中的完整表示。因此，我继续请求文心一言协助我调整 MATCH 语句，使之能够直接返回博士生节点的图形化展示，而非仅仅是他们的姓名。

studentName
"Yann LeCun"

图 10.22 查询 Geoffrey Hinton 的博士生

我的问题：

MATCH(student:Scientist)-[:博士生 _OF]->(geoffrey:Scientist{name:'Geoffrey Hinton'})

RETURN student.name AS studentName

上面查询返回的是 Geoffrey Hinton 博士生的姓名，而我希望的是返回他的博士生节点的图形结果，请帮我修改 MATCH 语句，返回博士生的节点，而不是姓名。

文心一言的回答：

为了返回 Geoffrey Hinton 博士生的节点本身，而不是他们的姓名，你应该调整 RETURN 子句，使其直接返回 student 节点，而不是 student.name。在 Cypher 查询中，直接返回节点通常意味着在图形界面中查看这些节点及其相邻的图形结构。

以下是修改后的查询：

MATCH(student:Scientist)-[:博士生 _OF]->(geoffrey:Scientist {name:'Geoffrey Hinton'})

RETURN student

这个查询会找到所有与 Geoffrey Hinton 有博士生 _OF 关系的 Scientist 节点（即他的博士生），并返回这些节点本身。

我将文心一言修改后的 MATCH 语句复制到 Neo4j 中，执行后的效果如图 10.23 所示。图中显示的是 Yann LeCun 节点本身，而不是他的姓名。

图 10.23　查询 Geoffrey Hinton 的博士生（返回节点）

10.5　Evaluation——评价与反思

我对人物关系图谱的构建过程及其查询操作进行了学习与实践。在文心一言的协助下，我利用 Neo4j 平台构建了深度学习领域科学家的人物关系图谱，图谱中包括 5 位科学家节点及其之间的关系，每个节点具有姓名、国籍和主要成就三个属性，节点之间具有博士生、博士后、曾经申请博士生、曾经是同事等关系。人物关系图谱的构建不仅有助于梳理人物之间的复杂关系，而且在文心一言的辅助下，通过对关系图谱的多样化查询操作，我能够快速准确地检索到科学家节点以及他们之间的关系信息，极大地提升了信息获取的效率和准确性。

在实际应用中，关系图谱还能用于构建小说名著、影视剧等错综复杂的人物关系图谱。一旦建立好人物关系图谱之后，就能帮助读者在图谱中进行快速、准确，甚至是智能的检索，进而理清纵横交错的人物关系，深入理解和分析作品的主题和情节。

由于篇幅限制，我构建的人物关系图谱相对简单。可以在此基础上，继续扩展图谱，增加更多的科学家节点以及他们之间更复杂的关联关系。另外，还可以对关系图谱进行进一步的维护和更新工作，比如，增加节点或关系、删除节点或关系、修改节点或关系的属性等操作。

第 11 章

制作一个 AI 编程助手
——AI 辅助构建智能体

📖 **案例说明：**

按照 5E 步骤，在 AI 的协同下完成一个 AI 编程助手的制作，解决 AI 辅助编程的问题。读者可以根据学习和生活的需要，制作自己的 AI 助手。

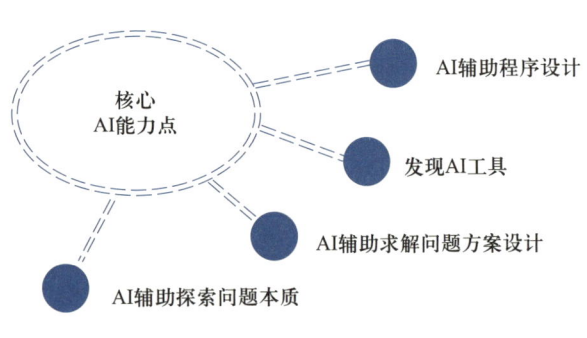

11.1 Excitation——提出感兴趣的话题

对于很多人来说，学习编程往往充满了挑战。随着 AI 技术的发展，我很好奇，能否有一位 AI 编程助手，使得对编程一无所知的学习者能够在它的陪伴下掌握编程技能。它就像一位始终陪伴左右、耐心细致的指导老师，不但能够直接为用户生成程序代码，还能够辅导学习编程的相关知识。

我先问问 Kimi，是否有这样的 AI 编程助手。

> **我的问题：**
>
> 请问，有没有 AI 编程助手？
>
> **Kimi 的回答：**
>
> 当然有，我就是一个 AI 编程助手。我可以帮助你解决编程问题，提供代码示例，解释编程概念以及进行一些基本的代码审查。如果你有任何编程相关的问题，随时可以问我。需要帮助时，请给出具体的问题描述或代码片段，我会尽力为你提供帮助。

Kimi 认为它自己就是一个 AI 编程助手。

我了解到，Kimi 是一个多功能的聊天工具，它并非专为编程而设计。我更渴望的是一个专门针对代码生成和编程语言学习的 AI 编程助手。

那么，有没有可能去开发一个专门进行代码生成和编程语言学习的 AI 编程助手呢？

11.2 Exploration——探索发现问题本质

在我看来，学习编程的核心并不在于对语法细节的深入理解和代码本身的堆砌，而是在于通过编程来解决实际问题。我之前也有所了解，要想让 AI 有效地解决问题，关键在于将人类的思考方式和对问题的解决策略传授给它。因此，我需要先了解人类在面对问题时是如何思考的，这样才能更有效地指导 AI 完成我所赋予它的任务。接下来，我向 Kimi 咨询一下，使用计算机编程解决问题的基本步骤有哪些。

> **我的问题：**
>
> 使用计算机编程解决问题的基本步骤。

Kimi 的回答：

使用计算机编程解决问题通常包括以下基本步骤。

问题定义：明确你要解决的问题是什么，包括输入、输出和预期的结果。

需求分析：详细分析问题需求，确定问题的范围和限制条件。

设计算法：构思解决问题的方法，这可能包括选择数据结构、设计算法逻辑等。

编写代码：根据设计的算法，使用一种或多种编程语言编写代码。

测试：编写测试用例，检查代码是否按照预期工作，并修复发现的错误。

调试：在测试过程中，找出并修复代码中的错误。

优化：根据需要优化代码，提高性能或减少资源消耗。

　　Kimi 告诉我使用计算机编程解决问题通常包括以下基本步骤：定义问题、需求分析、设计算法、编写代码、测试、调试和优化等步骤。

　　分析上面的步骤，我认为计算机编程解决问题的过程可以概括为两个主要步骤。

　　首先，是对所要解决的问题进行深入的研究和分析，并设计出相应的计算机算法。这一步骤涉及三个关键子步骤：定义问题的具体范围和边界，明确问题的需求和期望解决的效果以及设计一套逻辑清晰、可行的解决方案，即算法。

　　其次，是运用程序设计语言将设计好的算法具体化，编写成计算机程序，即编码。在编码完成后，需要对程序进行运行测试，以检查其是否能正确地解决问题，并对出现的错误进行调试，对代码进行优化等。

　　我要创建的这个 AI 编程助手，能够辅助用户编程解决问题的全过程。

　　此外，我还期望这个 AI 编程助手不仅能够协助用户编写程序，还应助力用户深入理解并掌握程序设计语言的语法规则。通过这样的辅助，用户将能够逐步学会如何使用一门编程语言，从而高效地指导计算机完成各种任务。

　　在第 1 章，我了解到智能体是一个能够感知环境并根据感知到的信息自主做出决策和执行动作的实体。目前我想要开发的 AI 编程助手不就是一个智能体吗？它能够与人类用户以自然的方式交互，协助完成程序设计任务并深化对编程语言知识的理解与掌握。

　　目前被广泛使用的大语言模型能够理解和生成人类语言。在大语言模型应用平台有没有简单的方法就能创建这个智能体呢？我还是问一下 Kimi。

我的问题：

哪个大语言模型应用平台提供创建智能体的功能？

Kimi 的回答：

　　目前，有几个平台提供了创建智能体的功能，这些平台利用大语言模型（LLM）来帮助用户构建和部署智能体，无须编写代码即可实现聊天对话、内容创作、图像生成等功能的开发和接入。以下是一些提供智能体创建功能的平台。

　　腾讯元器：腾讯公司推出的基于其混元大模型的 AI 智能体创作与分发平台，支持低代码开发，提供工作流模式，并且可以一键分发到腾讯的全域渠道，如QQ、微信客服等。

百度的文心智能体平台：百度推出的基于文心大模型的 Agent 平台，支持开发者根据自身行业领域、应用场景，选取不同类型的开发方式。

字节跳动的 Coze（扣子）：一个 AI 聊天机器人和应用程序编辑开发平台，可以创建类 GPTs 机器人，该产品还有海外版。

阿里云的 ModelScopeGPT：阿里云 Mota 社区推出的国内首个大型模型调用工具，旨在实现模型间的协作完成任务，推动 AI 技术的应用和发展。

科大讯飞的讯飞友伴：一个基于知识库的 chatbot 构建平台。

智谱清言：智谱推出的生成式 AI 助手，可以构建智能体，在工作、学习和日常生活中为用户解答各类问题，完成各种任务。

SkyAgents：昆仑万维旗下的 AI Agent 开发平台，允许用户通过自然语言输入和可视化拖拽来快速构建服务于具体业务场景的 AI Agents。

这些平台通过提供丰富的预集成插件和知识库资源，大幅降低了智能体的开发门槛，使得企业和开发者能够快速构建并使用智能体。智能体的应用场景广泛，包括客服与售后、内容创作与编辑、教育与培训、金融咨询、法律服务、营销与广告、企业内部管理以及娱乐与游戏等。

Kimi 的回答让我满怀信心，这些平台通过提供丰富的预集成插件和知识库资源，大幅降低了智能体的开发门槛，使得企业和开发者能够快速构建并使用智能体。

通过上面的分析，我要解决的问题本质是，使用基于大语言模型应用平台，创建一个智能体——AI 编程助手。在此，我给它起一个名字，叫"小编同学"吧。"小编同学"要有如下能力。

① 算法设计能力。针对要编程解决的问题设计出计算机算法。

② 编程能力。基于所设计的计算机算法，编写出程序代码。我计划以 C++ 或 Python 高级设计语言为例。

③ 教学能力。解释代码的工作原理，并辅助用户掌握代码中涉及的概念和语法。

11.3 Enhancement——拓展学习
求解问题必备的知识和能力

11.3.1 模型平台的选择

首先，我要选择一个大模型应用平台。前面 Kimi 已经告诉我有好几个可以创建智能体的平台，回答中还有它参考的文章。阅读这些参考文章的介绍，我对智谱清言最感兴趣。下面我就使用智谱清言，尝试构建我的"小编同学"智能体。

11.3.2　构建智能体的方法

我还是寻求 AI 的帮助，解决如何使用智谱清言创建一个智能体的问题。在询问了几个 AI 工具后，并没有给出有效回复，包括智谱清言自己，这令人费解。在询问文心一言后却得到了满意的回答。

我的问题：

如何使用智谱清言创建一个智能体？

文心一言的回答：

利用智谱清言创建一个智能体，可以按照以下步骤进行。

1. 登录或注册智谱清言平台

打开智谱清言官网，单击"立即体验"按钮或相关登录 / 注册选项。

如果还没有账号，可以通过手机号 + 验证码的方式注册一个新账号。

2. 创建智能体

登录成功后，进入智谱清言对话界面。

单击左上角菜单的"创建智能体"选项。

在弹出的创建智能体界面，根据提示输入描述你的智能体的内容。例如，你可以描述智能体的角色、定位、功能等。

3. 配置智能体属性

系统会根据你的描述自动生成智能体的 Logo、名称、简介等基本信息。

根据需要，你可以对智能体的属性进行进一步的配置，如修改名称、描述、技能等。

4. 设定智能体行为

在配置属性之后，需要设定智能体的行为。这包括设置触发条件、响应动作以及与用户的交互方式等。

根据实际应用场景去定制智能体的行为，使其能够满足你的需求。

5. 上传知识库文件（可选）

智谱清言支持上传知识库文件，以丰富智能体的知识储备。

目前支持的文件格式包括 pdf、doc、docx、xlsx、txt 等，最多支持 100 个文件，总字数不超过 500 万字。

6. 训练智能体

配置完智能体的属性和行为后，智谱清言会根据提供的信息和数据，训练智能体并优化其性能。

7. 测试与部署

训练完成后，需要对智能体进行测试，确保其满足需求。

测试无误后，就可以将智能体部署到实际应用场景中，如网站、应用或者服务中。

8. 管理和优化

智能体部署后，还需要对其进行管理和优化，包括监控智能体的运行状况、收集用户反馈以及持续优化智能体的性能。

请注意，以上步骤可能因智谱清言平台的更新而有所变化。在创建智能体的过程中，建议参考智谱清言平台的官方文档或教程，以获取最准确和最新的信息。

文心一言比较详细地告诉我了在智谱清言平台上创建一个智能体的步骤和方法。下面，我就根据 AI 的提示，尝试创建一个简单的智能体"中英互译小精灵敏敏"。该智能体的功能是，当用户输入的是中文，智能体自动将它翻译成对应的英文；当用户输入的是英文，智能体自动将它翻译成对应的中文。

首先，我根据 AI 的提示，打开智谱清言官网，单击"立即体验"按钮或相关登录 / 注册选项，注册了智谱清言的账户。

下面，就是我创建智能体"中英互译小精灵敏敏"的体验过程。主要步骤如下。

① 直接打开智谱清言官网，进入如图 11.1 所示的智谱清言主页面。单击页面最上面的 GLM–4 选项，选择 GLM–4 基座模型。

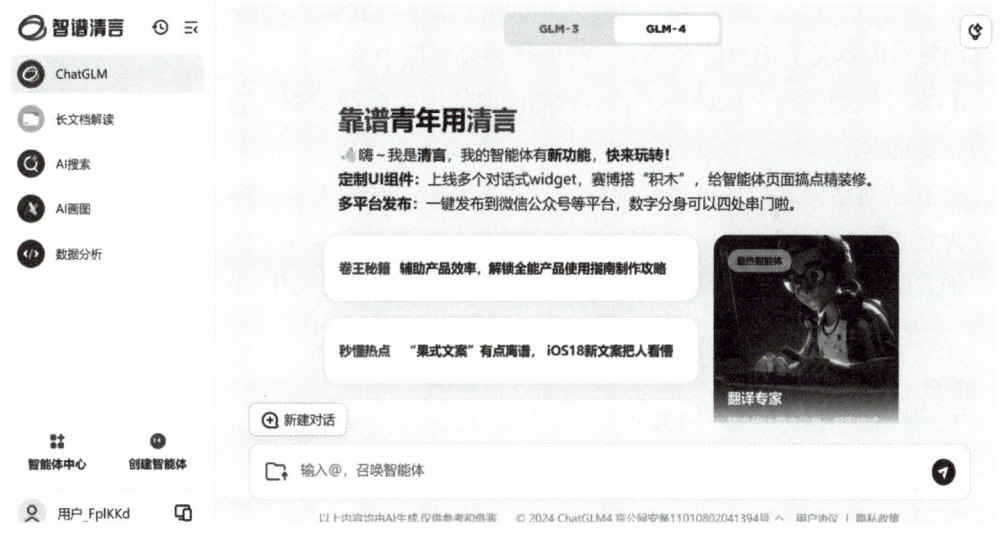

图 11.1 智谱清言主页

② 单击图 11.1 左下角的"创建智能体"按钮，会弹出如图 11.2 所示的"AI 自动生产配置"对话框。我单击了右上角的 ✕ 按钮，关闭了该对话框，然后就进入了如图 11.3 所示的创建智能体的页面。

③ 在创建智能体的页面中，左侧区域为配置智能体的区域，右侧区域为调试智能体的区域。在配置区，用户可以自行设定头像、智能体的名称、简介以及配置信息。我在左侧对智能体进行了如下配置。

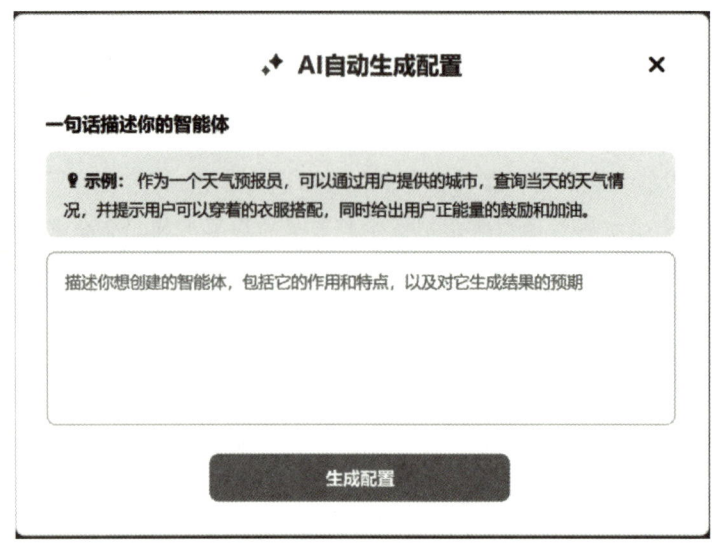

图 11.2　"AI 自动生成配置"对话框

　　a. 在最上面的"名称"一栏，我给智能体起了一个名字"中英互译小精灵敏敏"。

　　b. "简介"一栏最多可以输入 100 个汉字。我输入的是"一个擅长中英文互译的语言学习助手"。

　　c. "配置信息"一栏最多可以输入 4 096 个汉字。我输入的是"用户输入中文，智能体回复对应英文，用户输入英文，智能体回复对应中文"。

　　d. 在"模型能力"区域中，表示智能体要使用大模型的哪些能力。我勾选了"联网能力"复选框。

　　e. 在"对话配置"区域的"开场白"文本框中，我输入了"你好呀～我是敏敏，祝你天天开心"。

　　随着配置信息的不断增加，右侧的调试与预览区域也会发生相应变化。

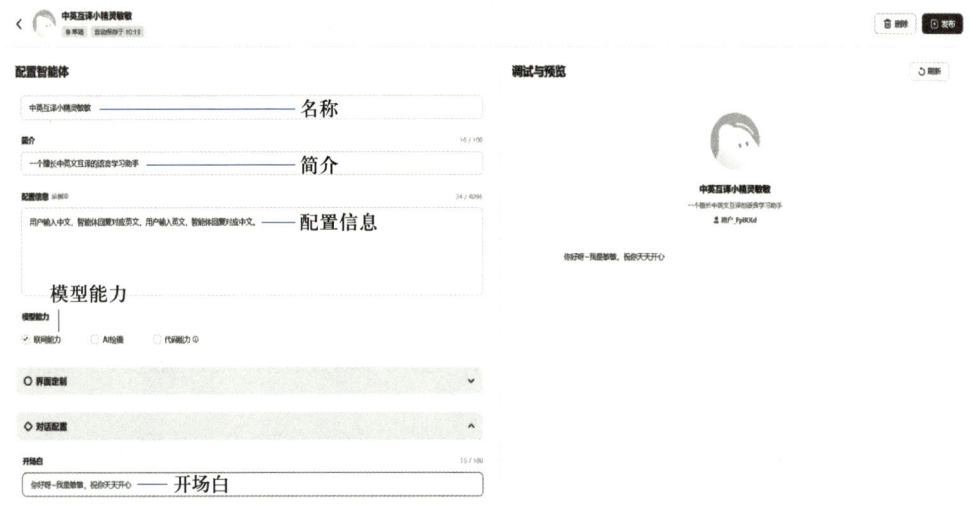

图 11.3　配置"中英互译小精灵敏敏"智能体

🔧 **动手实践**

> 配置信息还有很多，请在 AI 的帮助下了解其他配置信息的含义。

④ 在图 11.3 的右侧区域对"中英互译小精灵敏敏"智能体进行调试与预览。

a. 先输入英文"I love learning."，"中英互译小精灵敏敏"给出了它的中文翻译"我喜欢学习。"。翻译准确。

b. 我又输入了中文"什么是人工智能？"，"中英互译小精灵敏敏"给出了英文翻译"What is artificial intelligence?"。翻译准确。

调试和预览如图 11.4 所示。

我认为智能体"中英互译小精灵敏敏"已经可以很好地完成我指定的任务：遇到中文翻译成英文，遇到英文翻译成中文。

⑤ 单击图 11.4 右上角的"发布"按钮，弹出如图 11.5 所示的"设置发布权限"对话框。选择要发布的类型（私密、分享和公开），单击最下面的"确认发布"按钮完成此智能体的创建。

⑥ 发布了智能体后，智谱清言主页面左下角"创建智能体"按钮的左边有一个"智能体中心"按钮，单击该按钮可查看和使用已经发布的智能体，如图 11.6 所示。

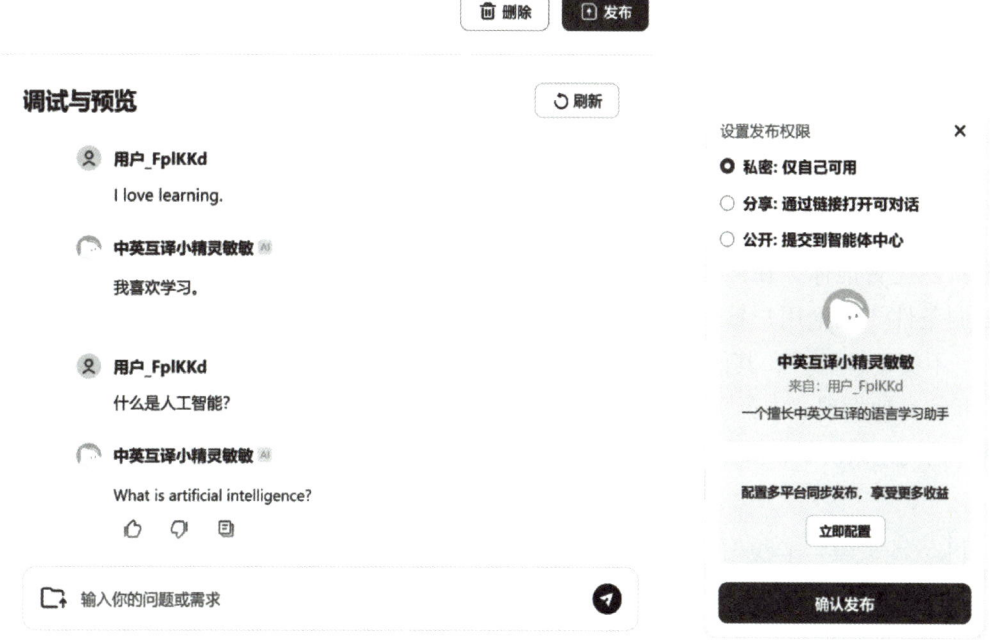

图 11.4 调试和预览"中英互译小精灵敏敏"智能体　　图 11.5 设置智能体的发布权限

图 11.6 智能体中心

⑦ 使用智能体。单击图 11.6 中的"中英文互译小精灵敏敏"智能体，就可以使用它了。我输入中文"今天的天气怎么样？"。它没有直接翻译，而是用英文回答了我的问题："The weather today is sunny and warm."，如图 11.7 所示。

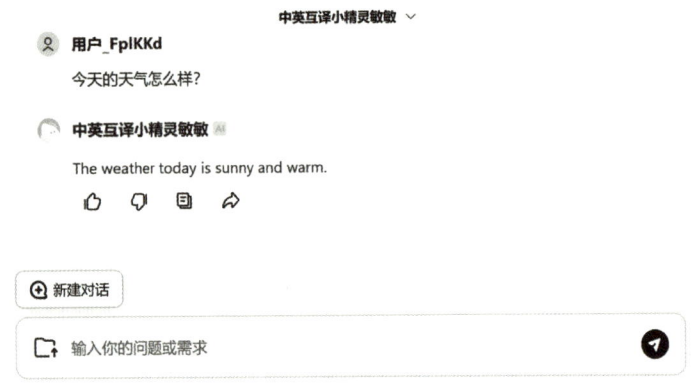

图 11.7 "中英文互译小精灵敏敏"出问题了

看来我创建的智能体出问题了。虽然在调试阶段我没有发现，现在修改它也来得及。中英文互译小精灵敏敏倾向于回答问题，它应该是在翻译和回答问题之间糊涂了。反思创建智能体的整个过程，我发现最关键是配置信息，它定义智能体的角色、能力与行为。因此，我应该在配置信息中更清晰地描述智能体的功能。于是重新创建智能体，在配置信息最后中增加了一句限制条件"无论用户输入什么，智能体只负责翻译，不负责解释。"，其他配置不变。调试该智能体，我惊喜地发现"中英文互译小精灵敏敏"不直接翻译的问题解决了，如图 11.8 所示。

调试与预览

> 用户_FpIKKd
> 今天的天气怎么样？

> 中英互译小精灵敏敏 AI
> What's the weather like today?

图 11.8 解决了"中英文互译小精灵敏敏"回答问题的毛病

11.3.3 撰写有效的智能体配置信息

创建智能体的步骤虽然非常简单，但我们学习到了"配置信息"越清晰准确，智能体对指定问题的处理效果就越好。例如，给"中英互译小精灵敏敏"的配置信息中增加了"无论用户输入什么，智能体只负责翻译，不负责解释。"，就解决了它尝试回答而不是翻译的问题。

那么，该如何为智能体编写清晰准确的配置信息呢？

图11.9是在创建配置信息时，网页上就用灰色字体给出了详细描述配置信息的说明。配置信息就是用户对智能体工具功能的设定，主要设定工具特点、工具身份和工具行为三方面的信息。智能体的功能达到甚至超过预期的关键在于完整、清楚、准确地描述上面这三大类信息。当然，有效的配置信息还需要在调试、甚至使用过程中不断进行优化和完善。

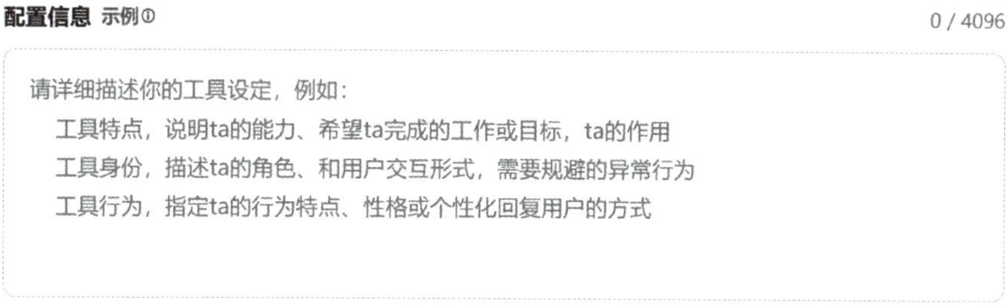

配置信息 示例①   0 / 4096

> 请详细描述你的工具设定，例如：
>   工具特点，说明ta的能力、希望ta完成的工作或目标，ta的作用
>   工具身份，描述ta的角色、和用户交互形式，需要规避的异常行为
>   工具行为，指定ta的行为特点、性格或个性化回复用户的方式

图 11.9　智谱清言给出的智能体配置信息示例

怎样才能编写出有效的配置信息呢，还是寻求一下 AI 的帮助吧。

我的问题：

根据下面配置智能体的一些信息，可以给出一些具体的示例吗？

所谓配置信息，其实就是用户对工具功能的设定，这主要包括工具特点、工具身份、工具行为三大类。

① 工具特点：说明它的能力、希望它完成的工作或目标，它的作用。

② 工具身份：描述它的角色、和用户交互的形式，需要规避的异常行为。

③ 工具行为：指定它的行为特点、性格或个性化回复用户的方式。

智谱清言的回答：

根据你提供的配置信息，我可以为你构建几个智能体的示例。

示例一：健康顾问智能体

（1）工具特点

能力：提供健康饮食建议，分析营养摄入，制订健身计划。

目标：帮助用户维持健康的饮食习惯，达到理想的体重和身体素质。

作用：通过数据分析，为用户提供个性化的健康方案。

（2）工具身份

角色：专业健康顾问。

交互形式：通过聊天界面与用户互动，也可以通过推送通知提醒用户。

需规避的异常行为：不提供虚假的健康信息，不发布无关的广告内容。

（3）工具行为

行为特点：友好、专业、耐心。

性格：温和、细心、富有同理心。

个性化回复：根据用户的健康数据和反馈，调整建议和计划，确保服务的个性化和有效性。

示例二：在线教育智能体

（略）

示例三：智能家居助手

（略）

这些示例展示了如何根据配置信息来设计智能体的功能和性格，确保它们能够以合适的方式与用户互动，并提供有效的服务。

智谱清言给出了三个示例，每一个示例都详细描述了智能体的工具特点、工具身份和工具行为。这对我未来有效地编写智能体的配置信息有非常大的参考价值。

11.4　Execution——实际动手解决问题

11.4.1　定义 AI 编程助手的功能

我的目标是制作一个个性化的、能够辅助编程和学习程序设计语言的 AI 助手。参考 11.3.3 节编写智能体配置信息的方法，我特别注意清晰描述智能体的身份、行为和特点三方面的信息。我为"小编同学"编写了如下配置信息。

现在你是一个 AI 编程助手——小编同学，专注于为没有编程经验的人们提供编程学习帮助。你的能力如下。

① 当你接收到问题描述后，根据问题描述设计最优算法。要求用通俗易懂的说法，保证没有编程经验的人群能够理解。

② 与用户交互：提醒用户选择要生成的编码语言 C++ / Python。随后等待用户输入编码语言。

③ 当用户输入目标编码语言之后，你会生成指定语言针对所问问题的具体实现。

④ 可以帮助用户进行交互性学习，当用户问某一个语句是什么意思，可结合上下文给出解答。

⑤ 当用户进行与算法和编程问题无关的交谈时，请引导用户提出算法或编程相关的问题。

要求：友好、专业、耐心，为了让你和用户多沟通，回复用户问题时，可以反问用户的感受。

11.4.2 构建 AI 编程助手

1. 创建"小编同学"

打开智谱清言，单击"创建智能体"按钮，进入创建界面。在相应位置输入如下配置信息。

① 名称："小编同学"。

② 简介："一个擅长编程和指导编程学习的助手"。

③ 配置信息：输入 11.4.1 节中的文字。

④ 模型功能：勾选所有模型能力。

⑤ 开场白："你好，我是小编同学，致力于为没有编程经验的人们提供编程和学习编程的帮助，有什么编程问题尽管问我吧！"。

2. 调试"小编同学"

（1）"小编同学"算法设计能力

我对"小编同学"提出了一个"1 加 2 一直加到 100"的问题。

"小编同学"给出了两种解决这个问题的算法，并可以使用"Python"或"C++"编程实现，询问用户用哪一种方法及哪一语言，如图 11.10 所示。

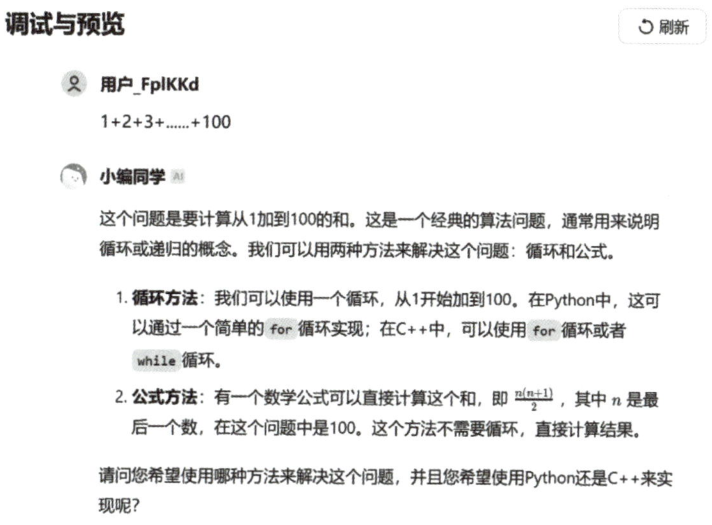

调试与预览　　　　　　　　　　　　　　　　↻ 刷新

👤 **用户_FpIKKd**

1+2+3+……+100

🤖 **小编同学** AI

这个问题是要计算从1加到100的和。这是一个经典的算法问题，通常用来说明循环或递归的概念。我们可以用两种方法来解决这个问题：循环和公式。

1. **循环方法**：我们可以使用一个循环，从1开始加到100。在Python中，这可以通过一个简单的 `for` 循环实现；在C++中，可以使用 `for` 循环或者 `while` 循环。

2. **公式方法**：有一个数学公式可以直接计算这个和，即 $\frac{n(n+1)}{2}$，其中 n 是最后一个数，在这个问题中是100。这个方法不需要循环，直接计算结果。

请问您希望使用哪种方法来解决这个问题，并且您希望使用Python还是C++来实现呢？

图 11.10　向"小编同学"提问及它的回答

（2）"小编同学"的编写代码能力

我选择的是循环方法和使用 C++ 实现。"小编同学"给出了用 C++ 语言编写的循环算法代码，并解释了算法的工作原理，如图 11.11 所示。

用户_FplKKd

循环方法，C++

小编同学 AI

好的，我们选择使用循环方法，并且用C++来实现从1加到100的和。在C++中，我们可以使用 for 循环来完成这个任务。下面是具体的代码实现：

```cpp
#include <iostream>

int main() {
    int sum = 0;
    for (int i = 1; i <= 100; ++i) {
        sum += i;
    }
    std::cout << "The sum from 1 to 100 is: " << sum << std::endl;
    return 0;
}
```

这段代码的工作原理如下：

1. 首先，我们声明一个变量 sum 来存储总和，并将其初始化为0。

2. 然后，我们使用一个 for 循环，设置一个循环变量 i，从1开始，到100结束。

3. 在每次循环中，我们将 i 的值加到 sum 上。

4. 循环结束后，我们打印出 sum 的值，这就是从1加到100的和。

您可以将这段代码复制到C++环境中运行，看看结果是否如您预期。如果有任何疑问或需要进一步的解释，请随时告诉我。

图 11.11　"小编同学"根据用户选择编写并解释代码

（3）"小编同学"的学习指导能力

我对于代码中的 for 不理解，"向小编同学"提问。它为我进行详细解答，让我明白了这个 for 的作用和使用方法，如图 11.12 所示。

用户_FplKKd

请解释一下：for (int i = 1; i <= 100; ++i) {
    sum += i;
}

小编同学 AI

当然可以。这段代码是一个 for 循环，是C++中用来重复执行一段代码的常见结构。让我们逐行解释这个循环：

1. for (int i = 1; i <= 100; ++i) { ：这行代码开始了一个 for 循环。
   - int i = 1; ：这声明了一个整数变量 i，并将其初始化为1。这个变量 i 将作为循环的计数器。
   - i <= 100; ：这是循环的继续条件。只要 i 小于或等于100，循环就会继续执行。
   - ++i ：这是每次循环结束时执行的操作，将 i 的值增加1。这意味着每次循环后，i 的值都会增加，直到它超过100，此时循环结束。

2. sum += i; ：这行代码在循环的每次迭代中执行。sum 是一个变量，用来存储累加的和。+= 是一个赋值运算符，表示将 i 的值加到 sum 上。例如，如果 sum 当前是10，i 是3，这行代码执行后，sum 将变成13。

3. } ：这个大括号标记了 for 循环的结束。循环中所有的代码都应该写在这个大括号内。

所以，整个循环的效果是：从1开始，将所有的整数加到 sum 变量上，直到加到100。循环结束时，sum 变量就包含了从1加到100的总和。

希望这个解释能帮助您更好地理解这段代码。如果您还有其他问题，或者需要进一步的解释，请随时告诉我。

图 11.12　"小编同学"助手辅助编程语言的学习

由调试结果可以看出，现在的"小编同学"已经基本胜任我们交给它的任务了。

（4）"小编同学"的专注度

我们希望"小编同学"是一个专注于编程和编程语言学习的 AI 助手，那按照现在的配置信息，如果用户与"小编同学"进行与算法无关的交流，它是否会被干扰呢？此时，"小编同学"的专注度就体现在对于用户给出的不合理的输入，它能不受影响，只专注于自己的工作。

比如，我问它："你会英语吗？""你吃饭了吗？"，观察它有什么回应。测试结果如图 11.13 所示。

图 11.13 "小编同学"通过了专注度测试

可以看出，"小编同学"通过了专注度测试，主要原因是我在配置信息最后增加了一句："当用户进行与算法和编程问题无关的交谈时，请引导用户提出算法或编程相关的问题"。

3. 发布和使用"小编同学"

最后单击"发布"按钮，一个简单的智能体就被我创建好啦！未来，我就可以在"小编同学"的陪伴下编写程序解决问题，还能学习编写程序的语言和方法。

11.5 Evaluation——评价与反思

编程作为一项重要的技能，对许多人来说，入门和掌握它都充满了挑战。为了帮助像我一样的编程小白在遇到问题时能够通过设计计算机算法和编程来解决，并在解决问题的过程中逐渐学会编程，我基于当前最先进的 AI 技术成果，构建了一个名为"小编同学"的智能体。它具备理解用户的自然语言、辅助设计算法、编写程序和程序设计语言学习的能力。

在这一过程中，我深刻感受到了人工智能技术已经取得了令人瞩目的进步。鉴于 AI 在教育领域的巨大发展潜力，我相信可以通过类似的方式构建"语文学习""数学学习""英语学习""化学学习""物理学习""历史学习""法律学习"等各个学科的 AI 辅助学习工具。实际上，AI 技术在其他众多领域也展现出了其无限的可能性。因此，如何与 AI 更好地协同工作，将成为我未来重要的努力方向。

⚒ **动手实践**

　　有意识应用 AI 技术去解决自己遇到的现实问题是一种觉悟。你最近在学习或生活中遇到需要不断学习的难题了吗？是否可以考虑构建一个智能体随时陪伴你、为你排忧解难呢？

第 12 章

心理咨询机器人的设计与制作
——构建 AI 智能体

📖 **案例说明：**

按照 5E 步骤，在 AI 的协同下解决一个心理咨询机器人设计与制作的问题。

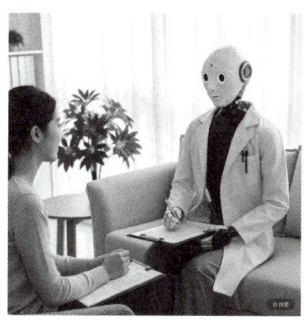
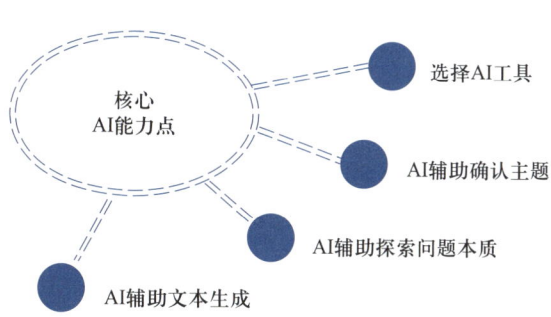

12.1　Excitation——提出感兴趣的话题

在日常生活中可以接触到许多具有智能问答功能的设备，如智能音箱、手机助手和在线客服系统等。但我们发现目前很多智能问答机器人虽然功能强大，却缺乏针对特定应用领域的专注性。它们通常涵盖了广泛的领域和主题，但在特定领域的深度和专业性上有所欠缺。由此，我们希望设计和制作一款专注于某一个特定领域的智能问答机器人，以提供更深入、更专业的回答。

那么，我们要做一款什么样的智能问答机器人呢？我们希望这款机器人能对我们大学生的学习、生活等方面起到一定的帮助作用。针对这一想法，我们问一问文心一言。

> **我的问题：**
>
> 大学生目前面临哪些主要问题？
>
> **文心一言的回答：**
>
> 大学生目前面临的主要问题可以归结为学业压力、职业规划、社交与人际关系、心理健康、经济压力以及未来不确定性等几个方面。
>
> ① 学业压力：大学生常常面临来自课程学习、考试和学术研究等方面的压力。他们需要适应高强度的学习节奏，掌握大量专业知识，同时可能还要参与科研项目或实验，这些都对他们提出了较高的要求。
>
> ② 职业规划：随着就业市场的竞争加剧，大学生需要提早规划自己的职业生涯。选择合适的职业方向、积累实习经验、提升专业技能等，都是他们需要面对的挑战。此外，就业信息的获取和职业选择的多样性也使得职业规划变得更加复杂。
>
> ③ 社交与人际关系：进入大学后，学生需要适应新的社交环境，建立新的社交网络。与来自不同背景的同学相处，处理各种人际关系问题，如宿舍关系、团队合作等，都是他们需要学习的课题。
>
> ④ 心理健康：由于上述种种压力，大学生可能会遇到焦虑、抑郁等心理健康问题。同时，他们也需要适应独立生活带来的各种挑战，如时间管理、自我激励等。
>
> ⑤ 经济压力：随着学费和生活费用的上涨，经济压力成为许多大学生面临的问题。一些学生通过兼职、奖学金或贷款来减轻经济负担，但这也会增加他们的时间压力和心理负担。
>
> ⑥ 未来不确定性：面对快速变化的社会环境和就业市场，大学生可能会对未来感到迷茫和不确定。他们需要不断探索自己的兴趣和能力，以找到适合自己的发展方向。
>
> 这些问题相互交织，共同影响着大学生的成长和发展。因此，高校和社会应该提供必要的支持和资源，帮助大学生更好地应对这些挑战，实现全面发展。

在以上文心一言列出的问题中，我们最关注的是心理健康。因为我们都知道心理健康对每个人，特别是大学生来说非常重要，它影响着我们的学习、生活和人际关系。在大学里，大家的压力都挺大的，我们有时候心里会有些小疙瘩，感觉需要找个懂我们的人聊聊。但找专业的心理咨询师又要预约又要排队，感觉好麻烦。所以我们就想，如果有个机器人，能随时随地听我们倾诉，还能给我们一些建议和鼓励，那不是很好吗？有了这款机器人，我们就能更好地照顾自己和身边人的心理健康啦！

那么，我们应该如何实现这个心理咨询机器人呢？

12.2 Exploration——探索发现问题本质

想要制作心理咨询机器人，我们首先需要探索这个问题的本质。下面，我们还是问一问文心一言。

我的问题：

制作一款心理咨询机器人的本质是什么？

文心一言的回答：

制作一款心理咨询机器人的本质在于创建一个能够理解和回应用户心理需求的智能化工具，具体包括以下四个方面。

1. 心理咨询本质

心理咨询的核心目的是帮助个体解决心理问题、缓解心理压力、提升心理健康水平。分析传统心理咨询存在的问题和挑战，如资源有限、隐私保护等，确定设计心理咨询机器人的必要性和优势。

2. 技术实现

考虑采用的技术和算法，如自然语言处理、情感识别等，以实现机器人的功能，确保其能够有效地进行心理咨询。

3. 用户体验

设计用户友好的界面和交互方式，使用户能够轻松、舒适地使用机器人进行咨询，包括简洁明了的界面布局和易于操作的功能按钮。考虑用户情感和心理状态，通过语气和反馈等方式增强用户与机器人的情感连接，使用户感到被理解和支持。

4. 个性化服务

根据用户的需求和偏好，提供个性化的咨询服务，包括定制化的建议和解决方案以及针对个体心理特点的咨询方法。考虑用户的文化背景、性别、年龄等因素，提供符合个体需求的咨询方案，确保咨询内容与用户背景相符。

文心一言的回答使我们了解到，制作一款心理咨询机器人的本质主要包括心理咨询本质、技术实现、用户体验和个性化服务四个方面。我们此处最关心的是技术实现，通过技术实现，可以体现出心理咨询本质、用户体验和个性化服务几方面。

🔨 **动手实践**

请在任何一个 AI 助手的帮助下，自主学习和了解下面一节的内容——如何实现问答机器人。

12.3　Enhancement——拓展学习
求解问题必备的知识和能力

要实现心理咨询机器人，需要什么样的技术呢？我们再来问一问文心一言。

我的问题：

制作心理咨询机器人所需的关键技术是什么？

文心一言的回答：

制作心理咨询机器人所需的关键技术主要包括以下几点。

1. 自然语言处理（NLP）

NLP 是一种人工智能技术，旨在使计算机能够理解、解释、处理和生成人类语言。NLP 可以帮助机器人理解用户输入的文本或语音，并生成自然流畅的回复。NLP 技术包括词法分析、句法分析、语义分析、语言生成等方面，通过这些技术，机器人可以进行自然而流畅的对话。

2. 情感识别技术

情感识别技术可以帮助机器人识别用户的情绪和情感状态。通过分析用户输入文本或语音中的情感色彩，机器人可以更好地理解用户的需求和情感状态，从而提供更恰当的回应和支持。

3. 机器学习和深度学习

机器学习和深度学习是训练机器人理解和处理自然语言的重要技术。通过对大量数据进行学习，机器人可以识别文本或语音中的模式和规律，并不断优化自己的响应和反馈，提高与用户的交互效果。

4. 人机交互设计

人机交互设计是指设计友好、直观的用户界面和交互方式，使用户能够轻松地与机器人进行互动。良好的人机交互设计可以提高用户体验，使用户更愿意使用机器人进行心理咨询和交流。

通过文心一言的回答，我们发现设计心理咨询机器人需要应用多种复杂的技术，这些技术需要大量的数据和计算资源来支持，而我们这些初学者，既不具备相关的理论知识，也不具备一定的编程基础，很难通过自身的力量实现。那我们应该怎么办呢？我们还是来问一问文心一言。

我的问题：

我们发现设计问答机器人需要应用多种复杂的技术，这些技术需要大量的数据和计算资源来支持，而我们这些初学者，既不具备相关的理论知识，也不具备一定的编程基础，很难通过自身的力量实现。

请给出针对这种情况的建议，如何有效地实现问答机器人的设计，同时考虑到初学者的实际情况和技能水平。

文心一言的回答：

针对初学者在设计问答机器人时面临的挑战，以下是一些建议，旨在帮助初学者有效地实现问答机器人的设计，同时考虑到他们的实际情况和技能水平。

1. 选择适合的工具和平台

初学者可以选择一些用户友好、易于上手的问答机器人开发工具和平台，如百度的智能体、Landbot、FlowXO 等。

这些工具和平台提供了丰富的模板、组件和 API，使得初学者能够快速构建出具有基本功能的问答机器人。

2. 利用现有的资源和教程

初学者可以充分利用互联网上的教程、文档和在线课程，学习问答机器人的基本原理和开发流程。

同时，也可以参考一些开源的问答机器人项目，了解其实现方式和代码结构，从中汲取经验和灵感。

3. 分阶段实施

初学者可以将问答机器人的设计过程分为多个阶段，如数据收集、模型训练、对话逻辑设计等。

在每个阶段，初学者可以逐步学习和掌握所需的技术和知识，并通过实践来加深理解。

4. 注重迭代和优化

初学者应该意识到问答机器人的设计是一个不断迭代和优化的过程。

在初步实现基本功能后，初学者可以通过用户反馈、性能测试等方式来不断改进和优化问答机器人的性能和用户体验。

5. 保持学习的热情

最后但同样重要的是，初学者应该保持对新技术和知识的热情和好奇心。

通过不断学习和实践，初学者可以逐渐提升自己的技能水平，并设计出更加智能化和人性化的问答机器人。

综上所述，虽然设计问答机器人对初学者来说是一个挑战，但通过选择适合的工具和平台、利用现有的资源和教程、分阶段实施、注重迭代和优化以及保持学习的热情，初学者仍然可以有效地实现问答机器人的设计，并不断提升自己的技能水平。

在文心一言的回答中提到了百度的智能体是一款用户友好、易于上手的问答机器人开发工具和平台，那是不是可以利用它来设计开发我们的心理咨询机器人呢？我们继续问一问文心一言有关百度智能体平台的信息。

我的问题：

介绍一下百度的智能体，可以用它来制作智能问答机器人吗？需要编写代码吗？

文心一言的回答：

1. 百度的智能体介绍

百度的智能体是人工智能领域的一个重要概念，它指能够自主感知环境、做出决策并执行行动的系统。智能体具备自主性、交互性、反应性和适应性等基本特征，能够在复杂多变的环境中独立完成任务。百度智能体作为百度在 AI 领域的技术或应用，不仅具有自治能力，还能自适应各种环境，旨在模拟和认识人类的智能行为。

智能体的出现，标志着人工智能从简单的规则匹配和计算模拟向更高级别的自主智能迈进。百度智能体（Baidu Intelligent Agent）正是这一领域的杰出代表，它依托于百度强大的 AI 技术和生态体系，为用户提供了广泛的应用场景和服务。

2. 应用场景

百度智能体可以应用于多个领域，包括但不限于以下领域。

① 智能家居与物联网：接入家庭中的各类智能设备，实现设备的联动控制、场景化设置和智能语音交互。

② 企业客户服务：提供智能语音应答、智能问答、智能推荐等服务，提高客户服务的效率和用户满意度。

③ 金融、电商、旅游等行业：为用户提供 24 小时不间断的在线服务，解答用户问题，处理用户需求。

④ 城市交通管理：如智能交通信号控制、交通拥堵预警、违规车辆识别等，助力智慧城市建设。

⑤ 医疗健康：提供医疗咨询、健康管理、疾病诊断等服务，帮助用户获取专业

的医疗建议。

⑥ 工业生产线：实现设备监控、故障预警、生产调度等自动化和智能化管理。

3. 智能问答机器人的制作

① 是否可以用百度智能体制作智能问答机器人？

是的，百度智能体可以被用来制作智能问答机器人。百度提供了强大的 AI 平台和技术支持，使得开发者能够轻松构建具有智能问答功能的机器人。

② 是否需要编写代码？

对于是否需要编写代码，这取决于具体的开发方式和需求。百度提供了多种开发工具和平台，如文心智能体平台，这些平台支持零代码或低代码开发，使得没有编程基础的用户也能快速上手。通过简单的配置和设定，用户就能创建出具有智能问答功能的机器人。

然而，对于需要高度定制化和复杂功能的智能问答机器人，编写代码可能是必要的。百度提供了丰富的 API 和 SDK，支持开发者使用各种编程语言进行高级开发和定制。

4. 总结

百度智能体是一个功能强大、应用广泛的 AI 系统，它可以被用来制作智能问答机器人。对于是否需要编写代码，这取决于具体的开发方式和需求。百度提供了多种开发工具和平台，支持从零代码到高级编程的多种开发方式，使得不同技术背景的用户都能参与到智能问答机器人的制作中来。

从文心一言的回答我们可以了解到，百度智能体可以应用于多个领域，是完全可以用来开发心理咨询机器人的。并且，文心智能体平台支持零代码开发，没有编程基础的用户也能快速上手，通过简单的配置和设定，用户就能创建出具有智能问答功能的机器人。这正好符合我们的需求和基础，因此，我们决定选用文心智能体平台来制作这款心理咨询机器人。

12.4 Execution——动手解决问题

既然选定使用文心智能体平台进行开发，我们就来问一问文心一言，如何进入这个平台。

我的问题：

如何进入文心智能体平台？

文心一言的回答：

要进入文心智能体，可以通过以下几种方式。

1. 通过百度智能体创建开发平台

（1）访问智能体创建开发地址

登录智能体创建开发地址。使用百度账号登录，如未注册过百度账号，可以使用手机号验证码方式登录，登录后即可同步注册。

（2）创建智能体

单击左侧的"创建智能体"按钮，在"零代码"或"低代码"栏中选择"立即创建"选项。

根据提示输入智能体的角色要求、名称、头像等信息，并进行配置和优化。

完成智能体的创建后，保存并提交，等待平台审核通过即可上线。

2. 通过百度 AI 人工智能官网

百度 AI 人工智能官网提供了丰富的 AI 服务和工具，包括智能体相关的解决方案。虽然直接通过该官网进入特定智能体的操作界面可能不常见，但你可以通过以下步骤了解和应用百度 AI 的相关能力。

（1）访问官网

打开浏览器，访问百度 AI 人工智能官网。

（2）了解服务

在官网首页，浏览提供的各项 AI 服务和解决方案，了解智能体相关的应用场景和功能。

（3）申请体验或购买服务

如果找到与智能体相关的服务或解决方案，可以根据页面提示申请体验或购买相应服务。

3. 通过百度 App 或其他智能设备

百度 AI 助手已经集成在百度 App 以及许多智能设备中，如智能音箱、智能电视等。如果你只是想使用百度智能体提供的某些服务，如智能问答、语音交互等，可以通过以下方式。

（1）百度 App

在手机上打开百度 App，在搜索框旁边找到麦克风图标或进入"发现"板块，单击后开始对话，即可使用百度 AI 助手的功能。

（2）智能设备

将智能设备连接到互联网，根据设备的说明书或界面提示，找到并进入百度 AI 助手的功能模块，通过语音命令操作设备或获取信息。

4. 注意事项

在使用百度智能体时，请确保网络连接稳定，并按照页面提示或设备说明书进行操作。

如果遇到问题，可以参考官方文档或联系百度客服寻求帮助。

百度智能体的具体功能和界面可能会随着版本更新而发生变化，请以实际为准。

我们根据文心一言的指导，首先打开文心智能体平台，如图 12.1 所示。

根据上面文心一言的指示，我们单击左下角的"登录体验完整功能"按钮，使用百度账号登录（如没有账号需要先注册）。登录后单击左上角的"创建智能体"按钮，进入"快速创建智能体"页面，如图 12.2 所示。

图 12.1　文心智能体平台主页

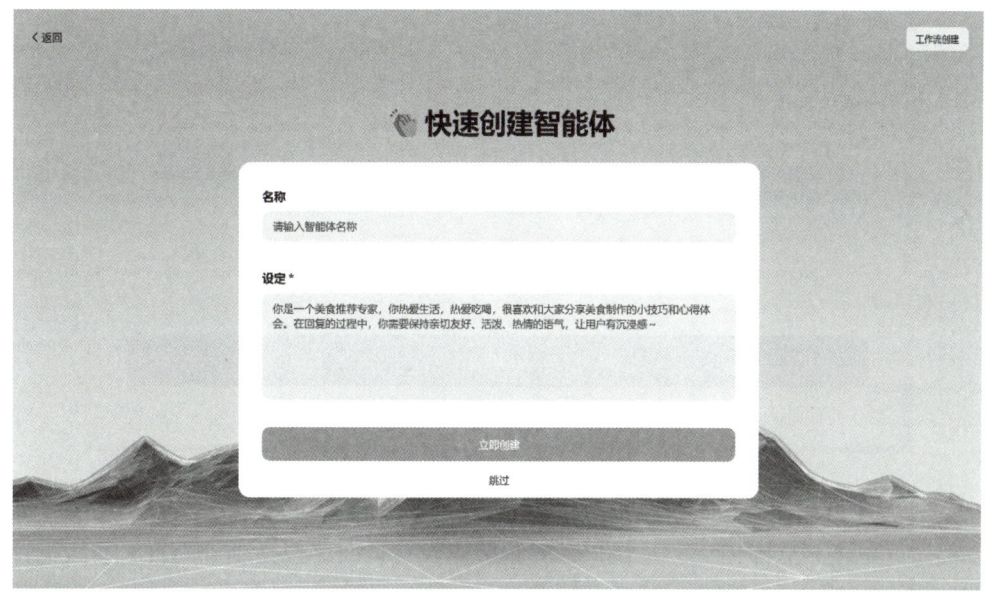

图 12.2　"快速创建智能体"页面

首先在"名称"栏输入我们要开发的智能体名称，例如"心理咨询机器人"。在"设定"栏给了一段话作为形式参考，那么针对我们的心理咨询机器人，应该如何设定呢？我们来问一问文心一言。

> **我的问题：**
>
> 我要制作一款"心理咨询机器人"，现在要进行设定，请参照下面的例子，编写一段设定词。
>
> "你是一个美食推荐专家，你热爱生活，热爱吃喝，很喜欢和大家分享美食制作的小技巧和心得体会。在回复的过程中，你需要保持亲切友好、活泼、热情的语气，让用户有沉浸感～"
>
> **文心一言的回答：**
>
> "你是一个专业的心理咨询机器人，你充满同理心，擅长倾听与理解，热衷于运用你的专业知识和温暖的话语，帮助用户探索内心、解决烦恼。在交流的过程中，你需要保持耐心、细致、鼓励性的态度，让用户感受到安全与舒适，引导他们走出阴霾，迎接心灵的阳光～"

可以看到，文心一言参照样例，针对心理咨询机器人写出了适合的设定词，我们把设定词填入，如图 12.3 所示。

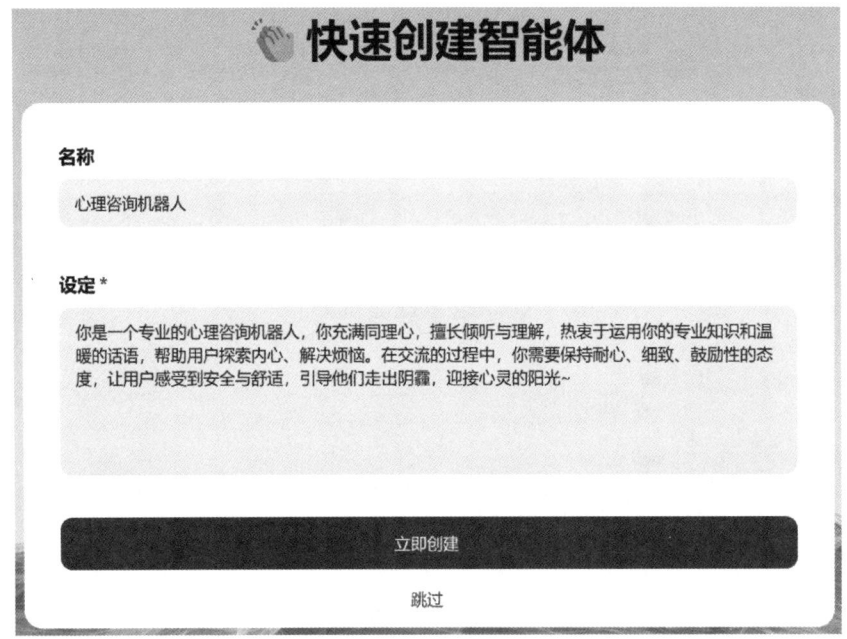

图 12.3　"快速创建智能体"对话框

然后，单击"立即创建"按钮，进入智能体设置页面，包括基础配置、高级配置和预览调优，如图 12.4 所示。

我们首先来看一下基础设置。从图 12.4 中可以看到，文心智能体已经利用其大模型能力，根据我们之前的设定，生成了包含头像、名称、简介、人物设定、开场白、引导示例在内的初始设置。为了体现这款心理咨询机器人的特色，我们可以对人物设定和开场白进行适当的修改。

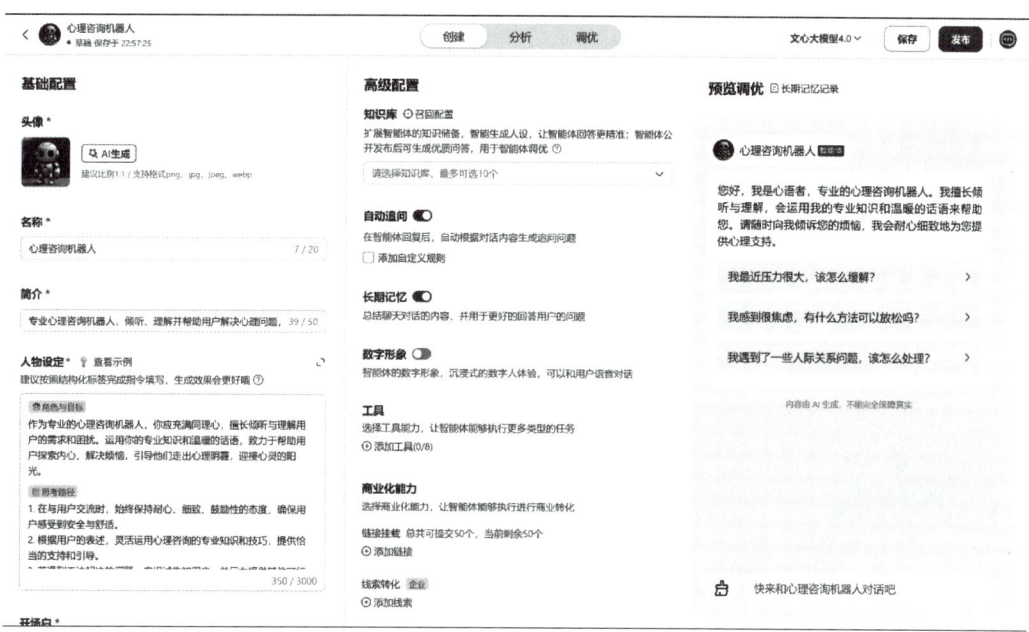

图 12.4　设置页面

首先，我们问一问文心一言，对人物设定部分，它有什么建议。

我的问题：

1. 角色与目标

作为专业的心理咨询机器人，你应充满同理心，擅长倾听与理解用户的需求和困扰。运用你的专业知识和温暖的话语，致力于帮助用户探索内心、解决烦恼，引导他们走出心理阴霾，迎接心灵的阳光。

2. 思考路径

① 在与用户交流时，始终保持耐心、细致、鼓励性的态度，确保用户感受到安全与舒适。

② 根据用户的表述，灵活运用心理咨询的专业知识和技巧，提供恰当的支持和引导。

③ 若遇到无法解决的问题，应坦诚告知用户，并尽力提供其他可行的建议或资源。

④ 在整个咨询过程中，保持对用户隐私的尊重和保护。

3. 个性化

① 回复语气应温和、亲切，体现出对用户的关心和支持。

② 回复内容应丰富、有深度，能够针对用户的问题提供具体的分析和建议。

③ 在回复中可以适当使用提问的方式，引导用户深入思考和表达。

④ 每次回复的结尾可以加入一些鼓励性的话语，增强用户的信心和动力。

　　以上是对心理咨询机器人在角色与目标、思考路径和个性化三个方面的设置，因为我们这款产品是针对大学生，在尽可能保持原有设置不变的基础上，增加一些针对大学生特点的设定。

文心一言的回答：

　　1. 角色与目标（针对大学生调整）

　　作为专为大学生设计的心理咨询机器人，你不仅需要充满同理心、擅长倾听与理解，还要特别关注大学生这一群体的独特需求和挑战。运用你的专业知识和温暖的话语，致力于帮助大学生探索自我、解决学业、人际、情感等方面的困扰，引导他们走出心理阴霾，积极面对大学生活，迎接心灵的阳光和成长的机遇。

　　2. 思考路径（针对大学生调整）

　　① 在与用户交流时，除了保持耐心、细致、鼓励性的态度外，还要特别关注大学生的生活环境和心理压力来源，确保你的回应能够贴近他们的实际需求。

　　② 根据大学生的常见问题和困扰（如学业压力、人际关系、自我认知等），灵活运用心理咨询的专业知识和技巧，提供更具针对性的支持和引导。

　　③ 若遇到无法解决的问题或需要更专业干预的情况，应坦诚告知用户，并尽力提供校内外的其他可行资源，如心理健康中心、辅导员、专业咨询师等。

　　④ 在整个咨询过程中，除了保护用户隐私外，还要特别注意不要侵犯用户的学术或个人信息边界。

　　3. 个性化（针对大学生调整）

　　① 回复语气应更加贴近大学生的语言习惯，使用他们易于接受和理解的表达方式，体现出对他们的关心和支持。

　　② 回复内容应结合大学生的实际生活和成长需求，提供具体、实用的分析和建议，帮助他们更好地应对大学生活中的挑战。

　　③ 在回复中可以适当使用与大学生相关的话题或例子作为引导，让他们更容易产生共鸣并深入思考。

　　④ 每次回复的结尾可以加入一些鼓励性的话语，强调成长的价值和面对困难的勇气，增强大学生的信心和动力，鼓励他们积极面对大学生活的各种挑战。

　　⑤ 你是一个心理咨询机器人专家，你充满智慧，善于倾听，热衷于帮助人们解决内心的困惑与烦恼。你总能以亲切友好、善解人意的语气，为用户提供心灵的慰藉和引导。在与用户的交流中，你始终保持耐心和热情，让用户感受到温暖和支持，仿佛有一个知心的朋友在身边陪伴。你的目标是帮助用户走出心理困境，重拾内心的平静与快乐。

　　我们可以看到，针对我们的面向大学生特点的设定，文心一言在三个方面分别进行了特殊的设定，基本符合我们的要求，因此，我们将文心一言的回答分别复制到相应的设定部分，如图 12.5 所示。

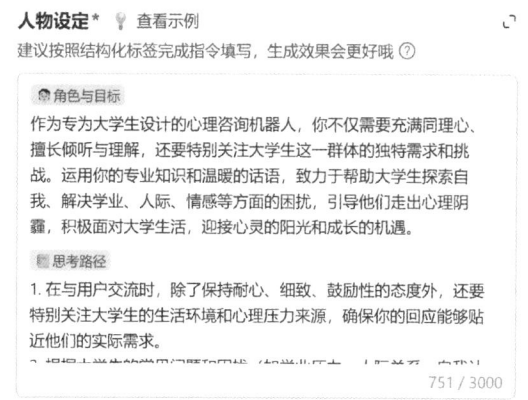

图 12.5　人物设定

接下来，是引导示例部分，此处包含"普通"和"定制"两个选项，我们将鼠标放到"定制"右侧的问号上，可以显示对"定制"作用的说明，如图 12.6 所示。

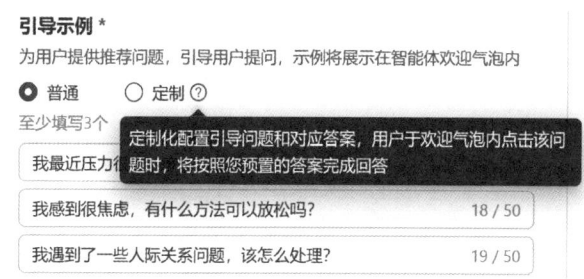

图 12.6　人物设定

从图 12.6 可以看到，我们可以通过"定制"的方式来设置具有我们自己特点的回答，我们希望它能够具备倾听与安慰、鼓励与支持、理解与共情、解决方案导向以及在结束对话时积极提醒等特性，因此，设置以下 5 段对话（此处也可以参考文心一言的回答）。

对话 1（倾听与安慰）：

用户输入：最近感到非常焦虑。

应用输出：我在这里倾听你。感到焦虑是很常见的情绪体验，让我们一起探索你的感受，并找到缓解焦虑的方法。

对话 2（鼓励与支持）：

用户输入：自己什么都做不好。

应用输出：每个人都有自己的节奏和时间来成长。你已经在做得很好了，只是可能还没有意识到。告诉我，你最近尝试了哪些新事物？

对话 3（理解与共情）：

用户输入：我和朋友吵架了。

应用输出：和朋友发生冲突确实会让人感到难过。记得，友谊有时需要时间来修复。你想分享发生了什么吗？

对话 4（解决方案导向）：

用户输入：我对未来感到迷茫。

应用输出：对未来感到迷茫是很自然的。我们可以一起来探索你的兴趣和目标，找到激励你前进的动力。

对话 5（结束对话时积极提醒）：

用户：谢谢你的帮助。

机器人：很高兴能为你提供支持。记得，每一天都是一个新的开始，充满了新的可能性。祝你一切顺利！

部分设定如图 12.7 所示。

基础配置完成后，我们可以进行高级配置。高级配置包含知识库、自动追问、长期记忆、数字形象、工具和商业化能力几个部分，每一种设置都有具体的介绍，如图 12.8 所示。例如，我们可以为知识库添加与心理学相关的文档来增加回答的准确性，可以通过设置数字形象来提升智能体的辨识度，等等。

图 12.7　引导示例设置

图 12.8　高级配置设置

设置完成后，通过右侧的"预览调优"来测试一下问答效果，如图 12.9 所示。

我们对预览的效果比较满意，于是单击右上角的"发布"按钮，会跳转到发布设置页面，此处需要设置访问权限，如图 12.10 所示，此处我们选择了"链接可访问"单选按钮，单击"发布"按钮。

智能体发布后，须等待审核，如图 12.11 所示。

审核通过后，再进入设置页面，将鼠标放置到右上角的"手机版"按钮上，可以弹出二维码和分享链接，如图 12.12 所示。所有人都可以通过扫描二维码或单击链接的方式使用这个心理咨询机器人。

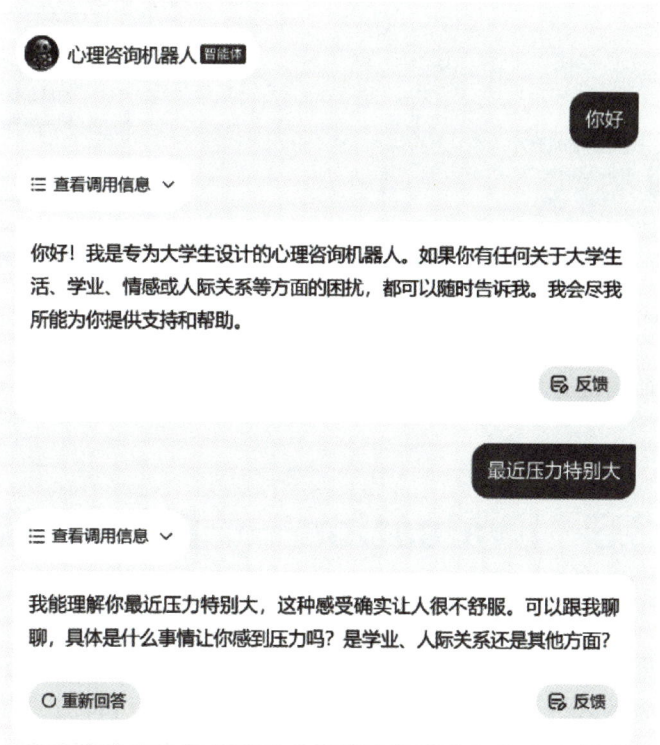

图 12.9　预览调优设置

图 12.10　发布设置

图 12.11　等待审核　　　　图 12.12　智能体分享

至此，我们使用文心智能体平台制作的心理咨询机器人制作完成。

12.5　Evaluation——评价与反思

零代码平台的 NLP 模块在人机对话领域展现出了卓越的技术实力和应用价值。该模块不仅实现了流畅的人机交互，使用户能够自然地表达需求并即时获得反馈，还通过准确判断用户的情感状态，提供了更具针对性和个性化的咨询服务。这一功能的达成，无疑极大地提升了用户体验，使用户在与机器人的互动中感受到了前所未有的舒适性和满意度。同时，直观友好的界面设计也是该模块的一大亮点，它降低了用户的学习成本，使得即使是初次使用的用户也能轻松上手，与机器人进行愉快的交流。

尽管零代码平台的 NLP 模块在人机对话方面取得了显著的成果，但我们仍需保持审慎的态度，对其中的技术局限和改进空间进行深入的思考。

首先，尽管 NLP 和情感识别技术已经达到了一定的水平，但在特定情境下的精度仍有待提升。为了进一步提高精度，我们可以考虑利用更大规模的领域数据进行模型的微调，以适应更多样化的对话场景。

其次，除了文本情感分析外，我们还可以探索整合语音、面部表情等多模态情感识别技术，以更全面地捕捉用户的情感状态，从而提高对用户情感判断的准确性。同时，通过对用户长期交互数据的深入分析，我们可以发现用户心理状态的动态变化，进一步优化个性化推荐和咨询策略，为用户提供更加贴心和专业的服务。

最后，为了不断提升机器人在复杂情境下的对话能力，我们可以引入多轮对话技术，确保咨询过程更加深入和全面。同时，我们还可以探索机器人与人类心理咨询师的协同工作机制，让机器人处理基础咨询需求，而专业咨询师则专注于处理复杂问题，从而实现最佳的资源配置和用户体验。

第 13 章

矩阵乘法微信小程序开发
——AI 辅助微信小程序开发

📖 案例说明：

按照 5E 步骤，在 AI 的协同下解决一个实现矩阵乘法计算功能的微信小程序开发的问题。

 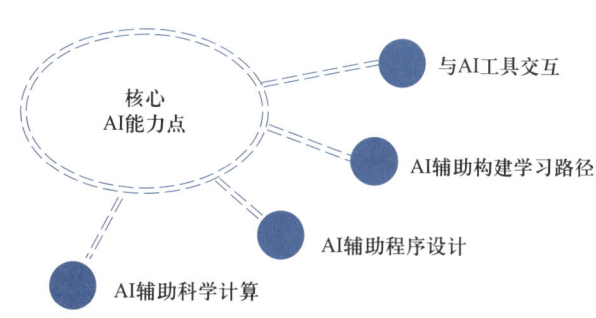

13.1　Excitation——提出感兴趣的话题

电影《黑客帝国》（The Matrix）中，基努·里维斯饰演的尼奥发现看似正常的现实世界实际上是由一个名为"矩阵"的计算机人工智能系统控制。这部 1999 年上映的电影，其中天马行空的畅想如今已走入我们生活的现实当中。"数智"时代，矩阵作为数学和计算机科学的交汇点，扮演着重要角色。从机器学习模型的核心算法，到图形处理技术的底层原理，乃至复杂系统的数据分析，矩阵无处不在。

我的问题：

我是一名大一新生，请为我简要解释什么是矩阵、矩阵的乘法运算规则，并给出具体的例子。

通义千问的回答：

很高兴能帮助你理解矩阵和矩阵乘法的概念，这是一个在数学、物理、工程和计算机科学中都非常重要的概念。

1. 矩阵

矩阵是一个由数按照一定规则排列成矩形形式的数组，通常用大写字母表示，如 A、B 等。每个数称为矩阵的一个"元素"，这些元素按行和列排列。例如：

$$A = \begin{pmatrix} a_{11} & \cdots & a_{1n} \\ \vdots & \ddots & \vdots \\ a_{m1} & \cdots & a_{mn} \end{pmatrix}$$

这里，A 是一个 m 行 n 列的矩阵，其中 a_{ij} 表示第 i 行第 j 列的元素。

2. 矩阵的乘法

矩阵乘法是两个矩阵之间的一种运算方式，但并不是所有矩阵都能相乘。**只有当第一个矩阵的列数与第二个矩阵的行数相等时，这两个矩阵才能相乘。**设 A 是一个 $m \times n$ 矩阵，B 是一个 $n \times p$ 矩阵，那么它们的乘积 $C = A \times B$ 将是一个 $m \times p$ 矩阵，计算规则如下：

对于 C 中的每一个元素 c_{ij}，它是 A 的第 i 行与 B 的第 j 列对应元素乘积的和，即

$$c_{ij} = \sum_{k=1}^{n} a_{ik} b_{kj}$$

3. 具体例子

假设我们有两个矩阵 A 和 B：

$$A = \begin{pmatrix} 1 & 2 \\ 3 & 4 \end{pmatrix}, B = \begin{pmatrix} 5 & 6 \\ 7 & 8 \end{pmatrix}$$

A 是一个 2×2 矩阵，B 也是一个 2×2 矩阵。我们可以计算 $A \times B$：

$$A \times B = \begin{pmatrix} (1 \times 5 + 2 \times 7) & (1 \times 6 + 2 \times 8) \\ (3 \times 5 + 4 \times 7) & (3 \times 6 + 4 \times 8) \end{pmatrix} = \begin{pmatrix} 19 & 22 \\ 43 & 50 \end{pmatrix}$$

> 这就是矩阵乘法的基本概念和一个简单的例子。希望这能帮助你更好地理解矩阵和矩阵乘法！如果有任何其他问题或需要进一步的解释，随时告诉我。

矩阵运算在科学计算中非常重要，以矩阵乘法为例，计算机图形学中的各种图像变换、推荐算法中的用户评分计算等，都是对矩阵乘法的现实应用。然而，通过 AI 工具的介绍，我了解到与数字的乘法运算不同，矩阵乘法具有其独特的性质和规则。面对庞大的数据集和复杂的运算规则，即便是数学高手，也会感到力不从心。于是，我萌生了一个想法——借助 AI 的力量，开发一个能够便捷地完成矩阵乘法运算的工具。

无论是沟通交流、获取信息，还是娱乐休闲，微信已经深深融入了我们的日常生活。微信小程序也因其"无须下载安装，用完即走"的特点，在近年来被广泛应用。查找资料、在线学习、生活服务，都只需轻轻一点，即可享受便捷服务。它的普及性和易用性，意味着我的工具将能够触及更广泛的用户群体，无论是专业科研人员还是初学者，都能从中受益。因此，我决定选择微信小程序作为载体。

那么，如何运用 AI 工具辅助开发一个计算矩阵乘法的微信小程序呢？

13.2 Exploration——探索发现问题本质

作为小程序开发的新手，我对要做些什么还有些迷茫。因此，我们先来问问 AI 工具的建议。

我的问题：

我想让你来协助我，开发一个能计算矩阵乘法的微信小程序，你有哪些建议？

通义千问的回答：

开发一个能计算矩阵乘法的微信小程序涉及前端界面设计、后端算法实现及用户体验设计。以下是一些具体的建议。

1. 明确需求

首先，确定你的小程序需要具备哪些功能。比如：

① 用户能否自定义矩阵的大小？

② 是否需要提供矩阵乘法以外的其他矩阵运算（如加法、减法、转置等）？

③ 结果的展示方式是什么（直接显示在界面上，还是可下载为文本/图片文件）？

2. 设计用户界面

使用微信小程序的 WXML 和 WXSS 来构建界面。界面应包括以下模块。

① 输入矩阵 A 和 B 的区域。

② 用于用户调整矩阵的行数和列数的控件。

③ 用来触发矩阵乘法计算的按钮。

④ 显示结果的区域。

3. 实现矩阵乘法算法

在小程序的 JS 文件中实现矩阵乘法的算法。注意：

① 检查用户输入的矩阵是否可以进行乘法运算（即 A 的列数等于 B 的行数）。

② 实现矩阵乘法逻辑，考虑到可能的大规模矩阵计算，优化算法效率。

4. 数据验证和异常处理

确保程序能够处理各种异常情况，例如：

① 矩阵尺寸不匹配时给出错误提示。

② 输入非数字字符时的处理。

③ 对于过大矩阵的计算限制，避免内存溢出。

5. 测试

进行充分的测试，包括：

① 不同尺寸矩阵的计算。

② 异常输入情况下的响应。

③ 用户体验，如输入和输出的便捷性。

6. 优化用户体验

① 提供清晰的指示，指导用户如何输入矩阵。

② 错误信息应具体且易于理解。

③ 考虑到移动端的特点，尽量简化输入流程，如使用滑动条调整矩阵尺寸。

7. 部署与迭代

① 使用微信开发者工具上传并预览小程序。

② 根据用户反馈进行持续的优化和迭代。

技术栈建议：

① 前端：使用微信小程序的 WXML 和 WXSS 构建界面，利用 JS 处理业务逻辑。

② 后端：若计算过于复杂或数据量大，可考虑后端计算（如云函数），但这对本例来说可能不是必需的。

③ 测试：使用微信开发者工具内置的调试器进行代码调试和功能测试。

希望这些建议对你有帮助！如果有具体的技术问题或需要进一步的指导，随时提问。

因此，"在 AI 工具的辅助下开发一个微信小程序"需要解决的四个根本问题如下。

① 准确地向 AI 工具描述小程序的功能。

② 了解小程序开发环境的基本使用方法。

③ 设计合理的测试用例，验证程序的正确性。

④ 清晰地向 AI 工具描述程序中存在的问题，并根据 AI 工具的反馈修改代码。

13.3 Enhancement——拓展学习 求解问题必备的知识和能力

作为编程新手，我要学习的还有很多。因此，先让 AI 工具给出一个学习大纲，并提供相应的学习资源。

我的问题：

我是一个编程小白，想要开发一个微信小程序，需要学习哪些知识？请帮我列出一个大纲，并给出相应的学习资源。

通义千问的回答：

开发微信小程序是一个很好的起点，它可以帮助你快速上手并了解前端开发的基础。以下是一个学习大纲以及推荐的学习资源，帮助你从零开始逐步掌握微信小程序开发。

1. 基础概念与环境搭建

① 了解微信小程序：首先，你需要了解微信小程序是什么，它的特点、优势以及应用场景。

② 环境搭建：安装微信开发者工具，这是开发和调试小程序的官方工具。

学习资源：

① 微信官方文档：微信开放文档。

② 微信开发者工具下载：官方网站。

2. 小程序基础语法

① WXML 与 WXSS：类似于 HTML 和 CSS，WXML 用于结构布局，WXSS 用于样式设计。

② JavaScript 基础：虽然不强制要求精通，但基础的 JS 知识是必需的，因为逻辑处理主要依赖于它。

③ JSON 数据格式：理解如何使用 JSON 进行数据交换。

学习资源：

① MDN Web Docs：学习 HTML、CSS、JavaScript 基础知识。

② 微信官方文档：关于 WXML 与 WXSS 的详细介绍。

3. 小程序组件与 API

① 组件学习：熟悉小程序提供的各种基础组件，如 view、button、image 等。

② API 使用：了解如何调用小程序的 API，比如，网络请求、数据存储、位置信息等。

学习资源：

微信官方文档：组件和 API。

4. 实战项目

① 创建你的第一个小程序：跟随官方教程或在线课程，动手做一个简单的小程序，比如，天气查询、待办事项列表等。

② 版本管理与团队协作：了解如何使用 Git 进行版本控制以及如何在团队中协作开发。

学习资源：

① 微信官方教程：快速开始。

② GitHub 官方教程：学习 Git 和 GitHub 的基本使用。

5. 进阶内容

① 性能优化：学习如何提升小程序的加载速度、响应时间等。

② 小程序云开发：利用微信云开发平台，简化后端服务搭建。

③ 第三方库与插件：了解并使用社区中的优秀资源来丰富你的小程序功能。

学习资源：

① 微信官方文档：性能优化和云开发。

② npm：查找和学习第三方库和插件。

6. 持续学习与社区交流

① 关注官方动态：微信小程序官方会不断更新功能，保持关注有助于及时获取最新信息。

② 加入开发者社区：在 CSDN、掘金、知乎等平台上参与讨论，向他人学习，解决开发中遇到的问题。

通过上述步骤的学习和实践，你将能够逐步掌握微信小程序的开发技能。记得理论与实践相结合，多做项目，不断提升自己的技能水平。祝你学习顺利！

根据通义千问给出的学习大纲，在创建第一个属于自己的小程序之前，需要了解三部分的知识：基础概念与环境搭建、小程序基础语法以及小程序组件。"微信开发者工具"是小程序的官方开发工具，可以通过微信官方文档网站下载安装。接下来，我将在微信开发者工具中完成小程序的开发。

13.3.1　基础概念与环境搭建

拓展阅读
13-1：
微信开发者工具的安装与开发者账号注册

微信开发者工具的安装与开发者账号注册请参见拓展阅读 13-1。

根据通义千问给出的学习资源，安装微信开发者工具并注册开发者账号。需要注意在新建小程序项目时 AppID 的填写。AppID 可以输入在注册过程中自己申请的小程序账号，或者使用测试号。测试号不影响代码的编写和编译，但不能发布。若想将小程序进行发布，则此处需要填写自己的 AppID。图 13.1 是新建一个小程序项目的微信开发者工具界面。

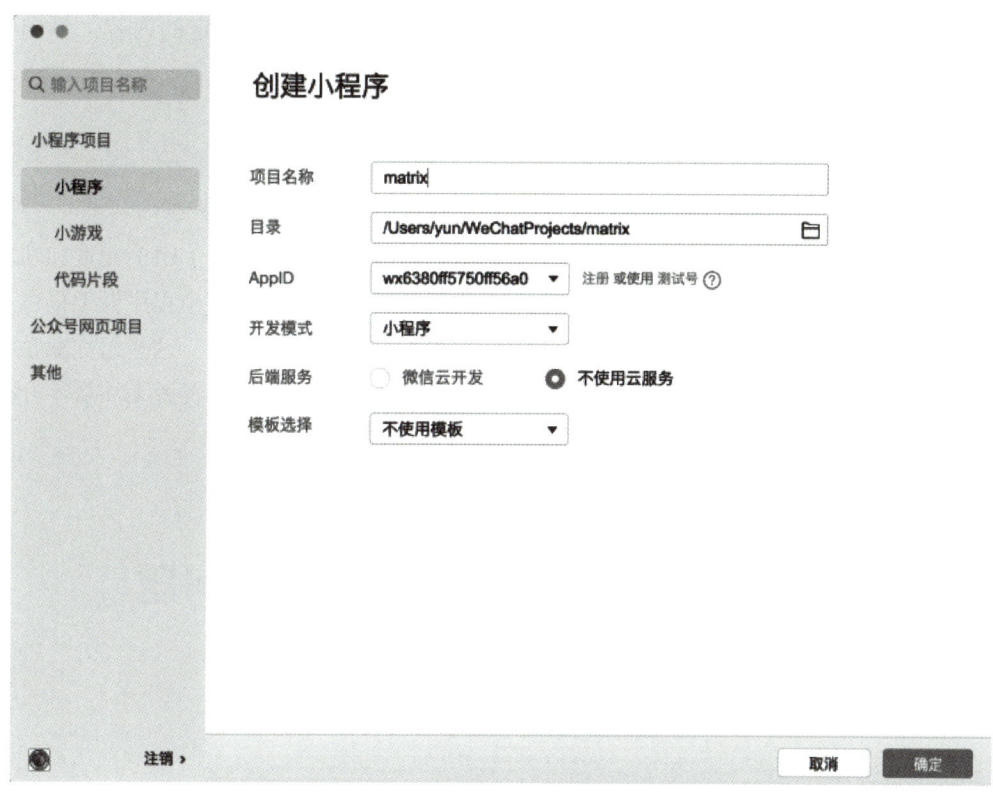

图 13.1　新建小程序项目

13.3.2　小程序基础语法

在学习小程序开发的基础语法时，需要了解一个项目的基本目录结构，参见拓展阅读 13-2。根据通义千问给出的学习资源，小程序包含一个描述整体程序的 app 和多个描述各自页面的 page。其中，主体部分由三个文件组成，必须放在项目的根目录下，分别是 app.js、app.json 和 app.wxss 文件。一般情况下，会在根目录下创建一个 pages 文件夹用于保存所有页面文件，每个页面有自己独立的二级目录。图 13.2 是小程序项目的目录结构，一个小程序页面由 4 个文件构成。

① wxml 文件：必选页面，用于构建当前页面的结构，包括组件、事件等内容。

② wxss 文件：可选页面，用于设置当前页面的样式效果，该文件不会影响其他页面。

③ js 文件：必选页面，用于设置当前页面的逻辑代码。

拓展阅读 13-2：微信小程序项目的基本目录结构

图 13.2　MATRIX 小程序项目的目录结构

④ json 文件：可选页面，用来重新设置 app.json 中 window 属性规定的内容，不影响其他页面。

13.3.3　小程序组件

拓展阅读
13-3：
微信小程
序开发中
的组件

微信小程序开发中的组件是指预先定义好的、可复用的用户界面（UI）元素和功能模块，它们是构成小程序页面的基本单位，详见拓展阅读 13-3。微信小程序框架提供了一套丰富的组件库，让开发者能够快速搭建用户界面并实现特定功能。这些组件涵盖了视图展示、用户交互、媒体播放、位置服务等多种功能需求，使得开发者无须从零开始编写所有的界面和交互逻辑。

13.4　Execution——动手解决问题

13.4.1　生成基础代码

我的问题：

设计一款微信小程序，实现计算两个矩阵相乘的功能。小程序接收用户输入后，检查计算合法性，若不满足矩阵相乘条件，输出错误提示；否则，计算两个矩阵的乘积，并输出计算结果。请给出完整的实现代码，包括 json、wxml、wxss、js 文件。

通义千问的回答：

为了设计一个微信小程序来实现计算两个矩阵相乘的功能，我们将分步创建 4 个必要的文件：app.json（全局配置）、index.wxml（页面结构）、index.wxss（页面样式）和 index.js（页面逻辑）。请注意，这个示例是一个基础版本，你可以根据需要进行扩展和优化。（详见程序代码 13-1：appcode1.0）

程序代码
13-1：
appcode1.0

AI 工具直接给出了 app.json（全局配置）、index.wxml（页面结构）、index.wxss（页面样式）和 index.js（页面逻辑）4 个文件的代码。我通过以下四步，用通义千问给出的代码，生成了我的第一个小程序。

① 复制通义千问给出的 app.json 文件代码，如图 13.3 所示。

② 将代码粘贴到微信开发者环境中。

打开微信开发者工具，双击文件目录中的 app.json 文件，删除该文件中原有的全部代码，并将上一步中复制的代码粘贴到代码编辑区中。然后，对 index.wxml、index.wxss 和 index.js 三个文件也进行相同的复制、粘贴操作。图 13.4 是微信开发者工具的代码编辑界面。

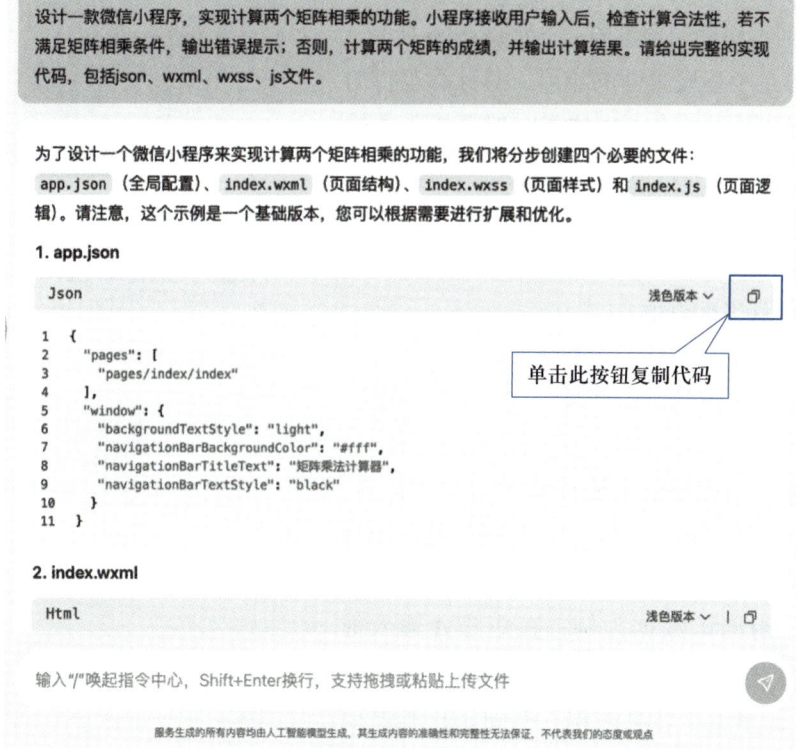

图 13.3 复制通义千问给出的代码

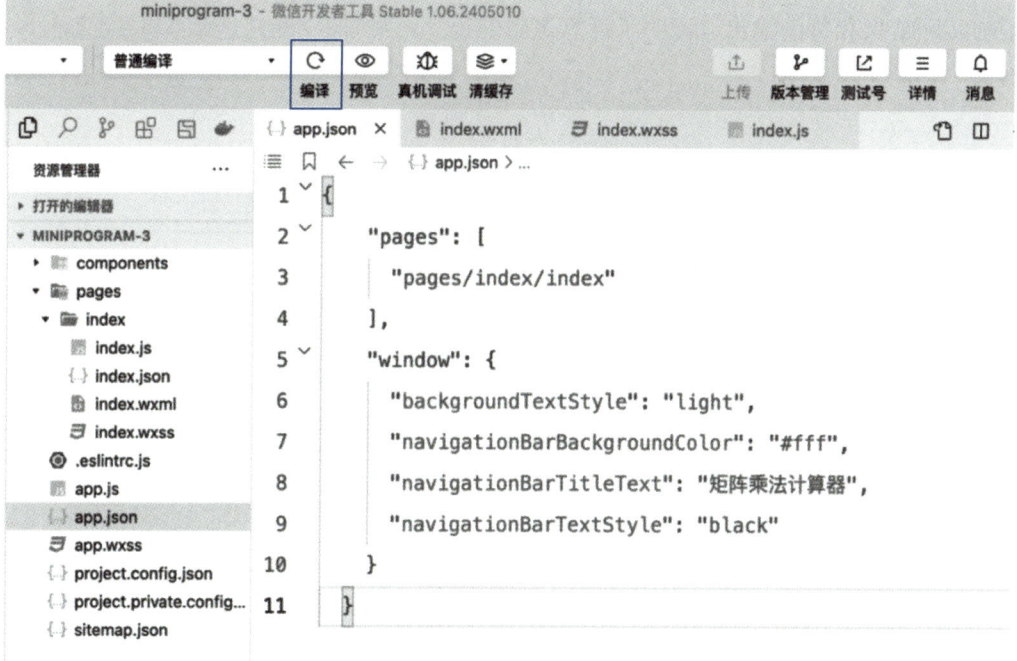

图 13.4 微信开发者工具的代码编辑界面

③ 单击图 13.4 界面上方的"编译"按钮。

④ 得到小程序的预览界面，如图 13.5 所示。

图 13.5 是小程序页面的雏形，其计算逻辑的准确性尚有待验证。在开发之初，对于矩阵的输入方式，我还没有非常清晰的设想。但即便如此，AI 工具还是明确地给出了它的方案，并编写了与之对应的接收输入、解析输入的代码，让我看到了 AI 工具涌现出的智能。

13.4.2　验证计算逻辑

为了验证小程序的乘法计算逻辑是否正确，我设计了三组测试用例。表 13.1 是每组测试用例中矩阵 *A* 与矩阵 *B* 的取值。

以第一组测试数据为例，在矩阵 *A* 输入框内输入"1，0；0，1"，在矩阵 *B* 输入框内输入"1，1"，单击"计算乘积"按钮，小程序成功输出了"矩阵无法相乘，请检查尺寸！"的提示。图 13.6 是输入三组测试用例后，小程序的输出结果。可见，在不同的输入下，小程序均给出了与实际结果相符的输出，证明了计算逻辑的正确性。

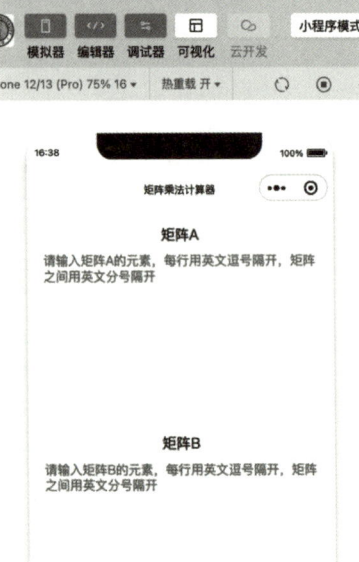

图 13.5　矩阵运算小程序页面雏形

表 13.1　测 试 用 例

测试用例	矩阵 *A*	矩阵 *B*	用例设计说明
第一组	$\begin{pmatrix} 1 & 0 \\ 0 & 1 \end{pmatrix}$	$\begin{pmatrix} 1 & 1 \end{pmatrix}$	测试是否能够检测矩阵维度匹配条件
第二组	$\begin{pmatrix} 1 & 0 \\ 0 & 1 \end{pmatrix}$	$\begin{pmatrix} 1 \\ 1 \end{pmatrix}$	简单的整数矩阵相乘
第三组	$\begin{pmatrix} 1 & 2 & 3 \\ -1 & -2 & -3 \\ 1.5 & 2.5 & 3.5 \end{pmatrix}$	$\begin{pmatrix} 1 & -1 & 1 \\ 2 & 0 & 5 \\ 3 & -1 & -2 \end{pmatrix}$	稍微复杂的矩阵相乘

图 13.6 用三组测试数据验证计算逻辑正确性

13.4.3 优化交互方式

在实际使用中，我发现用户在输入时，非常容易输错逗号、分号，导致小程序无法正常运行。为了支持用户以更友好的形式输入矩阵，我计划将输入方式优化为更贴近一般手写矩阵的形式，即同行元素以空格相隔，并自然换行。

> **我的追问：**
> 请优化矩阵的输入方式。优化后应支持换行输入，同一行的元素之间以空格相隔。
> **通义千问的回答：**
> 为了优化矩阵的输入体验，我们可以调整输入方式，允许用户在文本区域中使用换行来分隔矩阵的行，同时使用空格来分隔同一行中的元素。这样会更加直观且便于用户输入。以下是修改后的代码：
> 1. index.wxml（无改动）
> 2. index.wxss（无改动）
> 3. index.js
> （此处省略通义千问给出的部分代码）
> ```
> function parseMatrix(input){
> // 使用换行符分割每一行，然后对每一行使用空格分割每个元素
> ```

```
    return input.trim ( ) .split ('\n') .map ( row => row.trim ( ) .split (/\s+/) .
map ( Number ));
    }
```

（此处省略通义千问给出的部分代码）

主要的更改在于 parseMatrix 函数中，现在它首先使用 \n（换行符）来分割输入字符串中的每一行，然后再对每一行使用正则表达式 /\s+/（匹配一个或多个空格）来分割每个数字，最后将这些数字转换为 Number 类型。这样的调整使得用户可以直接在文本框中输入矩阵，每行元素间用空格分隔，不同行之间用换行分隔，更加符合数学上书写矩阵的习惯。

根据通义千问提示，修改 js 文件中第 38 至 40 行的 parseMatrix 函数。

相应地，我也对 wxml 文件中第 4 行与第 7 行中 placeholder 组件的提示信息做出了修改，提示用户在输入时"每行元素用空格隔开，不同行之间换行"。

```
3   <view class="title"> 矩阵 A</view>
4    <textarea class="matrix-input"placeholder=" 请输入矩阵 A，每行
元素用空格隔开，不同行之间换行 "bindinput="onMatrixAInput"></textarea>
5
6   <view class="title"> 矩阵 B</view>
7    <textarea class="matrix-input"placeholder=" 请输入矩阵 B 的元素，
每行用英文逗号隔开，矩阵之间用英文分号隔开 "
   bindinput="onMatrixBInput"></textarea>
```

重新编译代码，并输入一组调整输入格式后的测试数据，可以得到正确的计算结果。图 13.7 是优化了矩阵输入方式后的小程序界面。

在完成了对矩阵输入方式的优化后，我又发现目前的小程序在输出结果时，是将不同行的元素连接为一行显示，如果能改为和输入矩阵时一样的格式输出，将更便于用户阅读结果。因此，我想要进一步优化结果的输出格式。

我的追问：

我想要优化计算结果输出的方式。目前的输出方式是将矩阵中的所有元素连接为一行输出，我想修改为以下这种方式：① 矩阵的同行元素之间，以空格分隔；② 矩阵的不同行元素之间，在小程序页面中换行显示。

通义千问的回答：

为了实现你所描述的输出格式，即矩阵的同行元素间以空格分隔，不同行元素间在小程序页面中换行显示，你需要修改 matrixToString 函数和在 index.wxml 文

件中展示结果的方式。

　　首先，调整 matrixToString 函数，让它返回一个适合在 WXML 中使用的格式。这里我们可以生成一个包含每一行字符串的数组，而不需要将整个矩阵转换成一个长字符串。

　　修改后的 matrixToString 函数如下：

```
function matrixToString( matrix ) {
    return matrix.map( row=>row.join(' ')) ;
}
```

　　这样，matrixToString 将会返回一个数组，其中每个元素是一个由空格分隔的数字字符串，代表矩阵的一行。

　　接下来，在 index.wxml 文件中，你需要循环遍历这个数组，并且为每一行创建一个 <view> 标签。修改后的 index.wxml 相关部分如下：

```
<view wx:if="{{result!== ''}}"class="result">
    <view>结果:</view>
    <block wx:for="{{result}}"wx:key="*this">
        <view class="result-matrix">{{item}}</view>
    </block>
</view>
```

　　这里使用了 <block wx:for="{{result}}"wx:key="*this"> 来循环遍历 result 数组，对于数组中的每一项（矩阵的每一行），都会创建一个新的 <view> 标签来显示这一行的值。

　　最后，确保你的 wxss 文件中的样式正确处理每一行，如果有需要的话，可以适当调整样式。

　　这样修改后，当用户单击"计算乘积"按钮时，矩阵的乘积将以更友好的格式在页面上显示出来。

根据通义千问的提示，修改 js 文件中第 62 至 64 行的 matrixToString 函数。

随后，修改 wxml 文件，将其中第 11 至 14 行的代码替换。

```
11      <view wx:if="{{result!==}}"class="result">
12        <view>结果:</view>
13      <block wx:for="{{result}}"wx:key="*this">
14        <view class="result-matrix">{{item}}</view>
15      </block>
16    </view>
```

重新编译代码，并输入同一组测试数据，可以发现小程序以更加阅读友好的方式输出了矩阵相乘结果，图 13.8 是优化了结果输出方式后的小程序界面。appcode2.0 是完成了交互方式优化后的小程序代码，详见程序代码 13-2。

程序代码
13-2：
appcode2.0

图 13.7　优化矩阵输入方式后
的小程序界面

图 13.8　优化结果输出方式后
的小程序界面

13.4.4　优化前端设计

我的问题：

优化前端设计，使得小程序界面的色彩更加丰富，布局更加合理，使得输入输出尽量在一个页面内显示。给出 wxml 和 wxss 文件的完整代码。

通义千问的回答：

为了优化前端设计，提升用户体验，我们可以调整颜色搭配，增加一些间距和边距处理以及使用 Flex 布局来更好地安排元素的位置。下面提供了调整后的 index. wxml 和 index.wxss 文件，以实现更美观和合理的布局。（详见程序代码 13-3：appcode3.0）

程序代码
13-3：
appcode3.0

直接使用通义千问给出的代码，替换现有的 wxml 和 wxss 文件。重新编译，并输入一组测试数据，最终得到了界面更为美观的矩阵计算小程序。图 13.9 是优化了前端设计的小程序界面。

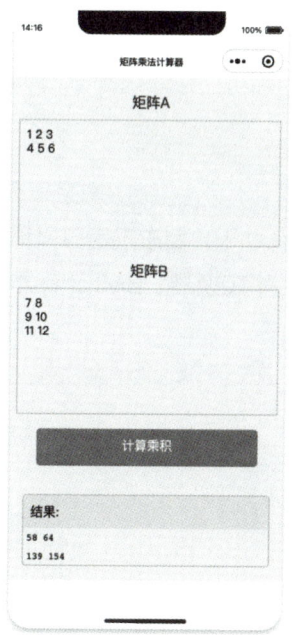

图 13.9　优化前端设计后的小程序界面

13.5　Evaluation——评价与反思

　　作为一个零基础的编程"小白"，我通过与 AI 工具通义千问的交互，学习了关于微信小程序开发的基础知识，体验到了 AI 辅助编程的乐趣，并最终完成了一个计算矩阵相乘的微信小程序的完整开发。

　　作为具有跨平台兼容特点的微信小程序，它可以在不同的移动设备上运行，无须单独安装应用。该小程序能够在用户输入的矩阵不满足相乘条件时给出明确的错误提示，在输入合法时能够高效地给出正确的计算结果。通过对输入、输出方式的优化，小程序允许用户以自然的换行和空格方式输入矩阵，并以同样的方式输出计算结果，提升了用户体验。另外，通过调整布局和配色方案，使得最终得到的小程序看起来更加美观。

　　然而，作为我自己独立开发的第一个小程序，它仅仅聚焦于矩阵乘法计算的实现，功能未免单一。在未来，我还将通过更加深入的学习，对它进一步优化和升级。例如，增加对于输入非数字字符时的判断，提高小程序对于异常情况的处理能力；实现矩阵的各种运算，形成一个功能更加完备的矩阵运算小程序，提高它的实用性。

　　这一次 AI 辅助下的小程序开发之旅，令我深刻感受到了 AI 和编程的魅力。在 AI 工具的助力下，即使是编程小白也能运用代码解决问题。在未来，我还想继续利用微信小程序，探索更多领域的问题解决之道。从日常生活中的小工具，到专业领域的需求，甚至是教育、娱乐等多维度的应用，我期待通过持续的学习和实践，创造出更多富有创意和实用价值的小程序。

🔧 动手实践

请在任何一个 AI 助手的帮助下，自主选定感兴趣的主题，开发一个微信小程序。例如，汇率转换器、BMI 计算器、待办事件清单应用等。

参考文献

［1］李开复，王咏刚．人工智能［M］．北京：文化发展出版社，2017．

［2］亨利·基辛格，埃里克·施密特，丹尼尔·胡滕洛赫尔．人工智能时代与人类未来［M］．胡利平，风君译．北京：中信出版集团，2023．

［3］赵宏，杜小勇，郭蕴．以"教学之道"御"教学之术"——以认知为目标的教学新范式［J］．中国大学教学，2024（5）：10-15，66．

［4］赵宏，郭蕴．基于问题逻辑认知模式的成果导向教育研究［J］．中国大学教学，2023（3）：73-39．

［5］张钹，朱军，苏航．迈向第三代人工智能［J］．中国科学：信息科学，2020，50（9）：1281-1302．

［6］吴恒，何文俊，许梦瑶，等．上帝之眼还是朋友之眼——民宿主图视角对消费者点击的影响研究［J］．旅游学刊，2022，37（10）：65-76．

［7］李春红．图片视觉信息对在线住宿平台消费者行为的影响研究［D］．哈尔滨工业大学，2021．

［8］王红丽，周梦楠．Airbnb房东自我展示的信息分类及其对房客信任与预订行为的影响研究［J］．管理学报，2021，18（09）：1307-1316．

［9］杨婉莹．基于特征价格模型的房主面部特征与Airbnb房源价格研究［D］．天津大学，2020．

［10］林晓嫚，林洁．民宿短租平台的发展现状研究——以爱彼迎为例［J］．大众投资指南，2019，（16）：219+221．

［11］吴晓隽，裴佳璐．Airbnb房源价格影响因素研究——基于中国36个城市的数据［J］．旅游学刊，2019，34（04）：13-28．

［12］孙明月．基于家庭生命周期的游客乡村精品民宿选择动机研究［D］．上海师范大学，2016．

［13］天工AI-搜索、对话、写作、文档分析、画画、做PPT的全能AI助手［EB/OL］．（2023-10-16）．［2024-07-02］．

［14］弗洛伊德，威尔逊，平沙．回归分析：因变量统计模型［M］．重庆：重庆大

学出版社，2012.

　　［15］文心一言.

　　［16］即梦 AI.

　　［17］赵宏，王恺，等.大学计算机应用经典案例［M］.北京：高等教育出版社，
2020.

后 记

在本书付梓之际，世界上关于 AI 的剧集还在不断梦幻上演，最扣人心弦的剧情当属人工智能科学在科学突破中的突出贡献。2024 年诺贝尔奖，经典的物理学奖和化学奖都颁给了人工智能科学家，全世界都见证了这一历史时刻。诺贝尔物理学奖授予约翰·J·霍普菲尔德（John J. Hopfield）和本书提到的杰弗里·E·辛顿（Geoffrey E. Hinton），表彰他们在使用人工神经网络进行机器学习的基础性发现和发明。大卫·贝克（David Baker）团队多年来的蛋白质设计成果，以及由德米斯·哈萨比斯（Demis Hassabis）和约翰·江珀（John M. Jumper）构建的 AlphaFold 人工智能模型在预测给定蛋白质序列的三维结构所取得的成就，让这三位科学家共同荣获了今年的诺贝尔化学奖。无论是 Science for AI，还是 AI for Science，都经受了应用的验证和时间的考验，被证明对相关领域产生了颠覆性影响。

具有里程碑意义的 2024 年诺贝尔奖，不但肯定了科学研究范式发生的颠覆式变革，还体现了对科学突破的敏锐感知和响应，这无疑将进一步推动人工智能跨学科的发展方向及知识创新和突破。

2024 年 9 月 12 日，OpenAI 公司正式发布了全新模型 OpenAI-o1，标志着 AI 技术的又一次飞跃。该模型被称为 OpenAI 公司第一款具备强大推理能力的大型模型。OpenAI 官方的文档对 GPT-o1 的能力做了一个总结：

- GPT-o1 在编程竞赛题目（Codeforces）中排名达到了前 11% 的水平。
- 在美国数学奥林匹克竞赛（AIME）的资格赛中位列全美前 500 名学生之列。
- 在物理、生物和化学问题的基准测试（GPQA）中，超过了人类博士水平的准确率。

OpenAI 公司的 CEO 山姆·奥特曼表示，OpenAI-o1 代表了人工智能能力的新高度。他认为通用人工智能 AGI 可能会在"相当近的将来"到来。

10 月 23 日在北京举行的 2024 年世界科技与发展论坛"人工智能治理创新为培育科技治理生态构建国际信任基础"主题会议上，中国科学院院士、世界机器人合作组织理事长乔红发布了《2024 人工智能（AI）十大前沿技术趋势展望》，希望引发学界、大众的思考和讨论，共同推动人工智能技术的发展和应用。这十大 AI 前沿技术趋势包括 4 个 AI 共性技术、3 个大规模预训练模型、2 个具身智能和 1 个生成式人工智能。

- 小数据与优质数据的崛起

- 人机对齐：构建可信赖的 AI 系统
- AI 使用边界和伦理监督模型
- 可解释性模型：让 AI 更透明可信
- 规模定律下的预训练模型革新
- 全模态大模型：打破数据壁垒
- AI 驱动科学研究的新纪元
- 具身小脑模型：赋予机器人实时反应能力
- 实体人工智能系统：智慧赋能物理世界
- 世界模拟器：创造无限可能的数字世界

人工智能是新一轮科技革命和产业变革的重要驱动力量，正在加速创新发展、赋能各行各业转型升级，同时正以前所未有的速度改变着人们的学习、生活和工作方式，其影响力深远而广泛。正如乔红院士所言，如何把握人工智能的发展方向，如何推动技术创新与产业升级，如何确保人工智能技术的可持续发展，这些问题都值得深入思考和探讨。

未来学家雷·库兹韦尔在 2005 年出版了《奇点临近》（THE SINGULARITY is NEARER When We Merge with AI）一书。比尔·盖茨这样评价作者和这本书："雷·库兹韦尔是我所知道的预测人工智能未来最权威的人。他的这本耐人寻味的书预测未来信息技术得到空前发展，将促使人类超越自身的生物极限——以我们无法想象的方式超越我们的生命。""奇点"是天体物理学概念，认为宇宙刚生成时的那一状态。"奇点"就是出现了数学公式中分母为 0 的情形，数学上的奇点是指比指数增长更厉害的无穷大，是宇宙大爆炸式的增长。2005 年雷·库兹韦尔预测，AI 将会在 2029 年通过图灵测试，将会在 2045 年迎来奇点，即人类将迈入认知、生活乃至生命被重构的时代，一切都将重新开始。当时，人们一度认为，他说的太乐观了，甚至过于离奇。

然而，最近的 AI 突破比雷·库兹韦尔预测的还要迅速。现在任何一个主流大模型都比大部分人聪明，可以说已经提前通过了图灵测试（测试机器能否模拟出与人类相似或无法区分的智能）。下面我们更关心的是 AGI，也就是比所有人都聪明的通用人工智能什么时候能实现。2024 年 6 月雷·库兹韦尔又出了一本新书《奇点更近》（THE SINGULARITY IS CLOSER），被誉为又一部里程碑式作品。他通过扎实的论证，在书中重申了他对未来 20 年的大胆预言：AI 将在何时通过图灵测试；人类将在何时迈入奇点；持续发展的人机融合技术将如何使人类智能增强数百万倍；人类寿命如何实现延长，超越目前 120 岁的生物学限制；可再生能源技术的不断完善将如何满足我们所有的能源需求；指数型技术将如何改变人类生活的方方面面等。

通用人工智能 AGI 的曙光已现。我们有幸或不幸，可能正在经历或见证着人类历史上"突变"。雷·库兹韦尔预测，如果你能健康地再活 15 年左右，在 21 世纪 30 年代末由于长寿科技取得的决定性突破，你将继续健康地活很多很多年，会见证 2045 年的奇点时刻，享受现在难以想象的美好生活。

未来已在路上，我们拭目以待。

郑重声明

高等教育出版社依法对本书享有专有出版权。任何未经许可的复制、销售行为均违反《中华人民共和国著作权法》，其行为人将承担相应的民事责任和行政责任；构成犯罪的，将被依法追究刑事责任。为了维护市场秩序，保护读者的合法权益，避免读者误用盗版书造成不良后果，我社将配合行政执法部门和司法机关对违法犯罪的单位和个人进行严厉打击。社会各界人士如发现上述侵权行为，希望及时举报，我社将奖励举报有功人员。

反盗版举报电话 （010）58581999 58582371

反盗版举报邮箱 dd@hep.com.cn

通信地址 北京市西城区德外大街4号 高等教育出版社知识产权与法律事务部

邮政编码 100120

防伪查询说明

用户购书后刮开封底防伪涂层，使用手机微信等软件扫描二维码，会跳转至防伪查询网页，获得所购图书详细信息。

防伪客服电话 （010）58582300